AVICENNA LATINUS

LIBER PRIMUS NATURALIUM

TRACTATUS PRIMUS DE CAUSIS ET PRINCIPIIS NATURALIUM

AVICENNA LATINUS

ÉDITION CRITIQUE

PUBLIÉE SOUS LE PATRONAGE DE L'UNION ACADÉMIQUE INTERNATIONALE

PAR

S. VAN RIET

AVEC LA COLLABORATION DE M.-CL. LAMBRECHTS
ET DE F. EL-RABII

Volumes parus:

Liber de Anima seu Sextus de Naturalibus, I-II-III. Édition critique de la traduction latine médiévale et Lexiques par S. VAN RIET. Introduction sur la doctrine psychologique d'Avicenne par G. VERBEKE. Louvain, E. Peeters — Leiden, E.J. Brill, 1972, VI-156*-472 p.

Liber de Anima seu Sextus de Naturalibus, IV-V. Édition critique de la traduction latine médiévale et Lexiques par S. VAN RIET. Introduction sur la doctrine psychologique d'Avicenne par G. VERBEKE. Louvain, E. Peeters — Leiden, E.J. Brill, 1968, VIII-142*-334 p.

Liber de Philosophia prima sive Scientia divina, I-IV. Édition critique de la traduction latine médiévale par S. VAN RIET. Introduction doctrinale par G. VERBEKE. Louvain, E. Peeters — Leiden, E.J. Brill, 1977, VII-168*-225 p.

Liber de Philosophia prima sive Scientia divina, V-X. Édition critique de la traduction latine médiévale par S. VAN RIET. Introduction doctrinale par G. VERBEKE. Louvain, E. Peeters — Leiden, E.J. Brill, 1980, VII-117*-330 p.

Liber de Philosophia prima sive Scientia divina, I-X. Lexiques par S. VAN RIET. Louvain-la-Neuve, E. Peeters — Leiden, E.J. Brill, 1983, V-15*-353 p.

Liber tertius naturalium de generatione et corruptione, Édition critique de la traduction latine médiévale et Lexiques, par S. VAN RIET. Introduction doctrinale par G. VERBEKE. Louvain-la-Neuve, E. Peeters — Leiden, E.J. Brill, 1987, VIII-88*-336 p.

Liber quartus naturalium de actionibus et passionibus qualitatum primarum. Édition critique de la traduction latine médiévale et Lexiques par S. VAN RIET. Introduction doctrinale par G. VERBEKE. Louvain-la-Neuve, E. Peeters — Leiden, E.J. Brill, 1989, V-37*-230 p.

En préparation:
Libri Naturales: I, Tractatus secundus, Tractatus tertius.

AVICENNA LATINUS

LIBER PRIMUS NATURALIUM

TRACTATUS PRIMUS DE CAUSIS ET PRINCIPIIS NATURALIUM

ÉDITION CRITIQUE DE LA TRADUCTION LATINE MÉDIÉVALE

PAR

S. VAN RIET

INTRODUCTION DOCTRINALE

PAR

G. VERBEKE

Ouvrage publié avec le concours de la Fondation Francqui
et du Fonds National de la Recherche Scientifique de Belgique

LOUVAIN-LA-NEUVE   LEIDEN
E. PEETERS   E.J. BRILL

1992

ISBN 90-6831-453-X
D. 1922/0602/88

Ce huitième volume de la collection *Avicenna Latinus* contient le premier traité de la *Physique* et a pour objet l'étude «des causes et des principes des *naturalia*».

L'édition critique des deux autres traités concernant l'étude du mouvement, du lieu, du temps, de l'être quantitatif, est en préparation.

L'Introduction doctrinale, p. 1*-52*, du premier traité a pour titre: «La nature dans une perspective nouvelle». Nous remercions vivement le Professeur G. VERBEKE qui a bien voulu se charger de l'élaborer.

Des collaborations compétentes et fidèles méritent nos meilleurs remerciements.

Mme M.-Cl. LAMBRECHTS, Chef de travaux à l'Université Catholique de Louvain jusqu'en 1990, a examiné plusieurs manuscrits latins à Rome et à Naples, et en a collationné de larges sections.

Mme F. EL-RABII, Docteur en Histoire de la civilisation médiévale, a étudié, de manière particulière, les données arabes et latines nécessaires à l'apparat latin-arabe, aux notes, et à la préparation des Lexiques informatisés.

Mme M.-P. HACKENS, Licenciée en Philosophie et Lettres, nous a assistée pour la relecture complète des principaux manuscrits latins et la sélection des données utiles à notre Introduction.

Nous exprimons notre plus sincère gratitude à la Fondation Francqui et au Fonds National de la Recherche Scientifique de Belgique: sans le concours financier de ces Institutions, le présent volume n'aurait pu être mené à bien.

Simone VAN RIET,
Membre de l'Académie Royale de Belgique.

Louvain-la-Neuve
Le 15 octobre 1992.

Dans son exposé sur les principes du monde sensible Avicenne
s'appuie sans cesse sur la *Physique* d'Aristote; néanmoins l'esprit de la
recherche est bien différent dans les deux cas. Le Stagirite réagit contre
les philosophes présocratiques qui, à ses yeux, ne s'intéressaient qu'à la
cause matérielle de l'univers; il réagit aussi contre Parménide et Mélissus qui niaient la multiplicité et le devenir des êtres; enfin il s'oppose à
Platon qui prétendait que la réalité sensible, par son instabilité, ne peut
faire l'objet d'une étude scientifique mais ne conduit qu'à une *doxa*.
Aristote s'est attaqué à une étude de la nature en elle-même et pour
elle-même, étude qui se veut vraiment scientifique, puisqu'elle procède à
l'examen des causes et non seulement à l'observation des phénomènes;
une étude aussi qui se veut radicale, car elle se poursuit jusqu'à la
découverte des causes ultimes des êtres corporels. Le traité d'Aristote a
eu une influence considérable sur le développement de la pensée en
Occident. Il fut traduit du grec en arabe (vers le Xe siècle), puis de
l'arabe en latin par Gérard de Crémone avant 1187; il fut rendu en latin
au XIIe siècle par Jacques de Venise dont la version fut révisée plus
tard par Guillaume de Moerbeke. La *Physique* d'Aristote a servi dans
les universités de manuel classique pour l'enseignement de la philosophie de la nature, non seulement au moyen âge, mais jusqu'au milieu de
l'époque moderne. L'étude de ce traité a d'ailleurs renversé la perspective antérieure au XIIe siècle dans l'examen de la nature: certains
auteurs considéraient le monde matériel comme une sorte de Bible qui
révèle aux hommes la perfection de Dieu, on parlait du «livre de la
nature» comme d'un document de révélation divine. Telle n'est pas
l'optique d'Aristote: son étude de la nature ne se situe pas dans un
contexte théologique, mais s'inspire d'un intérêt authentique pour le
monde sensible.

L'exposé d'Avicenne se rattache étroitement au texte de la *Physique*
d'Aristote; toutefois il ne constitue pas un commentaire, mais une
synthèse personnelle dans laquelle Avicenne repense à sa manière
l'œuvre de son prédécesseur. Sur ce point Avicenne se distingue d'Averroès qui a rédigé un commentaire du traité d'Aristote. Il y a cependant
une autre différence qu'il importe de souligner: Avicenne adopte sur la
nature le point de vue d'Aristote, mais dans le cadre d'une métaphy-

sique d'inspiration néoplatonicienne. De quoi s'agit-il? Tout d'abord, selon le dogme de l'Islam, Avicenne admet l'existence d'un Dieu créateur qui est à l'origine de tout ce qui existe, y compris le monde de la nature. Aristote n'avait pas entrevu cette perspective: pour lui l'Acte pur est la cause finale du monde, il n'en est pas la cause efficiente. Ensuite, l'activité créatrice de Dieu ne constitue pas directement la réalité sensible: elle ne fait exister, par un processus d'émanation nécessaire, que la première Intelligence à laquelle se rattachent un corps céleste et une âme céleste appropriés. L'émanation se poursuit d'étape en étape jusqu'à la dixième Intelligence qui est l'Intellect agent, source à la fois des formes existant dans les choses sensibles et des idées universelles de la pensée humaine. Celui qui étudie les êtres de la nature, tout en se basant sur l'observation et l'expérience, est donc sans cesse dépendant d'un principe supérieur pour recevoir de lui ses idées universelles. Dans la théorie d'Aristote aussi il y a intervention d'un intellect actif dans l'élaboration des données d'expérience, mais il n'est guère probable que ce principe doive être considéré comme transcendant. Quant aux formes substantielles, Aristote enseigne qu'elles procèdent des générateurs qui transmettent aux engendrés la détermination spécifique qui les caractérise.

Dans l'optique d'Avicenne le monde de la nature est donc moins autonome et moins consistant que chez son prédécesseur grec, et il en va de même de l'étude des réalités sensibles. Dans les deux cas, il y a dépendance vis-à-vis d'un monde transcendant; pour Avicenne (comme pour Aristote) le monde existe sans commencement et sans fin, mais Avicenne renvoie sans cesse à des principes supérieurs dont le monde découle par une émanation nécessaire. Il est indéniable que cette doctrine métaphysique doit marquer l'interprétation de la nature. Il est vrai qu'Avicenne admet, lui aussi, le hasard et la fortune; mais on ne peut méconnaître que ces notions prennent un sens nouveau dans son optique métaphysique.

Avicenne ne s'est donc pas attelé à un simple commentaire de la *Physique* d'Aristote, il en a repensé le contenu doctrinal à la lumière de sa métaphysique.

1. *Statut de la philosophie de la nature*

Une étude scientifique des choses de la nature est-elle possible? Cette question revient souvent chez les commentateurs latins de la *Physique* d'Aristote: ces auteurs s'interrogent sur le caractère scientifique d'une telle recherche, ils se demandent si le sujet étudié se prête à un examen de ce niveau. La réalité sensible n'est-elle pas trop variée et trop instable pour être saisie dans un système scientifique?([1]). Roger Bacon se demande au début de son commentaire: «Utrum de naturalibus possit esse scientia?»([2]). Une question analogue se lit chez Adam de Buckfield et chez Albert le Grand: «Utrum sit scientia de physicis vel non?»([3]). La *Physique* du Stagirite ouvre aux commentateurs latins une perspective nouvelle, une valorisation du monde sensible, un champ d'investigation non encore défriché. A partir du XIIe siècle commence à s'éveiller l'intérêt pour les phénomènes de la nature considérés en eux-mêmes, non comme le reflet, le signe ou le symbole d'une réalité transcendante([4]). Déjà Guillaume de Conches s'est opposé à l'interprétation purement religieuse et morale du monde sensible([5]). L'introduction de la *Physique* d'Aristote dans l'Occident latin devait inévitablement mettre à l'ordre du jour la question du statut scientifique d'une étude des phénomènes naturels vus en eux-mêmes et pour eux-mêmes: si la science prend comme objet ce qui est immuable et nécessaire, comment peut-elle s'intéresser au devenir perpétuel de la réalité matérielle autrement que pour y trouver des signes manifestant la perfection du Créateur?

Abordant cette question, Albert le Grand expose les raisons avancées par les tenants du mobilisme universel d'Héraclite; pour ceux-ci, une étude scientifique des choses de la nature est impossible déjà en raison

---

([1]) Cf. *Verzeichnis ungedruckter Kommentare zur Metaphysik und Physik des Aristoteles aus der Zeit von etwa 1250-1350*, Band I, gesammelt und bearbeitet von A. ZIMMERMANN, Leiden-Köln, 1971.

([2]) *Questiones supra libros octo Physicorum Aristotelis*, ed. F. M. DELORME collaborante R. STEELE (Opera hactenus inedita Rogeri Baconi, fasc. XIII). Oxford, 1935, p. 1.

([3]) Les citations d'Adam de Buckfield sont empruntées au manuscrit d'Oxford, Bodleian, MS lat. misc. c. 69. Cf. S. Harrison THOMSON, *A Further Note on Master Adam of Buckfield* dans *Medievalia et Humanistica*, fasc. XII (1958) p. 25 et p. 28-30. Pour ce qui est de la question de l'authenticité, cf. Celina A. LÉRTORA MENDOZA et J. E. BOLZÁN, *La «Summa Physicorum» atribuida a Roberto Grosseteste*, dans *Sapientia*, 26, 1971, p. 21-74; 199-216; Celina A. LÉRTORA MENDOZA, *Los commentarios de Santo Tomas y de Roberto Grosseteste a la «Fisica» de Aristoteles*, dans *Sapientia*, 25, 1970, p. 179-208, 257-288.

([4]) T. GREGORY, *La nouvelle idée de nature et de savoir scientifique au XIIe siècle*; dans *The cultural context of medieval learning*, ed. J. E. MURDOCH and E. D. SYLLA, Dordrecht-Boston, 1975, p. 193-218; M. KURDZIALEK, *Der Mensch als Abbild des Kosmos*, dans *Miscellanea Mediaevalia*, Band 8, *Der Begriff der Repraesentatio im Mittelalter*, Berlin-New York, 1971, p. 35-75.

([5]) GUILLAUME DE CONCHES, *In Boethium*, ed. P. COURCELLE (*Archives d'Histoire doctrinale et littéraire du moyen âge*, XII, 1939), p. 85: auctores veritatis philosophiam rerum tacuerunt, non quia contra fidem, sed quia ad aedificationem fidei, de qua laborent, non multum pertinebat.

de leur variété même: comment embrasser en un savoir scientifique l'infinité des différences observées parmi ces choses? En outre, le monde physique se réduit à un ensemble d'êtres particuliers, présentant chacun sa physionomie propre: on ne peut guère formuler de définition universelle des réalités sensibles. Enfin, il y a l'instabilité incessante des formes naturelles[6]. Pour appuyer ce point de vue, Albert renvoie à l'*Almageste* de Ptolémée qui, lui aussi, estime que l'étude de la nature ne peut dépasser le niveau de l'opinion et ne peut atteindre celui de la science certaine. Vu son intérêt particulièrement vif pour les phénomènes de la nature, Albert s'oppose à cette manière de voir et défend fermement le statut scientifique de la physique: qu'il y ait dans le monde une infinité de différences individuelles ne fait point difficulté, puisque la science étudie la structure spécifique et laisse de côté les caractères individuels. Ne connaît-on dans le monde physique que des choses particulières? Certainement pas, puisque la définition spécifique s'applique de façon univoque à tous les individus de la même espèce. Quant au devenir perpétuel de la réalité matérielle, Albert signale que l'objet de toute science présente un caractère universel: l'objet de la philosophie de la nature est un abstrait qui se situe en dehors du mouvement. Pour toutes ces raisons, Albert est persuadé qu'une science authentique des choses de la nature est possible[7].

Siger de Brabant se pose la même question: après avoir exposé la doctrine d'Héraclite, il se réfère aussi à celle de Platon. Celui-ci prétend qu'une science de la nature n'est possible que grâce à l'existence de Formes transcendantes qui échappent au devenir incessant du monde matériel[8]. Siger s'oppose à cette solution: si les choses de la nature sont étudiées dans leur être particulier, on ne peut avoir d'elles une connaissance scientifique; sous ce rapport elles sont en perpétuel devenir. Si par contre on considère leur nature universelle, on obtient un objet stable qui se prête à un savoir scientifique: si la nature humaine périt en Socrate, elle continue d'exister en d'autres individus. Les auteurs médiévaux ne mettent pas en question les conditions de la science telles qu'ils les ont reçues de la logique aristotélicienne: eux aussi admettent qu'il faut un objet stable, nécessaire et universel; ils

---

[6] ALBERT LE GRAND, *Opera omnia*, Pars I: *Physica,* ed. P. HOSSFELD, Monasterii Westfalorum, 1987, Liber III, Tract. 1, Cap. 2, p. 4, l. 3-4: omnia physica motui subjacent et mutationi.

[7] ALBERT LE GRAND, *Physica*, Lib. I, Tr. 1, Cap., 2, p. 4-5.

[8] SIGER DE BRABANT, *Questions sur la Physique d'Aristote*, éd. Ph. DELHAYE (Les Philosophes belges, tome XV). Louvain, 1941, p. 20.

estiment cependant qu'il est possible de remplir ces conditions dans l'investigation de la nature.

Dans son traité de *Physique* Aristote s'est détourné effectivement du modèle platonicien de la science: selon ce modèle les choses sensibles ne se prêtent qu'à une connaissance d'ordre inférieur, une *doxa* ou opinion. Platon établit une correspondance entre les degrés du savoir et les niveaux ontologiques du réel; les êtres qui ne sont jamais ce qu'ils sont, qui ne présentent aucune consistance durable, qui perdent à chaque instant le peu de densité qu'ils avaient auparavant, ne sauraient constituer l'objet d'un savoir véritable. Aristote n'a pas rabaissé les exigences du savoir scientifique formulées par son maître: pour lui aussi il faut que l'objet de ce savoir soit universel, nécessaire et immuable. Il n'en conclut pas cependant que cet objet ne se réalise que dans des Formes transcendant le monde sensible. Selon lui il y a dans la réalité matérielle des structures qui répondent parfaitement aux exigences posées. Le processus d'abstraction, tel qu'il a été élaboré par le Stagirite, implique que les choses sensibles peuvent s'exprimer en notions universelles; le point de départ de ce processus abstractif est la saisie sensitive des choses individuelles; ces images sensibles sont ensuite rendues intelligibles grâce à l'intervention de l'intellect actif, qui les dégage de leurs conditions matérielles pour qu'elles deviennent assimilables par l'intellect réceptif. Si ce processus est possible, c'est que selon Aristote les formes sont présentes dans les êtres sensibles. La logique du maître grec est basée sur la même doctrine: le raisonnement syllogistique présuppose que le terme moyen soit entendu au moins une fois de façon universelle. L'enseignement sur les catégories implique, lui aussi, qu'on peut distinguer les caractères essentiels (génériques ou spécifiques) des facteurs accidentels: les premiers appartiennent à la structure immuable et nécessaire des êtres en question.

Il y a chez Aristote une nouvelle appréciation de la réalité sensible: celle-ci est investie d'une consistance propre et n'est pas seulement le reflet d'un modèle supérieur; elle existe depuis toujours et ne cessera jamais d'exister à l'avenir, bien qu'elle soit insérée dans l'instabilité du devenir. Le monde physique tient par lui-même, tout en étant orienté et mû par la fin suprême; ainsi la philosophie de la nature est une discipline autonome, ayant pour tâche de clarifier le devenir des êtres sensibles. La physique d'Aristote est donc une discipline scientifique qui étudie les structures universelles et nécessaires du monde matériel: on y examine des sujets comme la composition des êtres sensibles, le mouvement, l'infini, le lieu, le vide, le temps, le hasard et la fortune, la cause ultime du devenir, et d'autres questions semblables. Le donné sensible est immédiatement perçu: il représente ce qu'il y a de plus intelligible par rapport à nous; il n'est cependant pas ce qu'il y a de plus intelligible en soi. La tâche de la philosophie sera de clarifier cet intelligible immédiat à la lumière de ce qui est le plus intelligible en soi([9]).

Dans son *Liber primus naturalium*, Avicenne s'inspire étroitement de l'enseignement d'Aristote. Il est persuadé qu'une étude scientifique du monde sensible est possible: celui-ci est une émanation des Intelligences supérieures et procède directement de l'Intellect agent. Il y a chez Avicenne un parallélisme entre l'ordre de la réalité et celui de la pensée: les formes substantielles des êtres sensibles proviennent de l'Intellect agent et il en est de même des idées universelles de l'esprit humain. Sous ce rapport il y a une différence de point de vue très nette entre Avicenne et Aristote: celui-ci n'admet pas que les formes substantielles procèdent d'un principe supérieur. Ainsi, dans le processus de la génération, il considère que la forme est transmise aux engendrés par les générateurs; mais il en excepte cependant le principe intellectif. Le Dieu d'Aristote n'est pas créateur: il est acte pur, il est la fin ultime vers laquelle tendent tous les autres êtres. Il est vrai que certains philosophes néoplatoniciens ont interprété la théologie du Stagirite dans le sens d'une causalité créatrice; mais cette interprétation ne peut guère se défendre si l'on s'en tient aux textes; en aucun passage de sa *Métaphysique* l'auteur ne déclare que la Substance première est la cause efficiente des étants([10]). Pour Aristote, le monde tient par lui-même, alors que, pour Avicenne, les choses sensibles émanent sans cesse des Intelligences supérieures.

Quant à l'activité de l'intellect, la position d'Aristote est moins claire: dans le processus d'abstraction, il enseigne l'intervention d'un principe actif qui est comme une lumière. On s'est demandé si ce principe est unique pour tous les hommes ou si chaque individu possède son propre intellect actif; les deux interprétations ont été défendues au cours des âges, mais la dernière est sans doute la plus répandue. Quoi qu'il en soit, selon Aristote les objets intelligibles n'émanent pas d'une source supérieure; l'intellect actif intervient dans le processus cognitif et opère sur les images sensibles pour les rendre intelligibles. Malgré ces différences de perspective Avicenne est d'accord avec Aristote pour reconnaître à l'étude du monde sensible un statut scientifique.

([9]) G. VERBEKE, *La physique d'Aristote est-elle une ontologie?*, dans *Pensamiento*, 35 (1979), p. 171-173; cf. ARISTOTE, *Physique*, I, 1, 184 a 16-26.

([10]) G. VERBEKE, *La physique d'Aristote ...*, p. 184-185; cf. ARISTOTE, *Métaphysique*, XII, 7, 1072 b 26-30.

L'élaboration de cette dimension scientifique se situe chez Avicenne dans la ligne de la pensée aristotélicienne([11]). Aux yeux du Stagirite le propre d'une étude scientifique est la mise en évidence du pourquoi d'un phénomène. Aussi longtemps qu'on se limite à l'observation, on peut constater des phénomènes et les confronter, mais on ne les explique pas, on ne les rend pas plus intelligibles. Le propre de l'explication scientifique est de montrer pourquoi tel phénomène se produit ou de dévoiler sa cause. Sans cette explication, le phénomène se présente comme un fait brut, comme quelque chose d'obscur et d'impénétrable. L'ambition de la science est de rendre le monde plus clair, plus intelligible. Dès le début de son exposé, Avicenne en énonce l'intention : il étudiera les causes et les principes du monde sensible en tant qu'il est sujet du mouvement([12]). L'instabilité des êtres de la nature ne lui semble donc pas constituer un obstacle insurmontable à un examen scientifique : en étudiant la structure essentielle du mouvement ou du temps, l'auteur met en lumière des caractères qui sont stables et universels. Traitant des causes, Avicenne introduit certaines distinctions qu'il ne manquera pas d'utiliser dans sa recherche. Il y a des causes qui entrent dans la composition de ce qui est produit ; ce sont des causes internes, comme le bois par rapport au lit([13]). Mais il y a aussi des causes extérieures : celles-ci exercent leur action tout en restant extérieures à cc qui est réalisé ; dans le cas du lit, il y a la cause efficiente qui est le charpentier([14]). Traitant de la nature, Avicenne, à l'exemple d'Aristote, insistera sur le fait que le principe en question est intérieur et essentiel : il fait donc partie de la constitution des êtres du monde physique. Dans le domaine de la causalité Avicenne fait remarquer que dans certains cas la cause est connue avant le causé, alors que dans d'autres on parvient de la connaissance du causé à celle de la cause : connaissant la position exacte de la terre entre le soleil et la lune, on est capable de prédire une éclipse ; dans ce cas on saisit la cause avant de connaître le causé([15]). Dans d'autres cas cependant c'est à partir du

---

([11]) *Physique*, I, Prol., p. 1, 4 et 6-7 : Debemus nunc aperire sermonem de doctrina scientiae naturalis ... et ut ponamus ordinem in ipso ad similitudinem ordinis quem consuevit philosophia Peripateticorum.

([12]) *Physique*, I, 1, p. 5, 7-10 : Scientia in cuius doctrina sumus est scientia naturalis et eius subiectum ... est corpus sensibile secundum hoc quod subiacet permutationi.

([13]) *Physique*, I, 1, p. 14, 62-65 : Cum fuerint causae intellectae in esse causatorum sicut partes eorum, sicut ligna et eorum figura quantum ad lectum, erit comparatio eorum ad causata sicut comparatio simplicium ad composita.

([14]) *Physique*, I, 1, p. 14, 65-66 : Sed cum fuerint causae remotae a causatis, sicut carpentarius a lecto, erit ibi alia consideratio.

([15]) *Physique*, I, 1, p. 15, 75-78 : Fortassis causa potest cognosci priusquam causatum

causé qu'on s'efforcera de dévoiler la cause: étant donné que le causé est réalisé par la cause, il contribue à découvrir l'existence et la physionomie du principe causal([16]). C'est à partir des êtres de la nature qu'Avicenne essayera de décrire les caractères propres de ce principe. En étudiant les causes et les principes du monde sensible Avicenne est persuadé qu'il peut parvenir à un savoir scientifique de la réalité en question.

Quel est l'objet de la philosophie de la nature et quel est son rapport avec la philosophie première? Les commentateurs latins répondent généralement que l'objet est le corps mobile en tant que tel, la réalité corporelle pour autant qu'elle est sujet de mouvement, qu'il s'agisse d'un mouvement local ou d'un changement de forme, qu'il s'agisse d'un corps simple ou d'un corps composé. Selon Albert le Grand, il n'appartient pas à la philosophie de la nature d'étudier la réalité corporelle au sens absolu et sans restriction: pareille étude se situe avant la philosophie mathématique et avant la philosophie de la nature; pour autant que le corps représente une manière d'être, il doit faire l'objet de la réflexion métaphysique([17]). C'est pourquoi Albert le Grand trouve injustifiés les reproches adressés à Avicenne par Averroès: la doctrine de la composition hylémorphique dont la philosophie de la nature se sert pour expliquer le mouvement et la génération, lui vient de la métaphysique([18]). Adam de Buckfield, en se basant sur les études d'Aristote concernant les plantes et les animaux, se demande s'il appartient ou non au physicien d'étudier la substance des êtres corporels. Il répond que dans le cas des corps célestes l'étude du mouvement coïncide avec l'étude de la substance; en ce qui concerne les plantes et les animaux, la substance n'est pas examinée par le physicien en tant que telle, mais pour autant qu'elle existe dans la matière et qu'elle est sujette au mouvement([19]). Thomas d'Aquin toutefois se refuse à accepter comme objet de la physique le corps mobile, étant donné qu'on y démontre que tout être mobile est corporel; or aucune science ne peut démontrer son objet. C'est pourquoi il propose de lui assigner comme

---

et ratio procedit a causa ad causatum, sicuti cum homo videt lunam coniunctam stellae cuius gradus est in dracone et sol fuerit ei oppositus per diametrum, iudicabit ratio quod eclipsis erit.

([16]) *Physique*, I, 1, p. 15, 80-81: Fortassis autem aliquando cognoscet causatum priusquam causam et procedet de causato ad causam.

([17]) ALBERT LE GRAND, *Physica*, Lib. I, Tr. 1, Cap. 3, p. 5-6.

([18]) ALBERT LE GRAND, *Physica*, Lib. I, Tr. 3, Cap., 18, p. 76.

([19]) Man. Oxford, Bodleian 69, f. 1 ra.

objet: l'être mobile (*ens mobile*)([20]). De son côté Siger de Brabant s'oppose à la doctrine de Thomas d'Aquin: d'après lui, on ne démontre pas dans le *De caelo* l'existence du corps mobile en tant que tel, on y prouve que tout corps naturel est susceptible de mouvement local. L'auteur propose donc de maintenir comme objet de la philosophie de la nature le corps mobile ou le corps pour autant qu'il est sujet au devenir([21]). Cette science est-elle une? Roger Bacon le prétend malgré le fait qu'il y a des corps mobiles et immobiles, des corps corruptibles et incorruptibles; selon lui, tous ces corps appartiennent au même genre([22]). Albert le Grand se demande même si le centre de la terre appartient à l'objet de la physique, étant donné qu'il est immobile, et il répond que, de fait, ce centre est immobile au point de vue du déplacement local, tout en étant sujet à d'autres formes de changement([23]). La philosophie de la nature se présente ainsi comme l'étude des corps mobiles qu'on examinera, non dans leur physionomie singulière, mais dans leur structure universelle et nécessaire, ce qui permettra de donner à cette recherche un statut vraiment scientifique. Si tel est l'objet de la physique, le traité d'Aristote n'en dépasse-t-il pas les limites? Pourquoi dans un exposé sur la physique consacrer un livre entier à l'étude de la cause première? La question est ancienne et Averroès ne cesse de critiquer l'attitude d'Avicenne sur ce point. Il concède que les êtres séparés de la matière constituent l'objet de la métaphysique, mais selon lui il n'appartient pas à la métaphysique de prouver leur existence; l'objet d'une science est de soi évident ou est prouvé dans une autre discipline. Aux yeux d'Averroès, Avicenne se trompe quand il veut réserver à la métaphysique les preuves de l'existence de Dieu; celles-ci ne présentent d'ailleurs qu'un certain degré de probabilité et n'atteignent pas le niveau de la certitude scientifique([24]).

La même question revient chez les commentateurs latins. Adam de Buckfield se demande pourquoi la physique traite du premier moteur dont la substance est entièrement séparée du mouvement et de la matière. L'auteur y joint le problème de l'intellect dont la substance, elle aussi, est séparée de la matière et du mouvement; pourtant Aristote

---

([20]) THOMAS D'AQUIN, *In octo libros Physicorum Aristotelis expositio*, ed. P. M. MAGGIÀLO, Turin-Rome, I, l. 1, n. 4.

([21]) SIGER DE BRABANT, *Questions sur la Physique*, p. 23-24.

([22]) ROGER BACON, *Quaestiones supra libros Phys.*, p. 3.

([23]) ALBERT LE GRAND, *Physica*, Lib. I, Tr. 1, Cap. 3, p. 6, l. 9-21.

([24]) *Aristotelis de Physico Auditu cum Averrois commentariis*, Venetiis apud Juntas, 1572, p. 47 r F; p. 340 r E.

traite de l'intellect dans le troisième livre du *De anima*, qui est un ouvrage de philosophie de la nature. L'auteur répond qu'il appartient au physicien d'examiner toutes les causes des phénomènes de la nature; étudiant la génération, le physicien doit dévoiler la cause matérielle, la cause formelle et aussi le premier moteur. Il y a cependant une restriction: la philosophie de la nature n'étudie la cause première que pour autant qu'elle est en relation avec les corps mus par elle; il y a donc une différence entre l'étude de la cause première en physique et celle qui se fait en métaphysique. Une réponse analogue est formulée concernant l'intellect: la physique l'étudie pour autant qu'il est uni au corps et qu'il est orienté vers lui[25]. La doctrine d'Henri de Gand se rapproche de ce qu'on vient d'exposer. A la question de savoir si l'étude de l'âme fait partie de la physique, Henri répond que, en physique, cette étude se limite au rôle que l'âme joue dans le mouvement et à sa relation avec le corps mobile. Quant au premier moteur, la physique en traite pour autant qu'il est le principe du mouvement des corps célestes[26].

Averroès s'oppose aussi à l'enseignement d'Avicenne en ce qui concerne la matière et la forme: selon Avicenne, il appartient au métaphysicien de démontrer que les corps sont composés de matière et de forme; le physicien reçoit cette théorie de la philosophie première et l'utilise dans ses propres investigations; Averroès au contraire estime que c'est au physicien de prouver la composition hylémorphique, parce qu'elle est fondée sur les changements se produisant au niveau de la substance[27]. Comme on l'a signalé déjà, Albert le Grand prend position en faveur d'Avicenne dans ce débat: c'est du métaphysicien que le physicien reçoit la doctrine de la composition hylémorphique, et il l'utilise pour expliquer le mouvement et la génération[28].

Doit-on traiter en physique de la théorie de Parménide et de Mélissus? Henri de Gand répond qu'il n'appartient pas au physicien de défendre les principes de sa science contre ceux qui les nient, parce qu'il

[25] Man. Oxford, Bodleian 69, f. 1 ra et f. 12 vb. En ce qui concerne l'intellect, Aristote lui-même s'est posé la question de savoir si son étude appartient au domaine de la physique; qu'on se rappelle ce qu'il écrit dans le *De partibus animalium*, I, 1, 641 b 9: «Il ressort de cela qu'il n'y a pas à traiter de toute âme; toute âme n'est pas nature, mais seulement une partie de l'âme ou plusieurs» (trad. J. M. LE BLOND).

[26] HENRI DE GAND, *Commentaire sur la Physique*, texte inédit établi selon le manuscrit d'Erfurt (Amplon. F 349) par L. BELLEMARE, texte dactylographié, p. 19-20; cf. L. BELLEMARE, *Authenticité de deux commentaires sur la Physique attribués à Henri de Gand*, dans *Revue Philosophique de Louvain*, 63, 1965, p. 545-571.

[27] AVERROES, *De Physico Auditu cum comm.*, p. 47 r F.

[28] ALBERT LE GRAND, *Physica*, Lib. I, Tr. 3, Cap. 18, p. 91, l. 17-36.

ne peut rien trouver dans son propre domaine de recherche qui soit plus connu que ces principes; les principes sont ce qu'il y a de plus intelligible dans sa science. Il appartient au logicien et au métaphysicien de défendre les principes de la physique(²⁹). Robert Grosseteste se demande où se situe la différence entre physique et mathématique et même entre physique et astrologie; en ce qui concerne ce dernier point il est d'avis que le physicien et l'astrologue ont en commun le même sujet et le même prédicat; tous deux étudient la réalité corporelle sous l'angle du mouvement. Pourtant le physicien s'efforce de démontrer que le prédicat appartient au sujet par nature, ce qui ne préoccupe pas l'astrologue; celui-ci n'essaie pas de démontrer que la forme sphérique appartient à la lune par nature(³⁰).

Déjà Aristote aussi hésitait à traiter la doctrine des Eléates dans sa *Physique*, il dit même formellement que leur théorie ne doit pas être examinée par la philosophie de la nature. Aucune science ne peut justifier ses principes, ce qui s'applique aussi à la physique; s'il s'agit de démontrer la valeur des principes adoptés, on doit faire appel à une autre discipline La physique n'est donc pas une discipline qui se suffit à elle-même; si ses principes étaient immédiatement évidents, il en serait autrement(³¹). Mais de quels principes s'agit-il? Les Eléates prétendent que le réel est un et immuable. Qu'en résulte-t-il sinon que la base même de la physique est anéantie? Si tout est un et immuable, il n'y aura plus de physique dans le sens où Aristote l'entend. Pourtant le Stagirite déclare que le devenir est une donnée immédiate d'expérience: faut-il alors une autre science pour s'assurer des principes de la physique? Oui, parce que les Eléates rejettent cette donnée d'expérience, qui se situe au niveau des sens et ne répondrait pas aux critères de la raison. Prétendre que l'être est un et immuable, c'est manifestement adopter une théorie ontologique qui dépasse les limites de la physique: Aristote en est pleinement conscient.

Une autre raison encore explique l'hésitation d'Aristote, c'est la façon dont les Eléates démontrent leur point de vue, car leur approche n'est pas physique. Parménide, pour justifier son monisme et son immobilisme, se base sur une certaine conception de l'être. Si l'être est

(²⁹) HENRI DE GAND, *Commentaire sur la Physique*, p. 46-48.

(³⁰) ROBERT GROSSETESTE, *Commentarius in VIII libros Physicorum Aristotelis*, ed. R. C. DALES, Boulder, Colorado, 1963, p. 36-37. Etudiant la question de la chronologie, R. C. Dales arrive à la conclusion que le commentaire de Grosseteste, quant à la substance de l'ouvrage, remonte aux années 1228 à 1232 (*op. cit.*, p. XVII-XVIII).

(³¹) G. VERBEKE, *La physique d'Aristote* ..., p. 174; cf. ARISTOTE, *Physique.*, I, 2, 184 b 25 — 185 a 4.

et que le non-être n'est pas, il s'ensuit que les êtres sont ce qu'ils sont et rien d'autre. On ne peut pas dire d'un étant A qu'il n'est pas B, parce que dans ce cas on lui attribue le non-être. Dans cette optique tout devenir est exclu: A ne peut devenir B, car cela implique une différence entre les deux: A ne serait pas B avant de le devenir, ce qui est contraire à l'axiome fondamental de Parménide. Toute cette argumentation est non pas d'ordre physique, mais d'ordre ontologique; elle ne concerne donc pas le physicien. Toutefois nier le devenir et la multiplicité, c'est introduire une nouvelle vision du monde sensible. Cela étant, Aristote adopte une solution moyenne: il traitera de cette théorie, mais brièvement, dans la mesure où le requiert sa recherche[32].

Quant à Avicenne, il déclare ouvertement qu'il n'aborde la doctrine des Eléates qu'à la demande de ses amis, et non de sa propre initiative[33]. Il considère que l'enseignement de Parménide et de Mélissus se rapportant à la notion d'être relève du domaine de la métaphysique et ne doit pas être traité dans une étude de la nature. Par ailleurs la multiplicité des étants et leur devenir sont chose évidente, on ne peut pas les mettre en doute. Au terme de son bref exposé Avicenne laisse à d'autres la responsabilité de l'introduire ou non dans la philosophie de la nature[34]. L'attitude d'Avicenne est donc franchement négative sur ce point: les amis dont il parle lui ont sans doute suggéré l'examen de la question parce qu'elle est abordée par le maître grec. Notre philosophe n'a donc pas voulu en écarter catégoriquement l'étude, bien qu'il la considère comme étrangère à la philosophie de la nature. Au cours de son exposé il renvoie plusieurs fois à la philosophie première[35]: dans le cas de l'éléatisme il est sûrement persuadé que l'étude de cette doctrine relève de la métaphysique.

Où se situe alors la frontière entre les deux disciplines? La position d'Aristote est assez complexe; ce qui fait surtout difficulté, c'est que deux livres de la *Physique* sont consacrés à la question du Premier

---

(32) G. VERBEKE, *La physique d'Aristote* ..., p. 175; cf. ARISTOTE, *Physique.*, I, 2, 185 a 14-17.

(33) *Physique*, I, 4, p. 43, 3-5, 7-8: Rogaverunt nos aliqui de sociis nostris ut loqueremur de sententiis quas adinvenerunt antiqui de principiis naturalium ... Et ipsae sententiae sunt sicut sententia quae dicta est Melissi et Parmenidis, scilicet quod ens est unum non mobile.

(34) *Physique*, I, 4, p. 48, 89-90: Capitulum autem hoc incidens est in hoc nostro libro; unde, si quis voluerit interserere, interserat; qui autem noluerit, non interserat.

(35) *Physique*, I, 2, p. 25, 24-26; p. 27, 76-77; I, 5, p. 52, 66-69; I, 6, p. 60, 33-38; I, 10, p. 86, 8-11; p. 89-90, 68-72; I, 11, p. 95, 16-19; I, 12, p. 105, 43-50; I, 13, p. 113, 29-32; p. 117, 12-15.

Moteur(³⁶). Il est vrai que cet exposé se situe dans l'étude du devenir du monde sensible. L'explication scientifique de ce devenir requiert que les causes en soient dévoilées. Le Stagirite ne s'arrête pas aux causes immédiates du devenir, il poursuit sa recherche aussi radicalement que possible et ne l'abandonne pas avant d'avoir mis en lumière les causes ultimes du mouvement qui se constate dans le monde. Que faut-il entendre par ces causes premières? Disons d'abord qu'elles ne se situent pas dans le même ordre que les causes immédiates d'un phénomène, elles ne renvoient plus à d'autres principes. Les causes premières ont ceci de particulier qu'elles ne dépendent pas d'autres causes, elles se suffisent à elles-mêmes, alors que toutes les autres causes dépendent d'elles et se réfèrent à elles. La recherche des premiers principes répond donc à un besoin d'intelligibilité: aussi longtemps qu'on ne les a pas atteints, on reste insatisfait, car la cause immédiate renvoie à autre chose. Aristote parle de cause «première», ce qui pourrait faire croire qu'elle est du même ordre que la deuxième; telle n'est pas l'idée du Stagirite: il y a pour lui une différence fondamentale entre l'Acte pur et les autres êtres; le premier ne contient pas de puissance, il ne présente aucun aspect de potentialité, alors que tous les autres êtres sont insérés dans le devenir et sont donc en puissance.

Dans sa physique, Aristote prend comme objet de son investigation le devenir du monde sensible; il examine ce qu'est le mouvement, quelle est la structure des êtres soumis au devenir, il étudie la possibilité du changement, la notion d'infini, les concepts de lieu et de temps, les différentes espèces de mouvement, en somme tout ce qui est de nature à nous éclairer sur le devenir du monde sensible. Aristote ne s'arrête pas à mi-chemin dans son explication: il réfute ceux qui nient le change-ment(³⁷) et la multiplicité et il remonte à la cause première de tout mouvement. L'étiologie de la physique est donc aussi radicale que celle de la métaphysique: on n'a pas besoin de recourir au traité de métaphy-sique pour trouver l'explication dernière du devenir. Quant à l'être des choses sensibles, on n'en trouve l'explication ni dans la physique, ni dans la métaphysique. On peut en dire autant des autres sujets traités dans la physique: le lieu, le temps, le vide, l'infini et d'autres thèmes semblables; ils sont examinés pour eux-mêmes et jusqu'au bout. Il serait faux de croire que la physique ne fournit qu'une première approche dans l'explication du monde sensible et que la métaphysique

---

(³⁶) Cf. ARISTOTE, *Physique*, Livres VII et VIII.
(³⁷) Cf. ARISTOTE, *Physique*, Livre I, chapitres 2 et 3.

en présente l'interprétation ultime et définitive: les deux disciplines vont jusqu'au bout de l'explication qu'elles offrent du sujet étudié([38]).

Mais dans ce cas l'étude de la physique ne dépasse-t-elle pas les limites du monde sensible? En un sens oui, et il suffit de se rappeler le contenu du livre VIII de la *Physique* pour s'en rendre compte: on y étudie d'un bout à l'autre l'existence, la nature et l'activité du premier moteur qui ne peut être qu'un Acte pur et une substance inétendue. Aristote arrive toujours à la même conclusion: le devenir du monde physique ne peut s'expliquer par lui-même, il doit s'appuyer sur une réalité d'un autre ordre, une substance qui est au delà de toute puissance. Le changement ne peut s'expliquer que par une réalité immuable: dans le cadre de la physique celle-ci se conçoit comme un Moteur immobile([39]). En quel sens cette substance peut-elle être source de mouvement? Elle ne l'est pas comme cause efficiente, mais comme cause finale: le mouvement du monde est son aspiration à la perfection de l'immobile. Est-ce «l'immobile» en tant que tel qui attire les êtres en mouvement? A proprement parler non; la fascination de l'immobile provient de ce qu'il est dépourvu de puissance: il est immuable parce qu'il ne peut pas se perfectionner, il est parfait et ne peut aller au delà de ce qu'il est. La physique d'Aristote, comme la métaphysique, est donc une théologie, une étude philosophique du divin, bien que la voie d'approche ne soit pas entièrement la même dans les deux disciplines; dans le traité de physique Dieu est le Moteur immobile qui assure la continuité du mouvement, alors que dans le cadre de la métaphysique il est la Substance première, qui réalise de façon achevée la perfection d'être qui se rencontre moins parfaitement chez les autres étants([40]).

Où se situe alors la ligne de démarcation entre physique et métaphysique chez Aristote? La physique dépasse le monde physique et est amenée à se pencher sur la substance sensible et suprasensible. Il reste vrai cependant que l'objet propre de la physique est le devenir de la réalité sensible, alors que la métaphysique examine l'*ousia* en tant que telle. Avicenne, de son côté, tout en s'inspirant sans cesse de la pensée d'Aristote, s'est efforcé de systématiser davantage le rapport entre physique et métaphysique; il considère la métaphysique comme le fondement sur lequel s'appuie la philosophie de la nature.

Dans le domaine de la philosophie spéculative Avicenne distingue trois niveaux, physique, mathématique, métaphysique, qui représentent

---

([38]) G. VERBEKE, *La physique d'Aristote* ..., p. 183-184.
([39]) Cf. ARISTOTE, *Physique*, VIII, 5, 258 b 4-9.
([40]) G. VERBEKE, *La physique d'Aristote* ..., p. 187.

chacun un degré déterminé d'intelligibilité. Au bas de l'échelle il y a la philosophie de la nature, orientée vers le devenir du monde corporel. Cette étude ne s'intéresse pas aux corps en tant qu'êtres, ni en tant que substances, ni en tant que composés de matière et de forme; elle examine les êtres corporels en tant qu'ils sont sujets de mouvement et de repos. L'étude de tous ces autres aspects relève de la métaphysique, qui s'applique à l'élucidation des caractères les plus fondamentaux du réel. Ainsi par rapport à nous l'étude de la physique précède celle de la métaphysique; une série de données admises en métaphysique sont analysées et justifiées en physique, car elles appartiennent au domaine de l'expérience immédiate. C'est le cas de la génération et de la corruption, de l'altérité ou de la multiplicité des êtres sensibles, du lieu, du temps et de bien d'autres aspects de notre expérience quotidienne; tous ces aspects présentent une intelligibilité immédiate, ce qui ne veut pas dire qu'ils ne requièrent pas un approfondissement ultérieur. Par rapport à nous la priorité revient donc à l'objet de la physique; mais en soi les objets de la métaphysique précèdent ceux de la physique, car ils sont plus fondamentaux et constituent les conditions de possibilité de la réalité sensible. Ce rapport entre physique et métaphysique, variant selon les points de vue, ne conduit pas à un cercle vicieux: le point de départ de la réflexion se situe de toute façon dans l'intelligibilité immédiate et c'est grâce à elle qu'on découvre une intelligibilité plus profonde; que celle-ci est de soi antérieure à l'autre veut dire que l'étude de la physique débouche dans la découverte de certaines structures et de certaines causes qui échappent à l'expérience immédiate[41].

Où se situe pour Avicenne l'étude de Dieu? Comme il s'agit d'un être incorporel et immuable, la seule discipline capable d'en étudier l'existence et la nature est la métaphysique: tout ce qui est dit dans la physique au sujet de l'existence et de la nature de Dieu est en réalité étranger à cette discipline et n'y est introduit que dans un but pédagogique, en vue de préparer le lecteur à l'étude de la philosophie première. Ce point de vue ne correspond pas à celui d'Aristote; ce dernier considère la physique comme une explication radicale du mouvement dans le monde; elle ne s'arrête donc pas au dévoilement des causes prochaines, mais remonte à la cause ultime du devenir. Pour le Stagirite la physique est dans sa recherche aussi radicale que la métaphysique, alors que pour Avicenne la philosophie première est plus fondamentale

---

[41] G. VERBEKE, *Le statut de la métaphysique* (Introduction à la *Métaphysique* d'Avicenne, éd. S. VAN RIET), Louvain-Leiden, 1977, p. 6*-9*.

que la philosophie de la nature: elle étudie l'existant en tant que tel et conduit à la démonstration de Dieu comme cause créatrice de tout ce qui est.

Une différence analogue se constate dans l'étude de la composition hylémorphique des êtres corporels: selon Avicenne cette étude relève de la philosophie première, car elle ne concerne pas le mouvement du monde sensible, mais la substance des êtres corporels. Pourtant Avicenne se demande si le philosophe de la nature étudie uniquement la matière, ou seulement la forme, ou bien les deux. D'après lui, le philosophe de la nature ne peut se limiter à un des deux composants, il doit connaître la matière et la forme. Avicenne n'ignore pas l'opinion de certains philosophes qui prétendent qu'il suffit au philosophe de la nature d'étudier la matière, et il cite dans ce contexte le nom d'Antiphon (qu'il tient d'Aristote)[42]. A l'appui de cette position est proposé l'exemple de celui qui extrait du fer: ce qu'il poursuit, c'est d'extraire le minerai sans se préoccuper de sa forme[43]; il en va de même de celui qui, au fond de la mer, cherche des pierres précieuses; dans les deux cas on ne s'intéresse qu'à la matière[44]; il en serait ainsi de celui qui étudie la nature. Avicenne s'oppose à cette manière de voir; celui qui ne considère que la matière ne peut pas saisir les caractères propres des choses, car ceux-ci se rattachent à la forme[45]; en outre, celui qui adopte ce point de vue et prétend connaître certains aspects formels des choses, comme la nature de l'eau ou de l'air, se contredit, car ces caractères proviennent du principe formel[46]. En ce qui concerne l'exemple donné, Avicenne fait remarquer que l'acquisition du fer est bien le but de l'activité déployée, mais le minerai recherché devient

[42] *Physique*, I, 6, p. 63, 81-84: Antiqui autem priores solebant nimis commendare et praeferre materiam et dicere quod ipsa erat natura. Ex quibus erat Antiphon quem nominat doctor primus, de quo dicit quod constituerat et ratum habebat quod materia erat natura et illa constituebat substantias; I, 9, p. 81, 4-6: Iam neglexerunt omnino antiqui naturalium, de quibus erat Antiphon, attendere formam rei et putaverunt quod materia sola est quam omnes debent inquirere et cognoscere.

[43] *Physique*, I, 9, p. 81, 12-13: Qui extrahit ferrum, intentio eius est de ferro habendo nec curat cuius formae sit.

[44] *Physique*, I, 9, p. 81-82, 13-15: Et qui descendit in profundum maris, intentio eius est acquirendi pretiosum lapidem, sed non curat cuius formae sit.

[45] *Physique*, I, 9, p. 82, 15-17: Quod magis detegit nobis infirmitatem huius sententiae, hoc est scilicet quod privaremur cognitione proprietatum rerum naturalium et specialitatum earum quae sunt formae earum.

[46] *Physique*, I, 9, p. 82, 18 et 24-27: Auctor huius sententiae fieret sibi contrarius, quia, ... si forte non suffecerit sibi cognitio materiae non formatae et contenderit cognoscere quod materia habet formam, sicut formam aqueitatis et aeritatis et cetera, tunc ergo non praetermisit attendere formas.

aussi le sujet d'autres activités; après son extraction, il faudra encore le travailler et lui donner une forme([47]). Peut-on se limiter uniquement à l'étude de la forme? Avicenne estime que non: la matière n'est pas négligeable, car dans beaucoup de cas la forme ne peut pas s'unir à n'importe quelle matière, elle exige une matière appropriée; d'autre part, tous les caractères d'un être de la nature ne procèdent pas uniquement de la forme, il y en a d'autres qui proviennent de la matière([48]). Le philosophe de la nature devra donc étudier la matière et la forme des corps.

Avicenne s'interroge en outre sur les rapports entre la philosophie de la nature et d'autres disciplines qui traitent, elles aussi, du monde corporel([49]). Les choses de la nature ont une certaine quantité et une certaine figure; ces objets sont étudiés par la géométrie; en un sens la géométrie fait donc partie de la science de la nature([50]). La science du nombre est déjà plus éloignée de l'étude des êtres naturels, bien que le nombre s'applique aussi à eux([51]). Vient ensuite la science qui étudie les sphères en mouvement; il y a certes une analogie entre le mouvement et la quantité du point de vue de la continuité; pourtant les arguments développés dans cette science diffèrent de ceux dont se sert la philosophie de la nature([52]). Quant à la musique, elle a pour objet les tons et

---

([47]) *Physique*, I, 9, p. 82, 31-33: Acquisitio ferri est finis sui artificii, deinde fit etiam subiectum aliorum artificiorum quibus non sufficit acquisitio ferri, nisi ut laborent in dando formam et accidens.

([48]) *Physique*, I, 9, p. 83-84, 44-49: Non omnis forma convenit omni materiae, nec omnis materia est receptibilis omnis formae. Quia formae speciales naturales, ad acquisitionem suarum essentiarum, habent opus ut habeant materias speciales propriatas formis quibus constitutum est esse earum ad hanc formam. Quam multa enim accidentia sunt quae non veniunt ex forma, sed ex materia.

([49]) Cf.AVICENNE, *Métaphysique,* éd. S. VAN RIET, I, 2, p. 9, 64-69; I, 3, p. 25, 58 à p. 27, 13; *Le Livre de Science*, Traduction M. ACHENA et H. MASSÉ, 2ᵉ édition, Paris, 1986, *Métaphysique*, p. 132 à 136; *Épître sur les divisions des sciences théoriques*: édition et traductions citées par J. JANSSENS, *An annotated Bibliography of Ibn Sīnā (1970-1989)*, Leuven, 1991, p. 7 et p. 45; DOMINICUS GUNDISSALINUS, *De divisione philosophiae*, ed. L. BAUR (Beiträge zur Geschichte der Philosophie des Mittelalters IV, 2-3) Münster, 1903, p. 124-133: «Summa Avicenne de conveniencia et differencia subiectorum».

([50]) *Physique*, I, 8, p. 70, 5-14: Quia quantitas definita est una ex his quae comitantur hoc corpus naturale et ex suis accidentibus essentialibus, scilicet longitudine et latitudine et spissitudine, designatis, et figura est una ex his quae comitantur quantitatem, tunc figura est una de comitantibus corpus naturale. Et quia geometrae subiectum est quantitas, tunc subiectum eius est unum ex accidentibus huius corporis naturalis. Et quia accidentia de quibus tractat geometra accidentia sunt huius accidentis, ergo, secundum hoc, geometria fit particularis aliquo modo apud scientiam naturalem.

([51]) *Physique*, I, 8, p. 71, 16-17: Scientia numeri est remotior a convenientia cum natura et est maioris simplicitatis.

([52]) *Physique*, I, 8, p. 71, 22-28: Scientia de sphaeris mobilibus simplicior est omnibus

les intervalles et elle emprunte ses principes à la science de la nature et à la science du nombre([53]). Quant à l'optique et à la science des poids, elles reçoivent leurs principes de la philosophie de la nature et de la géométrie([54]). Toutes ces disciplines se distinguent donc de l'étude de la nature, tout en ayant avec elle certaines analogies([55]). En ce qui concerne l'astronomie, Avicenne estime qu'elle se rapproche de la science de la nature; elle est à ses yeux un mélange de science de la nature et de mathématique([56]). Il est persuadé toutefois que l'approche et la méthode de ces deux disciplines sont différentes: le mathématicien montre que la terre est sphérique en étudiant certains phénomènes chez les planètes: le lever et le coucher des planètes ainsi que leur éloignement et leur rapprochement de l'hémisphère; tout est basé sur l'observation([57]). Le philosophe de la nature procède différemment: il prend comme point de départ que la terre est un corps simple; elle doit donc être en tout semblable à elle-même; toute diversité doit être exclue, ce qui se réalise dans la forme sphérique([58]). En somme le mathématicien constate que la forme de la terre est sphérique, alors que le philosophe de la nature montre pourquoi elle l'est([59]). Aucune des disciplines mentionnées ne s'identifie à la philosophie de la nature, bien que

---

illis et eius subiectum est sphaera cum motu, et motus multam habet convenientiam cum quantitatibus propter suam continuationem, quamvis suam continuationem non habeat ex sua essentia, sed ex causa continui cursus aut temporis, sicut postea declarabimus, et etiam in probationibus quas inducunt in scientia de sphaeris mobilibus non ponunt propositiones naturales ullo modo.

([53]) *Physique*, I, 8, p. 71, 29-30: Scientiae vero musicae subiectum sunt toni et tempora et habet principia a scientia naturalium et scientia numerorum.

([54]) *Physique*, I, 8, p. 71, 31-33: Scientiae de aspectibus et scientiae de ponderibus subiectum sunt quantitates comparatae ad aliquem situm visus et habent principia a naturalibus et a geometria.

([55]) *Physique*, I, 8, p. 71-72, 34-37: Hae omnes scientiae non conveniunt cum scientia naturali in quaestionibus ullo modo, sed omnes tractant de his quae sunt sibi subiecta secundum quod habent quantitatem et secundum quod accidunt eis coaccidentia quantitati.

([56]) *Physique*, I, 8, p. 72, 40-41: Scientiae astrologiae subiectum est maxima pars subiecti scientiae naturalium et principia eius sunt naturalia et geometrica.

([57]) *Physique*, I, 8, p. 73, 67-72: Attende ergo quomodo disciplinalis et naturalis differunt in probatione huius scilicet quod aliquod ex corporibus simplicibus est sphaericum, quia disciplinalis sumit ad declarationem huius quod invenit in dispositione planetarum in ortu scilicet eorum et occasu et recessione ab hemisphaerio et accessione ad illud: non enim hoc esset possibile nisi terra esset sphaerica.

([58]) *Physique*, I, 8, p. 73-74, 72-74: Naturalis dicit quod terra est corpus simplex, ergo figura eius naturalis, quam debet habere ex natura sua, est in toto sibi consimilis, ergo est inconveniens ut sit in ea diversitas.

([59]) *Physique*, I, 8, p. 74, 81-82: Ergo primus dixit quod est et non dixit causam, et alius dixit causam et quare est.

chacune d'elles s'en approche dans une mesure qui varie d'un cas à l'autre; c'est que la quantité, la figure et le nombre sont des caractères accidentels des choses naturelles[60]

Que peut-on conclure des analyses précédentes? En ce qui concerne le statut de la philosophie de la nature il y a désaccord entre Avicenne et Averroès; ce dernier, exégète fidèle d'Aristote, défend le point de vue du Stagirite dans sa conception de la physique et la considère comme une explication radicale du monde sensible qui ne s'arrête pas à mi-chemin dans l'interprétation de son objet, mais poursuit sa recherche jusqu'au bout. Dans l'esprit d'Avicenne la philosophie de la nature représente un savoir vraiment scientifique, mais de niveau inférieur. Son degré d'intelligibilité se situe après celui de la mathématique et de la métaphysique; en somme le philosophe de la nature s'efforce d'élucider le devenir des êtres sensibles; dans ce contexte il étudie la nature comme principe interne et essentiel du mouvement.

Le domaine de la physique est donc plutôt restreint: le philosophe de la nature ne s'occupera pas de l'être des choses sensibles; l'étude des étants revient au métaphysicien. Il en est de même de l'examen relatif à la substance des êtres corporels: la démonstration de la composition hylémorphique n'appartient pas à la physique, mais à la métaphysique. Même la cause ultime du mouvement n'est pas l'objet de la philosophie de la nature: cette cause transcende le monde sensible, elle est incorporelle et immuable et ne peut donc être l'objet de la physique. Pourtant Avicenne reconnaît que le philosophe de la nature est amené à traiter du Moteur immobile comme cause ultime du mouvement; il le fera cependant comme une préparation à l'étude proprement dite du sujet dans la philosophie première. Une situation analogue se présente en rapport avec la composition hylémorphique: elle est établie en métaphysique, mais la philosophie de la nature ne peut manquer de traiter de ces composants; aux yeux d'Avicenne cette discipline étudiera non seulement la forme des êtres corporels, mais aussi leur matière. Dans ce cas la philosophie de la nature s'appuie sur les conclusions de la métaphysique; étant d'un niveau d'intelligibilité inférieur, ce savoir doit sans cesse faire appel à une connaissance plus fondamentale.

Vu que les êtres corporels présentent des caractères qui sont examinés spécialement par d'autres sciences, comme la quantité, la figure et le

---

[60] *Physique*, I, 8, p. 79, 74-76: Hae doctrinae aut tractant de numero rei, aut de quantitate, aut de figura quae est in re. Et numerus et quantitas et figura sunt accidentia rebus naturalibus.

nombre, la philosophie de la nature possède des analogies et des affinités avec ces autres disciplines sans coïncider avec aucune d'entre elles. Etudiant le devenir de toute la réalité sensible, la philosophie de la nature examine un objet bien plus vaste que les autres sciences qui s'occupent des êtres corporels. Quant à la connaissance mathématique et au savoir métaphysique, ils constituent la base indispensable pour une étude adéquate des êtres de la nature.

2. *Nature et téléologie*

Avicenne n'a pas inventé la notion de nature: celle-ci fut au centre de la pensée grecque depuis ses débuts. Les premiers philosophes du monde hellénique avaient l'attention attirée surtout par le spectacle de la réalité sensible, une réalité qui, tout en manifestant un ordre et une harmonie admirables, est en perpétuel devenir, soumise à une instabilité incessante. Ce n'est que plus tard, surtout à partir de Socrate, qu'on s'est tourné vers le mystère de l'être humain et de la richesse de son monde intérieur. Les penseurs les plus anciens étaient extravertis: c'est par le détour des choses extérieures qu'ils en sont venus à se tourner vers soi et à s'interroger sur leur moi individuel. En étudiant le monde extérieur, ils ont surtout cherché à ramener l'infinie variété des choses à un seul principe ou du moins à un petit nombre de principes primordiaux à partir desquels on pourrait comprendre la constitution des êtres. Pour leur esprit la diversité de l'univers était déconcertante; ils s'efforçaient de découvrir un principe d'unité, une sorte de clé qui permette de réduire la diversité à un seul élément de base ou à quelques-uns. Dans cette perspective, «expliquer» voulait dire avant tout réduire la diversité à une certaine cohérence et à une unité. On croyait avoir «clarifié» la réalité extérieure en la ramenant à un petit nombre d'éléments constitutifs. Dans ce processus on retrouve une des tendances fondamentales de l'esprit humain, qui est dérouté par la diversité et l'incohérence. Etait-ce déjà la recherche d'un pourquoi ou d'une cause? En un sens oui, mais alors d'une cause entendue comme composant ou facteur constitutif des choses.

Dans cette phase initiale de la philosophie occidentale, plusieurs doctrines ont été élaborées; c'est le philosophe sicilien Empédocle qui a donné à la théorie des composants des choses matérielles une forme qui s'est maintenue pendant des siècles dans la philosophie et la science en Occident, à savoir, la théorie des quatre éléments, la terre, l'eau, l'air et le feu, se caractérisant par quatre qualités de base, le sec, l'humide, le

froid et le chaud. Aux yeux d'Empédocle il n'y a dans le monde ni
génération ni corruption, il n'y a ni φύσις ni τελευτή, ce qui veut dire
qu'il n'y a pas de véritable naissance d'êtres nouveaux, pas plus qu'il
n'y a de mort ni de dépérissement de ce qui existe. Tout ce qui se passe
dans la réalité sensible se réduit à des phénomènes de mélange et de
désagrégation, produits sous l'action de deux facteurs qu'Empédocle
appelle l'amitié et la haine. Cette terminologie est évidemment anthro-
pomorphique: le philosophe se base sur des phénomènes proprement
humains pour expliquer les événements du monde physique. Relevons
surtout que selon le philosophe sicilien il n'y a dans le monde sensible
pas de véritable genèse, il n'y a pas de φύσις(¹) .

Parmi les philosophes anciens c'est surtout Aristote qui s'est consacré
à une étude systématique de la nature. Le Stagirite connaissait bien les
systèmes philosophiques antérieurs; il avait dans son école des collabo-
rateurs qui se livraient à des recherches hypomnématiques et lui four-
nissaient une documentation très riche sur les théories de ses prédécesseurs. Les aperçus très denses sur les opinions des penseurs antérieurs
forment une sorte d'état de la question dans les différents traités du
Stagirite qui a toujours essayé d'être exactement informé sur les doctrines antérieures avant d'entamer sa propre recherche. Au livre II de la
Physique, en abordant la définition de la nature, Aristote distingue
immédiatement parmi les êtres sensibles deux grandes catégories dont il
essayera de déterminer les caractères propres; il y a des êtres qui
existent par nature et d'autres dont l'existence relève de causes non-
naturelles. Parmi les premiers l'auteur énumère: les quatre éléments, les
plantes, les animaux et leurs parties. Cette énumération ne s'appuie pas
sur une étude scientifique; Aristote le reconnaît explicitement: elle se
base sur le langage ordinaire pour autant que celui-ci traduit des
opinions courantes. Pour Aristote ce point de départ est digne de foi,
car le langage est très ancien et d'usage courant; or personne ne dira
qu'une plante ou un animal est une chose artificielle. Il y a cependant
des cas plus compliqués: les objets artificiels sont composés d'une
matière déterminée, par exemple de terre, ou de plusieurs espèces de
matières. L'artisan a besoin d'une matière à laquelle il puisse donner
une forme; en un sens une statue de pierre est donc une chose naturelle;
mais dans la mesure où la pierre a été sculptée par un artisan, elle
devient un objet artificiel. Dans ce contexte Aristote se réfère encore au
langage: pour autant que les choses sont désignées par leur nom (une

---

(¹) ARISTOTE, *De la génération et de la corruption*, Livre I, 1, 314 b 6 — 315 a 25.

statue, un vêtement) et relèvent de l'art ou de la technique, elles n'ont pas en elles-mêmes un principe de mouvement; or c'est cette caractéristique qui semble distinguer les êtres naturels des objets artificiels. Ceux-ci ont été fabriqués par une cause extérieure et ne possèdent pas en eux-mêmes le principe de leur développement, alors que les êtres naturels sont à l'origine de leur mouvement et de leur repos, qu'il s'agisse d'un mouvement local, d'une croissance, d'un dépérissement, ou d'un changement qualitatif. Dans l'optique d'Aristote une pierre qui tombe n'est pas mue par un agent extérieur, elle porte en elle-même le principe de son mouvement local et elle s'arrêtera (d'elle-même) quand elle aura atteint son lieu naturel. Dans ce contexte le Stagirite ne trace pas une ligne de démarcation entre les êtres inanimés et le monde vivant: les premiers sont des êtres naturels au même titre que les plantes et les animaux[2].

Dans l'intention de préciser la notion de nature, Avicenne commence par étudier les différentes espèces de mouvements qui se présentent dans l'univers; à la lumière de ces classifications il essayera de spécifier quels sont ceux qu'on doit attribuer à la nature. Si celle-ci est principe de mouvement, il importe de savoir si ce même principe est la cause de tout le devenir qui se produit dans les êtres. La réponse sera négative, car il faut distinguer les mouvements et changements dont la cause est extérieure et d'autres dont la cause est intérieure à l'être changeant. De par sa nature l'eau est froide; si elle est chaude, ce n'est pas en vertu d'elle-même, mais par l'intervention d'un facteur extérieur. Il en va de même d'une pierre qui monte; ce n'est pas par une poussée intérieure que se réalise ce mouvement, mais sous l'influence d'une cause externe. Par contre le refroidissement de l'eau et la descente d'une pierre ne dépendent pas d'un principe extérieur; il en va de même du développement d'une semence ou des mouvements variés des animaux[3]. Cette distinction est essentielle si l'on veut saisir le caractère propre de la nature qui est considérée comme un principe interne de mouvement.

[2] ARISTOTE, *Physique*, II, 1, 192 b 1 -193 b 12.
[3] *Physique*, I, 5, p. 49, 2-13: Dicemus quod corporibus quae apud nos sunt adveniunt actiones et motus, et invenimus quod quaedam eorum veniunt ex causis quae sunt extra ea ex quibus fiunt in eis ipsae actiones et motus, sicut caliditas aquae et ascensus lapidis, et invenimus quod quibusdam eorum adveniunt actiones et motus ex seipsis, non ex causa extrinseca, sicut aqua calefacta, cum dimittitur, per se frigescit ex sua natura, et lapis in altum proiectus, cum relinquitur, descendit ex sua natura. Et fortassis nostra opinio de conversione seminum in alia et spermatum in animalia erit secundum hanc opinionem, et invenimus etiam quod animalia aguntur in omnes suos motus sua sponte, et non videmus quod impellentem habeant extrinsecus qui agitet ea illis motibus.

Au premier abord on pourrait croire que la distinction ne pose pas de problème: si un mouvement est dû à une cause extérieure, il ne sera pas naturel. Cependant, aux yeux d'Avicenne, cette distinction n'est pas toujours facile à faire; il n'est pas toujours aisé de découvrir le moteur extérieur d'un mouvement, et surtout on ne perçoit pas toujours l'action qu'il exerce sur le mobile(⁴). Avicenne donne l'exemple du fer qui est attiré par l'aimant; on pourrait croire que le fer se meut de lui-même, car on ne perçoit pas l'attraction exercée sur lui par l'aimant(⁵). Il n'est donc pas toujours simple de savoir si un changement est produit par une cause externe; pourtant le critère est essentiel pour établir si un mouvement est naturel ou non. Dans la même ligne de pensée on peut se demander si certains changements ne sont pas à la fois le résultat de facteurs externes et de facteurs internes; dans ce cas ils seront en même temps naturels et non-naturels. Aristote ne s'était guère préoccupé de ces distinctions; il était persuadé sans doute que la cause d'un mouvement peut se découvrir sans trop de difficultés. A côté de la distinction énoncée, d'autres spécifications sont importantes pour définir adéquatement la notion de nature; certains mouvements sont uniformes, ils se réalisent toujours de la même manière; d'autres sont multiformes ou variés(⁶). Depuis l'époque d'Avicenne beaucoup d'études ont été faites sur ce sujet, surtout en ce qui concerne le comportement des animaux et des hommes. Ici se pose immédiatement la question de savoir si la nature peut être la cause de mouvements multiformes ou seulement de mouvements qui se déroulent toujours de la même façon. Enfin il y a lieu de distinguer les mouvements qui sont spontanés de ceux qui ne le sont pas; si quelqu'un est blessé par la chute d'une pierre ou par les flammes d'un incendie, on ne parlera pas d'un changement spontané(⁷);

(⁴) *Physique*, I, 5, p. 50, 23-29: Quis faciet scire quod haec corpora quorum non invenimus motorem extrinsecus moveantur et agantur ex principio extrinseco quod nos non comprehendimus neque sentimus, sed fortassis aut remotum est et non sentitur, aut fortassis est sensibile in sua essentia et non in actione, hoc est quia non est sensibilis habitudo, quae est inter ipsum et patiens ab ipso, quae significet quod ex ea fiat ista actio.

(⁵) *Physique*, I, 5, p. 50, 29-32: Sicut homo qui non vidit magnetem attrahentem ferrum sensibiliter nec cognovit intelligibiliter quod sit attrahens ferrum, quia difficilis est haec comprehensio suae intelligentiae, cum viderit ferrum moveri ad ipsum, non erit longe ipsum putare quod moveatur ex seipso.

(⁶) *Physique*, I, 5, p. 50, 17-19: Concedemus quod quaedam sunt instituta ad unum aliquid et non declinant ab eo, et quaedam sunt instituta ad multa et insuper ad varios modos.

(⁷) *Physique*, I, 5, p. 50, 19-21: Concedemus quod omnium horum modorum alii adveniunt sponte, alii non sponte, sicut adventus laesionis ex cadente lapide et combustio ex igne urente.

celui qui est frappé d'une pierre ne l'a point cherché intentionnellement, bien qu'il puisse en être la cause par sa propre imprudence. Ici encore la distinction énoncée devra s'appliquer à la nature; on devra se demander si celle-ci est cause interne de mouvements spontanés ou de mouvements non-spontanés. A première vue on pourrait croire que la chose ne fait pas de doute et que la nature, étant un principe interne, doit être à l'origine de mouvements spontanés; pourtant la question se complique si l'on considère la grande diversité des changements qui ont lieu dans l'univers.

La nature n'est d'ailleurs pas seulement principe de mouvement, mais aussi de repos; la pierre se meut vers le centre de la terre où le mouvement s'arrête, étant donné qu'elle a atteint son lieu naturel. Chaque chose se meut donc vers son lieu naturel et s'y arrête; elle ne continue pas indéfiniment à se mouvoir. Dans les déplacements locaux comme dans les autres changements il y a une téléologie et donc un terme où s'arrête le changement; quand le but est atteint, le mouvement ne continue plus.

A la suite de ces analyses Avicenne se demande quels sont les mouvements qui proviennent de la nature. Il y a d'abord le mouvement de la pierre qui descend et atteint son point d'arrêt au centre de la terre; ce mouvement n'a pas de cause extrinsèque, il doit être attribué à la nature[8]. Vient ensuite le mouvement circulaire, tel celui du soleil qui, selon d'éminents philosophes, a pour faculté motrice une âme angélique[9]; en effet il présente des caractères particuliers et se distingue des changements qu'on observe dans le monde sublunaire. Dans le monde végétal on constate une riche variété de mouvements: la croissance des racines, la poussée de la tige, le développement en largeur et en longueur; ces mouvements divers, de même que les arrêts qui les accompagnent, ne se produisent pas spontanément, mais proviennent d'une âme végétative[10]. Enfin il y a les mouvements des animaux qui prennent leur origine dans une âme sensitive[11]. En un sens l'âme végétative pourrait s'appeler nature, en tant qu'elle est principe de

[8] *Physique*, I, 5, p. 51, 41-43: Prima ergo divisionum est sicut vis lapidis in suo descensu et quies eius in centro; et haec vis vocatur natura.

[9] *Physique*, I, 5, p. 51, 43-44: Secunda est sicut vis solis in circuitu suo apud sapientiores philosophorum, et vocatur anima angelica.

[10] *Physique*, I, 5, p. 51, 44-47: Tertia est sicut vis herbarum in nascendo et crescendo et quiescendo quia ipsae moventur non sponte et diversis motibus, scilicet sursum erigendo radicando dilatando elongando, et vocatur anima vegetabilis.

[11] *Physique*, I, 5, p. 51, 47-48: Quarta est sicut vis animalium et vocatur anima sensibilis.

mouvements non-spontanés; il en est de même de l'âme sensitive, en tant qu'elle est à l'origine de mouvements non-réfléchis; le tissage d'une araignée peut se considérer comme une activité naturelle. Toutefois Avicenne préfère s'en tenir au sens traditionnel de la notion de nature, celui qui vient d'être mentionné en premier lieu[12].

Avicenne se demande en outre si le philosophe de la nature doit démontrer l'existence de son objet de recherche. Aristote avait déclaré qu'il n'est pas nécessaire de démontrer l'existence de la nature, que la chose est évidente: elle s'impose directement par l'expérience de tous les jours et est garantie par le consensus entre les hommes, exprimé dans le langage. Par contre, selon Avicenne, le philosophe de la nature ne doit pas démontrer l'existence de celle-ci, parce qu'il n'appartient à aucune science de démontrer ses principes; ceux-ci constituent un point de départ, ils ne sont pas le résultat d'une argumentation élaborée par la science en question. Avicenne estime donc que l'existence de la nature doit être démontrée par une science supérieure, la philosophie pre-mière[13]. C'est à elle que revient la tâche d'établir l'objet de la physique. D'après Avicenne le monde sensible émane de l'Intellect agent; ce principe supérieur est considéré comme la source ou l'origine des formes (*dator formarum*). Si la pierre porte en elle un principe de mouvement et de repos, c'est grâce à la forme qui a été établie en elle par l'Intellect agent. Sur ce point l'enseignement d'Avicenne est bien différent de celui de son prédécesseur grec.

Dans tous les cas il appartient au philosophe de la nature de déterminer ce qu'elle est et de définir avec précision ses caractères propres. Partant de l'exposé d'Aristote, Avicenne s'efforce d'y apporter quelques précisions tout en étant d'accord avec lui sur le fond. Le Stagirite déclare que la nature est un principe interne de mouvement; Avicenne précise qu'il s'agit d'une cause efficiente qui produit le mouve-ment dans la chose où elle réside[14]. La nature se distingue donc de l'art et de la violence; la sculpture d'une statue ne se réalise pas par une

[12] *Physique*, I, 5, p. 51-52, 49-54: Et fortassis omnis vis ex qua venit < sua > actio non sponte, vocatur natura. Unde anima vegetabilis natura vocatur. Et fortassis vocatur natura omnis vis ex qua venit sua actio sine cogitatione et discretione, sic ut aranea dicitur texere ex natura, sicut et similia ex animalibus, sed natura ex qua corpora naturalia sunt naturalia, et quam volumus hic inquirere, est natura secundum primum modum.

[13] *Physique*, I, 5, p. 52, 66-68: Dictio de esse naturae principium est scientiae naturalium, et naturalis non debet respondere neganti eam, sed eius constitutio pertinet ad tractatores philosophiae primae.

[14] *Physique*, I, 5, p. 54, 85-87: Intellectus huius quod dicitur *principium* motus, hic est scilicet principium efficiens ex quo venit motus in alium a se, scilicet corpus mobile.

activité interne, et un mouvement violent est toujours imposé du dehors. Dans le cas de la nature il s'agit toujours d'une poussée interne qui est à l'origine du devenir. A la suite d'Aristote Avicenne spécifie que la nature est le principe premier ou direct du mouvement qu'elle produit; en d'autres mots elle ne procède pas par intermédiaires, mais elle cause immédiatement le mouvement en question([15]). Avicenne reconnaît que l'âme est origine de changement par un principe intermédiaire; ainsi certains auteurs estiment que l'âme produit le mouvement local par l'intermédiaire de la nature([16]). Avicenne ne partage pas ce point de vue; on ne peut imaginer que l'âme impose à la nature un mouvement qui ne lui convient pas et qu'elle communiquerait aux membres de l'organisme([17]). D'ailleurs si l'âme a besoin d'un intermédiaire, ce ne sera pas pour produire des mouvements locaux, mais plutôt pour les processus de génération et de croissance([18]). Dans sa définition de la nature Aristote utilise l'adverbe πρώτως, premièrement ou de façon primordiale; si la pierre descend et si le feu monte, c'est la nature qui produit directement ces mouvements et il n'y a pas de cause plus originelle du changement en question. Il est possible cependant que dans les êtres animés l'âme se serve de la nature comme intermédiaire pour réaliser certains changements.

Un point important de la définition d'Aristote est que la nature n'est pas une cause accidentelle (μὴ κατὰ συμβεβηκός), mais essentielle (καθ' αὐτό) du mouvement qu'elle produit. Cette précision est analysée par Avicenne; la nature meut de soi, son action se produit toujours sauf si elle est empêchée par un mouvement contraire; on peut dire qu'elle meut de par son essence([19]). Il arrive qu'un être soit mû de façon accidentelle: si quelqu'un se trouve immobile sur un navire et que celui-ci se met en mouvement, le passager, lui aussi, sera entraîné accidentel-

---

([15]) *Physique*, I, 5, p. 54, 88-89: Et quod dictum est *primum* intelleximus propinquum, scilicet ut inter illud et mobile non sit medium.

([16]) *Physique*, I, 5, p. 54, 89-92: Fortassis anima enim principium est aliquorum motuum corporum in quibus est, sed mediante alio. Iam enim opinati sunt aliqui hominum quod anima facit motum locorum, mediante natura.

([17]) *Physique*, I, 5, p. 54, 92-93: Sed non video quod natura convertat motum membrorum contra seipsam, propter oboedientiam sui ad animam.

([18]) *Physique*, I, 5, p. 54, 99-1: Si anima habuerit medium in movendo, non erit ille inter motus locales, sed inter motus generationis et vegetationis.

([19]) *Physique*, I, 5, p. 55, 8 et 10-13: Quod dictum est *per se* ... sic intelligitur quod natura movet per seipsam, quando est in dispositione ut ipsa moveat, quia non est possibile ut ipsa non moveat, nisi impediatur aliquo motu contrario, sicut est motus cogens.

lement par le déplacement([20]). Peut-on dire que la nature meut une statue? A vrai dire la nature ne meut que l'airain et si celui-ci se trouve être une statue, elle meut accidentellement la statue([21]). Que dire d'un médecin qui se soigne lui-même? S'il se guérit, c'est en tant que malade qu'il recouvre la santé et non en tant que médecin; mais il se fait qu'accidentellement le malade est aussi médecin([22]). La nature n'est donc pas à ranger parmi les causes accidentelles du mouvement qu'elle produit, elle en est la cause essentielle.

Mais quel est ce mouvement dont il est question dans la définition de la nature? Cette question est importante pour mieux comprendre le principe dont il s'agit. Avicenne se réfère à un auteur dont il ne précise pas l'identité et qui reproche à la définition donnée de passer à côté de l'essentiel; il ne s'agit pas de savoir ce que la nature produit, mais de préciser ce qu'elle est; cet auteur décrit la nature comme une puissance répandue dans les corps et leur donnant des formes et des figures([23]). Avicenne n'est pas d'accord avec cette correction; à ses yeux elle est inutile et superflue, elle n'apporte pas de clarté supplémentaire et se ramène en somme à la définition d'Aristote([24]). Par ailleurs il n'est pas superflu d'examiner les espèces de mouvements causés par la nature: connaissant les effets, on est mieux en état de saisir la cause. Avicenne mentionne en premier lieu les changements quantitatifs: la nature peut être à l'origine d'une augmentation ou d'une diminution des dimensions d'un corps([25]). Viennent ensuite les changements qualitatifs: de par sa nature l'eau est froide; cependant sous l'action de facteurs externes elle peut se réchauffer; si l'action de ces facteurs est écartée, elle se refroi-

---

([20]) *Physique*, I, 5, p. 55, 18-19: Motus accidentalis est sicut motus quiescentis in navi, ex motu navis.

([21]) *Physique*, I, 5, p. 55, 20-22: Quando natura movet statuam, non movet nisi accidentaliter, quia non movet essentialiter nisi aes, non autem statuam, quia statua unde est statua, non movetur a natura sicut lapis.

([22]) *Physique*, I, 5, p. 56, 24-26: Cum medicus medetur sibi et curatur, non curatur unde est medicus, sed unde medicatus.

([23]) *Physique*, I, 5, p. 53, 75-80: Visum fuit cuidam qui successit quod haec descriptio esset imperfecta; unde et voluit ei addere dicens quia haec descriptio effectum naturae significat, non substantiam; non enim significat nisi habitudinem eius ad id quod venit ex illa, et ideo oportet ut addatur eius descriptioni et dicatur quod natura est virtus diffusa per corpora quae attribuit eis formas et figuras, et est principium sic et sic.

([24]) *Physique*, I, 5, p. 56, 29-30: Additio illa quam voluit addere ille qui voluit corrigere primos est inanis; p. 57, 48-49: quicquid ergo hic homo dixit non fuit nisi vanum et falsum.

([25]) *Physique*, I, 5, p. 57, 57-59: Principium motus quomodo est in quantitate, hoc est scilicet dispositio naturae ex qua venit augmentum < rarefactionis et > dilatationis in spatio aut contractio constricionis in spatio.

dira et restera dans cet état qui lui appartient par nature([26]). Il en est
de même pour les complexions des êtres corporels: si elles se corrom-
pent, la nature s'efforcera de les ramener à leur état primitif([27]). Quant
aux mouvements locaux, la nature est à l'origine de certains déplacements dans l'espace; le mouvement de la pierre qui descend et du feu
qui monte est produit par la nature([28]). Enfin il y a les changements
substantiels qui ne se situent plus au niveau des caractères accidentels,
mais qui touchent l'essence même de l'être en question. La nature
intervient-elle dans ces transformations profondes? Selon Avicenne elle
y joue un rôle, bien que celui-ci soit limité; la nature ne fait que
préparer la matière à recevoir la forme substantielle; celle-ci n'est pas
conférée par la nature, elle vient d'ailleurs([29]). D'après Avicenne elle
émane de l'Intellect agent et donc indirectement de Dieu: c'est pourquoi
l'auteur renvoie à une autre science pour apporter des éclaircissements
sur ce point.

La causalité de la nature, vue dans son ensemble, couvre donc un
champ très vaste de changements se produisant dans le monde. Cependant, dans chaque être individuel, le domaine est plutôt limité: l'eau
peut se refroidir de par elle-même, mais elle ne peut se réchauffer sans
l'intervention d'une cause extérieure; quant à la pierre, elle peut des-
cendre par sa propre nature, mais pour monter il lui faut une impulsion
venant de l'extérieur. Chez les êtres naturels, le devenir se produit en
partie par une poussée interne et en partie sous l'influence de facteurs
externes([30]). A côté du monde de la nature, il y a celui de la technique;
bien sûr, l'artisan tiendra compte des caractères naturels de la matière
employée, mais la forme qu'il lui impose est son œuvre personnelle.

([26]) *Physique*, I, 5, p. 57-58, 63-67: Quomodo est principium motus in qualitate, hoc
est scilicet sicut dispositio naturae aquae, cum acciderit ei ut recipiat qualitatem extra-
neam quam non habet per naturam — frigiditatem etenim habet per naturam, — unde
cum coactio remota fuerit, natura sua convertet aquam in suam qualitatem et quietabit
eam in illa.
([27]) *Physique*, I, 5, p. 58, 67-69: Similiter corporum cum corrumpuntur complexiones,
postea nititur natura et revocat ea ad complexionem convenientem.
([28]) *Physique*, I, 5, p. 58, 70-72: In loco, manifestum est quia hoc est sicut dispositio
naturae lapidis cum movet eum deorsum, et dispositio naturae ignis cum movet eum
sursum.
([29]) *Physique*, I, 5, p. 58, 73-76: Quomodo est principium motus in substantiis, hoc est
sicut dispositio naturae cum movet et praeparat ad formam materiam cum apparatu
quantitatis et qualitatis, sicut scies postea. Sed formam ei fortassis natura non attribuit,
sed praeparatur ei et habet eam aliunde.
([30]) *Physique*, I, 5, p. 49, 13-16: Motus et omnino omnes actiones et passiones quae
eveniunt corporibus aliquando sunt ex causa extrinseca et peregrina, aliquando ex seipsis,
non ex causa extrinseca.

Il résulte des analyses précédentes que, pour Avicenne comme pour Aristote, la nature est un principe interne qui premièrement et de soi produit des changements: le devenir du monde n'est donc pas simplement le résultat des rencontres accidentelles des choses, il résulte d'abord des tendances internes présentes dans les êtres. Avicenne est persuadé que le changement appartient à l'essence de l'être corporel; il s'efforce donc de découvrir à quoi la nature correspond dans la structure des corps. Cette structure comporte plusieurs facteurs: la forme, la matière et les accidents. La forme constitue l'essence; c'est par la forme que les êtres corporels sont ce qu'ils sont et représentent une perfection spécifique dans l'ensemble du réel. Quant à la matière, elle est le sujet de la forme; celle-ci est reçue dans la matière et constitue avec elle un être particulier. Enfin il y a les caractères accidentels; certains d'entre eux procèdent directement de l'union de la matière et de la forme, alors que d'autres sont introduits de l'extérieur(^{31}). Devant cette pluralité de composants, Avicenne se demande où se situe la nature; il fait une distinction entre les corps simples et les corps composés. Dans le cas des premiers la nature coïncide avec la forme: ainsi dans le cas de l'eau la nature s'identifie avec le principe formel, et donc avec le composant par lequel l'eau est ce qu'elle est. Cependant la nature et la forme, tout en coïncidant dans la réalité, désignent des aspects distincts: on parlera de nature quand on considère la forme comme principe de mouvement; le terme «forme» sera utilisé pour désigner le principe de la perfection spécifique. Le principe formel est donc un composant qui, en union avec la matière, constitue la perfection propre de l'eau(^{32}). Quant à la nature de l'eau elle possède des caractères qui s'y rattachent directement, comme le froid et l'humidité; le premier représente une propriété passive, alors que l'humidité est une propriété active; cette nature est cause aussi de mouvement local ou de repos suivant que l'eau se trouve dans son lieu naturel ou non. Toutefois tous les accidents ne se rattachent pas directement à la forme;

(^{31}) *Physique*, I, 6, p. 59, 6-10: Forma eius est essentia eius ex qua est id quod est, materia eius est id quod intelligitur subiectum essentiae suae formae, accidentia sunt ea quae, quando materia eorum fuit informata forma eorum et constituta fuerit eorum specialitas, aut simul concreantur aut accidunt extrinsecus.

(^{32}) *Physique*, I, 6, p. 59-60, 12-18: In simplicibus, natura est ipsa forma, et natura aquae est ipsa forma qua aqua est aqua, sed natura est, uno respectu, et forma, alio respectu. Cum enim consideratur secundum actiones et motus quae veniunt ex illa, vocatur natura, quando vero consideratur secundum hoc quod constituit speciem aquae et non attenduntur motus et impressiones quae veniunt ex ea, vocatur forma. Unde forma aquae fortassis est vis quae ex materia aquae constituit speciem quae est aqua.

il arrive que celle-ci prépare la matière à recevoir de l'extérieur des accidents artificiels et aussi beaucoup de caractères naturels accidentels([33]).

Dans le cas des corps composés, la situation est différente; la nature ne coïncide pas avec la forme, car ces corps ne sont pas ce qu'ils sont par la présence de cette puissance qui les meut de façon essentielle. Pourtant la nature constitue quelque chose de la forme, elle en est une partie qui se joint à d'autres composants pour constituer ainsi la forme complète. L'exemple donné est celui de l'homme; l'essence humaine est constituée par l'union des puissances de la nature et des puissances de l'âme; quant à savoir quel est le mode de cette union, Avicenne renvoie à la philosophie première([34]). La question est importante; elle correspond à un problème posé déjà par Aristote dans le *De partibus animalium*. Le Stagirite se demande si l'homme tout entier appartient au domaine de la nature; la réponse est négative: l'âme humaine et surtout l'intellect se situent au delà du monde physique. Pour Aristote, l'âme humaine ne peut subsister après la mort, parce qu'elle est incapable d'exercer son activité, même celle de la pensée, sans l'assistance de l'organisme corporel; pourtant il reconnaît le caractère immatériel de la pensée([35]). Chez Avicenne la conception de l'homme est plus spiritualiste que chez Aristote: l'être humain ne peut relever totalement du domaine de la nature.

A côté de la matière et de la forme, il y a aussi les accidents; certains de ceux-ci sont causés par une action du dehors, par exemple le réchauffement de l'eau; d'autres se rattachent à la substance de la chose. Ici des distinctions ultérieures sont à introduire: dans certains

---

([33]) *Physique*, I, 6, p. 60, 21-29: Actio naturae sicuti in substantia aquae est, aut respectu patientis ab ea, frigiditas, aut respectu agentis in illa, humiditas, aut respectu loci non proprii, motus, aut comparatione loci proprii, quies, et haec frigiditas et humiditas sunt accidentia quae comitantur naturam, cum non fuerit quod prohibeat. Non autem omnia accidentia sequuntur formam in corpore, quia forma aliquando est praeparans materiam ad patiendum a re extrinseca quae accidit, sicut cum praeparat ad recipiendum accidentia artificialia et multa ex accidentibus naturalibus.

([34]) *Physique*, I, 6, p. 60, 30-38: In corporibus compositis, natura est sicut aliquid formae, et non est ipsa forma, quia corpora composita non sunt id quod sunt ex sola virtute quae movet ea essentialiter alicubi, quamvis necessarium est ut, quando fuerint quod sunt, sint in eis ipsae virtutes. Sed veluti ipsa virtus sit pars suae formae et tamquam forma eorum sit coniuncta ex multis intentionibus et adunata, sicut humanitas quae retinet in se vires naturae et vires animae quia, quando coniunguntur aliquo modo coniunctionis, haec omnia constituunt essentiam humanam. Sed quis sit hic modus coniunctionis, melius est ut declaretur in philosophia prima.

([35]) ARISTOTE, *De partibus animalium*, I, 1, 641 a 32 — b 10; *De anima*, III, 5, 430 a 14-24.

cas les accidents se rattachent à la matière, par exemple le teint noir des Éthiopiens, les cicatrices d'une blessure et les dimensions de la taille. Il y a aussi des accidents qui procèdent de la forme. Avicenne mentionne l'espérance, la joie et la capacité de rire chez l'homme. Il reconnaît cependant que ces accidents requièrent la présence de la matière. En somme trois possibilités se présentent: certains accidents proviennent de la forme sans la matière, d'autres procèdent de la forme avec la matière, et finalement il y a des accidents qui se rattachent à l'union de la matière et de la forme: c'est le cas du sommeil et de la veille, bien que le sommeil soit plus rapproché de la matière et que la veille soit plus proche de la forme([36]).

A la lumière de ces analyses Avicenne s'efforce de préciser le sens de la nature et il lui reconnaît trois significations principales([37]). On sait déjà que la nature est, de soi et premièrement, principe de mouvement([38]); certains auteurs insistent spécialement sur l'importance du mouvement qui serait à l'origine de toutes les perfections([39]). Par ailleurs la nature est le principe de la substance de chaque être([40]); il y a cependant des divergences d'opinion sur ce point, car pour certains ce principe est la matière, alors que pour d'autres il est la forme([41]). La

---

([36]) *Physique*, I, 6, p. 61, 44-58: Horum autem accidentium quaedam sunt quae accidunt extrinsecus, quaedam sunt quae accidunt ex substantia rei. Sunt enim quaedam quae consequuntur materiam, ut nigredo Aethiopis, et cicatrices vulnerum et extensio staturae. Sunt etiam quaedam quae consequuntur formam, sicut spes et gaudium et potentia ridendi et cetera in hominibus, quia haec, quamvis ad esse suum necessario exigant ut materia habeat esse, tamen origo eorum et principium ex forma est, quia etiam invenies accidentia quae comitantur formam et oriuntur ex ea et accidunt ei alio modo, et non egent participatione materiae. Et hoc scies quando declarabitur tibi scientia de anima. Sunt iterum accidentia quae egent materia et forma et oriuntur ex utraque earum, sicut dormitio et vigilatio, quamvis ex illis quaedam sunt propinquiora formae ut vigilatio, quaedam vero propinquiora materiae ut dormitio. Quae vero consequuntur ex parte materiae, aliquando remanent post formam, sicut cicatrices vulnerum et nigredo Aethiopis post mortem.

([37]) *Physique*, I, 6, p. 62, 62-63: Hoc autem nomen naturae iam accipitur ex multis intellectibus, sed qui magis digni et proprii sunt, tres sunt.

([38]) *Physique*, I, 6, p. 62, 63-64; p. 59, 5-6: Dicitur enim natura principium quod praediximus ... Natura eius [= corporis] est vis ex qua venit motus eius et permutatio quae sunt in essentia eius, similiter quies eius et status.

([39]) *Physique*, I, 6, p. 62, 72-74: Fuerunt aliqui qui putaverunt quod motus est primum principium quod acquirit substantiis suas perfectiones et constituerunt illum naturam cuiusque rei.

([40]) *Physique*, I, 6, p. 62, 64-65: Dicitur natura qua constituitur substantia cuiuscumque rei.

([41]) *Physique*, I, 6, p. 62, 68-71: Qui divertit ad dicendum quod pars quae dignior est ad constituendum omnes substantias illa est materia earum et hyle, dicit quod natura cuiusque rei est materia eius. Qui autem dicit quod forma hoc magis meretur, ponit eam naturam rei.

troisième signification signale que la nature est l'essence de chaque chose([42]), car dans les corps simples elle constitue l'essence, alors que dans les corps composés elle s'identifie à la complexion, qui est une disposition résultant d'un mélange des qualités contraires([43]). Selon Avicenne les anciens philosophes soutiennent généralement que la nature coïncide avec la matière, et il cite le nom d'Antiphon, mentionné par Aristote([44]). Cet auteur donne l'exemple d'un lit de bois enfoui dans le sol; après quelque temps le bois du lit pourrit et il en sort une branche et non un lit. Le lit est un objet artificiel et n'a pas comme tel la capacité de se reproduire. Antiphon conclut que la nature est la matière qui se conserve dans tous les changements([45]). Avicenne fait remarquer que la matière est un principe potentiel: elle ne peut être à l'origine de l'étant en acte. Si la nature donne aux choses leur caractère substantiel, c'est avant tout comme principe formel([46]); dans le cas des corps simples il n'y a pas de doute; dans les composés il est vrai que la nature à elle seule ne constitue pas l'essence de ces choses, bien qu'elle en fasse partie([47]).

Cet exposé d'Avicenne est-il en accord avec l'enseignement d'Aristote? Le Stagirite, lui aussi, se pose la question de savoir si la nature coïncide avec la matière ou la forme des êtres corporels. Il se réfère à des auteurs qui prétendent que la nature n'est rien d'autre que le sujet

([42]) *Physique*, I, 6, p. 62, 65: Dicitur natura essentia cuiusque rei.

([43]) *Physique*, I, 6, p. 62-63, 75-76, 78-80: Qui vero dicit naturam cuiusque rei formam eius, ponit eam in simplicibus essentiam illorum, et in compositis eorum complexionem ... Complexio est qualitas veniens ex reciproca passione qualitatum contrariarum in corporibus sibi permixtis.

([44]) *Physique*, I, 6, p. 63, 81-83: Antiqui autem priores solebant nimis commendare et praeferre materiam et dicere quod ipsa erat natura. Ex quibus erat Antiphon quem nominat doctor primus.

([45]) *Physique*, I, 6, p. 63, 84-90: (Antiphon) dicebat quod, si forma esset natura rei, lectus, cum putresceret, converteretur in id quod faceret ramum et eius ramus fieret lectus. Sed non est ita, immo redit in suam naturam lignealem et nascitur lignum, quasi hic homo vidisset quod natura est materia et non omnis materia, sed materia cuius essentia conservata est in unaquaque permutatione, et tamquam non discerneret inter formam artificialem et naturalem.

([46]) *Physique*, I, 6, p. 63, 93-97: Quid prodest nobis ut res sit permanens in dispositionibus, et esse eius non sufficiat ad hoc ut res habeat esse in actu, sicut hoc quod est hyle, quae non dat rei esse in effectu, nisi hoc quod ei tribuit potentiam sui esse, sed forma est quae ducit ad effectum?

([47]) *Physique*, I, 6, p. 64, 4-10: Quoniam corpora simplicia sunt id quod sunt in actu ex suis formis et non sunt id quod sunt ex suis materiis, alioquin non diversificarentur, tunc clarum est quia natura non est materia, sed in simplicibus est forma et ipsa in se est forma formarum, non materia materiarum. Sed in compositis non te latet quod natura definita sola non dat eis essentias eorum, nisi cum adiuncta fuerit aliis additionibus quousque ad vocetur forma eorum perfecta natura ad modum multivocorum.

premier et de soi informe de chaque chose. En vue d'appuyer leur point de vue ceux-ci font appel à l'exemple du lit enfoui dans le sol; comme on l'a signalé ci-dessus, la putréfaction du bois ne donne pas naissance à un autre lit, mais fait simplement pousser une branche. La forme artificielle ne possède pas la capacité de se reproduire; par contre le bois se reproduit. On en conclut que ce n'est pas la forme qui constitue la nature du lit, mais la matière qui est le sujet de cette forme. On prétend alors, par extension, que ce qui fait fonction de sujet sera la substance et la nature des êtres. Ainsi l'eau est considérée comme la substance et la nature du bronze et de l'or, de même que la terre est la substance des os et du bois. La nature des êtres serait ainsi constituée de quelques éléments de base: le feu, la terre, l'air et l'eau, soit qu'ils soient tous impliqués, soit que quelques-uns seulement soient présents. Chacun de ces éléments est considéré comme éternel et par rapport à ces sujets il n'y aurait que des affections, des habitus ou des dispositions(48).

L'exemple choisi par Aristote est celui d'un objet artificiel, sans doute pour mettre en évidence la différence entre les œuvres d'art et les êtres naturels. La forme des œuvres d'art ne peut constituer la nature de ces choses; quant au bois il ne fait pas partie des quatre éléments qui constituent la nature de tous les êtres corporels. Le bois n'est que la matière première d'un lit ou d'un autre objet; cette matière, chez le Stagirite, est purement potentielle et ne peut constituer la nature d'un être. Si la forme d'une chose artificielle remonte à l'art, on pourra conclure parallèlement que la forme d'un être naturel constitue sa nature. Quant au composé de matière et de forme il n'est pas une nature, mais un être qui existe par nature. Déjà chez Aristote la nature d'un être naturel est identifiée principalement avec la forme; sur ce point Avicenne ne s'est donc pas écarté de son prédécesseur grec, bien que l'origine de la forme soit différente chez lui.

Dans ce contexte Aristote s'interroge aussi sur la signification de la φύσις dans son aspect dynamique et il prend comme terme de comparaison la guérison (ἰάτρευσις); celle-ci n'est pas une marche progressive vers l'art médical, mais vers la santé; par ailleurs il est vrai que la guérison procède de l'art médical. Qu'en est-il alors de la φύσις? Elle est un processus progressif vers la réalisation de la forme qui, chez Aristote, ne provient pas d'un principe supérieur(49). Chez Avicenne au contraire les générateurs ne peuvent que préparer la matière à recevoir

(48) ARISTOTE, *Physique*, II, 1,193 a 10-27.
(49) ARISTOTE, *Physique*, II, 1, 193 b 12-17.

la forme de la part de l'Intellect agent; dans cette perspective les êtres de ce monde ont un rôle plus limité que chez Aristote qui enseigne que le cosmos tient par lui-même, sans commencement et sans fin.

Il résulte des analyses qui précèdent que la nature joue un rôle de premier plan dans le monde matériel; elle est un principe interne des différents changements qui se produisent dans la réalité sensible, elle est à l'origine d'un devenir perpétuel. Dans les corps simples la nature coïncide avec la forme et dans les corps composés elle est un composant partiel de la forme. Même dans les êtres artificiels elle a un rôle à jouer, car ceux-ci sont faits de matériaux qui appartiennent au monde de la nature. Quant à l'homme il ne se réduit pas simplement à un être physique, bien que les puissances naturelles à côté des puissances psychiques fassent partie de sa composition.

Reste à se demander comment la nature se réalise dans les êtres particuliers. Comme on l'a expliqué ci-dessus, la situation n'est pas la même dans le cas des corps simples et dans celui des corps composés; toujours est-il que les êtres naturels se distinguent des choses artificielles en ce qu'ils possèdent en eux-mêmes un principe de changement et de développement. C'est donc dans les choses particulières que la nature se réalise; elle y coïncide entièrement ou partiellement avec la forme substantielle qui leur accorde leur perfection spécifique. Toutefois la nature possède aussi une portée universelle, non seulement comme concept dans l'esprit de l'homme, mais aussi comme origine d'où procède la perfection des êtres particuliers. Qu'on se rappelle comment Avicenne conçoit l'Intellect agent d'où proviennent les idées universelles de la pensée et les formes des êtres sensibles. Avicenne fait remarquer que les formes ne procèdent pas d'un principe unique qui se diviserait et se disperserait dans les êtres particuliers qui les reçoivent; ce qui existe ce sont les puissances particulières dans les êtres qui les accueillent et elles n'ont pas constitué d'abord une unité qui se serait ensuite divisée([50]). L'auteur rejette aussi l'idée d'un flux qui se dirigerait vers les êtres particuliers, car chacun de ces êtres est investi de sa propre nature numériquement et spécifiquement([51]). Avicenne n'admet pas

---

([50]) *Physique*, I, 7, p. 67, 42-47: Quidam eorum putaverunt quod uniuscuiusque horum suum esse et sua origo a primo principio est unum, sed dividitur secundum divisionem totius et diversificatur in recipientibus. Sed nihil horum debet audiri, quia non habent esse nisi vires diversae quae sunt in recipientibus, et nunquam fuerunt unum quod postea divideretur.

([51]) *Physique*, I, 7, p. 67, 53-55: Nec sunt unum in via veniendi ad res ad modum alicuius fluentis antequam perveniant, nec habent esse unum aliquod in rebus sine diversitate, sed natura cuiusque rei aliud est in specie et numero.

non plus l'image du rayonnement du soleil: les rayons du soleil n'existent que dans les choses qui les reçoivent et n'ont aucune consistance en dehors d'elles([52]). Il considère que l'universalité de la nature doit s'expliquer par les entités premières qui sont à l'origine de toutes les dispositions se rencontrant dans le monde; il est possible aussi que la nature se rattache à un corps primordial parmi les corps célestes qui par leur médiation garantissent l'ordre de l'univers([53]). Chez Avicenne, à chacune des dix Intelligences supérieures se rattache un corps céleste animé par une âme angélique. Le caractère universel de la nature s'explique ainsi par son rattachement aux principes supérieurs du monde et particulièrement à l'Intellect agent et à son corps astral.

Si la nature est douée d'une portée universelle, peut-on en conclure que tout dans le monde se passe de façon régulière et normale et qu'il n'y a pas d'anomalies? Tel n'est pas le cas: certains phénomènes anormaux ont été mentionnés précédemment, comme le développement d'un sixième doigt. Ce phénomène est anormal et exceptionnel; il ne se situe pas cependant en dehors de l'activité de la nature et s'explique par l'abondance de la matière disponible dans un cas déterminé([54]). Il y a aussi le phénomène de la mort; Avicenne fait remarquer que beaucoup d'événements se situent en dehors du cours naturel particulier sans sortir de l'ordre universel([55]). Pourquoi les hommes meurent-ils? Avicenne répond que grâce à la mort l'âme est libérée du corps et peut prendre part à la félicité des bienheureux; ceci correspond à la fin pour laquelle l'homme a été créé([56]); si certains n'atteignent pas cette fin, ce n'est pas la faute de la nature, mais la conséquence d'un mauvais

([52]) *Physique*, I, 7, p. 68, 56-61: Nec etiam exemplum quod dant de apparitione solis est ita, quia a sole non discedit aliquid quod constituat unum aliquod nec corpus nec accidens, sed eius radius fit in recipiente et fit in unoquoque recipientium alius numero. Et ille radius non habet esse in non recipiente, nec est aliquid quod sit ex collectione radii substantiae solis qui descendit a sole ad materias, et investit eas.

([53]) *Physique*, I, 7, p. 68, 64-69: Si fuerit natura quae fit universalis hoc modo, non erit universalis ideo quia est natura, sed aut quia est intellecta apud primos qui sunt principia a quibus descendit dispositio omnium, aut quia est natura alicuius primi corporis ex caelestibus corporibus, quibus mediantibus servatur ordo, et non erit omnino una natura quae sit una in essentia diffusa in alia corpora.

([54]) *Physique*, I, 7, p. 69, 83-86: Digitus superfluus acquisitus est ex natura universali quae dat unicuique materiae quicquid formae praeparatum est ei, sine superfluitate; si autem superfluitas fuerit in materia quae meretur formam digitalem, non prohibet nec diminuit.

([55]) *Physique*, I, 7, p. 68, 71-72: Multa sunt extra cursum naturalem particularem quae non sunt extra cursum naturalem universalem.

([56]) *Physique*, I, 7, p. 68-69, 74-76: Ut anima exuatur a corpore ad felicitatem beatorum, quae est causa propter quam creatus est homo.

choix(^{57}). En outre, chaque génération doit céder la place à d'autres; si les hommes n'étaient pas soumis à la mort et continuaient à vivre indéfiniment, il n'y aurait pas assez de place, ni assez de matière, ni assez de nourriture pour d'autres générations(^{58}). Le phénomène de la mort ne se situe donc pas en dehors de l'ordre universel(^{59}).

Dans l'optique d'Aristote, l'univers entier est orienté vers l'Acte pur, la perfection suprême. Dans la vision d'Avicenne, le monde émane du même principe que les idées universelles, l'Intellect agent: les formes substantielles des êtres et les pensées des hommes proviennent d'une seule et même source. Inutile de conclure que ce monde est pénétré de logos; il est le chef-d'œuvre, indirect mais nécessaire, du Dieu créateur.

Avicenne est-il resté fidèle à l'enseignement d'Aristote sur la nature?

1. Dans son traité de *Physique* Aristote nous a livré une conception de la nature qui est nouvelle et originale; elle a fondé pendant des siècles la réflexion sur le monde sensible dans la pensée occidentale. Elle a surtout influencé l'enseignement des universités médiévales sur la question. Avicenne s'est rallié à la doctrine de son prédécesseur grec et il a même défendu la position du Stagirite contre des critiques. Les lignes essentielles de la théorie d'Aristote sur la nature se retrouvent chez Avicenne.

2. Néanmoins Avicenne est un penseur original; étant médecin il avait un intérêt particulier pour les choses de la nature. Vivant quatorze siècles après le maître grec, il n'a pas repris passivement son enseignement, il l'a repensé dans le contexte scientifique de la pensée arabe. Il a précisé et complété la doctrine d'Aristote en étudiant de plus près les différentes sortes de mouvements qui se produisent dans le monde et en déterminant la ligne de démarcation entre les êtres naturels et les choses artificielles.

3. Malgré cette fidélité d'Avicenne à l'enseignement d'Aristote, il n'en est pas moins certain que la doctrine du maître grec a été replacée dans une perspective métaphysique nouvelle, celle du néoplatonisme et de la théologie islamique. Chez Avicenne, le monde sensible procède indirectement de Dieu, qui est le créateur de tout ce qui est; cette

---

(^{57}) *Physique*, I, 7, p. 69, 76-77: Si degeneraverit, hoc non sit causa naturae, sed causa malae electionis.

(^{58}) *Physique*, I, 7, p. 69, 77-80: Ut alii homines habeant esse qui tantum debent habere esse quantum et hi qui modo sunt, quia si hi semper viverent, ceteros non caperet locus nec sufficeret eis victus, nec in potentia materiae esset sufficientia aliorum.

(^{59}) *Physique*, I, 7, p. 69, 82-83: Ergo haec et cetera alia acquiruntur ex natura universali.

création est conçue comme une émanation nécessaire. Les êtres naturels émanent directement de l'Intellect agent, qui est la dixième Intelligence supérieure. L'étude de cette réalité supérieure relève évidemment de la philosophie première; il n'est pas étonnant que dans son exposé sur la physique Avicenne renvoie plusieurs fois à sa métaphysique.

3. *Le hasard et la fortune*

La question du hasard et de la fortune doit-elle être étudiée dans un exposé consacré à la philosophie de la nature? A cette question Avicenne répond par l'affirmative; il s'arrête longuement aux différents aspects du sujet, il étudie de manière critique les théories antérieures et contemporaines, et il propose à son tour une solution qu'il ne manque pas de justifier. On devine aisément pourquoi il a procédé de cette façon: il s'inspire étroitement d'Aristote qui, dans sa *Physique* (II, 4-6), a consacré à cette question une étude très condensée(¹). Le Stagirite reproche à ses prédécesseurs de ne pas avoir abordé formellement ce thème; à son avis ils auraient dû examiner la question, même s'ils étaient persuadés que la causalité du hasard doit être écartée. Le thème du hasard se rencontre dans les croyances populaires, il est même présent dans certaines doctrines philosophiques; le philosophe de la nature aurait tort de ne pas aborder ce problème, même s'il aboutit à une conclusion négative.

Chez Aristote le sujet est abordé dans le contexte plus général de la théorie des causes; Avicenne a suivi cet exemple. Il s'agit donc de savoir si le hasard et la fortune sont à considérer comme des causes véritables de ce qui se passe dans le monde(²). Dans le cas d'Aristote la réponse est loin d'être évidente. Selon lui le devenir de la réalité sensible s'explique par la causalité de l'Acte pur: celui-ci meut l'univers entier comme objet de désir ou d'amour. Si tous les êtres tendent vers le bien, vers la perfection, si l'univers entier est animé d'un élan vers l'Acte pur, comment y aurait-il encore place dans ce monde pour des phénomènes dus au hasard? C'est d'autant plus vrai qu'Aristote ne manque pas de souligner le caractère problématique du hasard: il se demande s'il ne

---

(¹) G. Verbeke, *Le hasard et la fortune. Réflexions d'Albert le Grand sur la doctrine d'Aristote*, dans *Rivista di Filosofia neo-scolastica*, 70 (1978), fasc. I-II, p. 29-48, et *Happiness and Chance in Aristotle*, dans *Aristotle on Nature and Living Things*, Mélanges D. M. Balme, 1985, p. 247-258.

(²) *Physique*, I, 13, p. 106, 4-7: Fatum et casus et quicquid accidit ex se a quibusdam computantur inter causas, non est praetermittendum considerare de his utrum sint inter causas aut non sint et, si sunt, quomodo sunt inter causas.

s'agit pas de pures fictions, de causes inventées par l'imagination populaire. En tout cas la causalité du hasard et de la fortune ne peut être qu'accidentelle: on peut dire par exemple que le constructeur d'une maison est un musicien, mais ce n'est pas en tant que tel qu'il a conçu le plan de l'édifice, mais en tant qu'architecte; celui-ci peut avoir un nombre indéfini de qualifications accidentelles. La causalité accidentelle est donc indéterminée; le Stagirite déclare que la fortune est quelque chose de contraire à la raison; il est d'ailleurs parfois difficile dans des cas concrets de désigner avec certitude la cause accidentelle d'un phénomène. Dans le cas d'une guérison où plusieurs facteurs accidentels semblent être intervenus, il n'est pas toujours facile d'indiquer celui dont l'influence a été décisive. Malgré ces difficultés indéniables Aristote maintient l'existence du hasard et de la fortune comme causes accidentelles véritables, appartenant à la catégorie des causes efficientes. Sur quoi s'appuie-t-il pour soutenir ce point de vue?([3]).

En fait le Stagirite ne cesse de faire appel aux croyances populaires exprimées dans le langage. Celui-ci n'a pas été inventé par les philosophes, et pourtant, comme on l'a déjà souligné, il contient une valeur indiscutable pour la recherche philosophique dans la mesure où il exprime des opinions très anciennes qui se sont maintenues au cours de l'histoire et qui sont universellement acceptées. Ce consensus est important: il garantit la valeur de l'opinion en question et se fonde en dernière analyse sur la téléologie universelle; dans cette perspective une erreur persistante de tous les hommes ne peut se concevoir. Parmi les faits se produisant dans le monde il y en a qui sont constants ou fréquents alors que d'autres ne le sont pas; ce sont précisément ces derniers que tout le monde attribue à la fortune. Aristote en conclut que le hasard et la fortune ne sont pas une fiction, mais quelque chose de réel (φανερὸν ὅτι ἔστι τι)([4]). Le Stagirite s'efforcera donc d'intégrer cette causalité accidentelle dans son explication finaliste de l'univers; à ses yeux la causalité accidentelle présuppose toujours les causes essentielles; le hasard et la fortune sont postérieurs par rapport à l'intellect et à la nature; même si la cause du monde céleste était le hasard, l'intellect et la nature seraient antérieurs([5]).

Chez Avicenne le contexte dans lequel se situe la question du hasard et de la fortune est profondément différent de celui d'Aristote: l'auteur du *Shifā'* admet que Dieu est créateur et providence, il est donc à

([3]) ARISTOTE, *Physique*, II, 5, 197 a 32-35.
([4]) ARISTOTE, *Physique*, II, 5, 196 b 15.
([5]) ARISTOTE, *Physique*, II, 5, 198 a 6-13.

l'origine de tout ce qui se passe dans le monde; l'activité créatrice et providentielle s'étend à tout ce qui est. Il est à remarquer cependant que l'Être nécessaire exerce son activité créatrice depuis toute éternité, il n'a jamais commencé à créer, et l'univers lui aussi existe depuis toujours. Pourtant Dieu n'intervient pas directement dans la production de tous les êtres subordonnés; étant absolument simple il ne produit directement qu'un seul être, purement spirituel, un intellect pur qui est le principe moteur de la première sphère. Cette première Intelligence est créatrice à son tour: elle pense l'Être nécessaire, elle se pense aussi elle-même comme nécessaire en dépendance de l'Être premier, et comme possible en elle-même. Cet acte de penser est créateur, lui aussi, et produit une Intelligence moins parfaite; cette émanation se poursuit jusqu'à la dixième Intelligence. Celle-ci se rattache à la sphère de la lune et représente le niveau le plus bas des Intelligences supérieures: c'est l'Intellect agent d'où découlent les formes substantielles des êtres sensibles et les formes intelligibles de la pensée humaine. Ainsi donc les êtres du monde sublunaire dépendent indirectement de la Cause créatrice suprême. Quant à la providence divine, la doctrine d'Avicenne est parallèle à celle de la création: Dieu ne connaît pas directement les êtres particuliers de ce monde, il les connaît par l'intermédiaire des causes subordonnées. Les âmes célestes, qui sont liées à un corps astral, saisissent directement les êtres individuels à la manière dont nous les connaissons par la sensation et l'imagination. Ces âmes participent à l'activité de la providence divine qui veille sur sa création à travers elles; ces âmes savent ce qui est bon et possible, et le réalisent dans le monde sublunaire. C'est dans ce contexte d'émanation créatrice et de providence indirecte que se pose pour Avicenne le problème du hasard et de la fortune. Si le monde est le résultat d'une émanation nécessaire se poursuivant depuis toute éternité, y a-t-il encore de la place pour des phénomènes dus au hasard ou à la fortune?

Dans son étude de ce problème Avicenne ne part pas des croyances populaires ni du langage, comme l'avait fait Aristote, il entame immédiatement un examen critique des différentes théories antérieures. Aristote reproche à ses prédécesseurs d'avoir négligé la question, tandis qu'Avicenne pouvait s'appuyer déjà sur une longue tradition philosophique. Parmi les auteurs qu'il discute, Avicenne distingue d'abord ceux qui adoptent une attitude franchement négative vis-à-vis du hasard et de la fortune, et considèrent que ce sont là des causes superflues pour expliquer les phénomènes de la nature; en outre ce sont des facteurs inconnus auxquels le peuple fait appel pour cacher son ignorance. En

réalité tout ce qui arrive dans le monde a une cause connue et
déterminée([6]). Il arrive que quelqu'un, creusant le sol, y trouve un
trésor caché ou qu'il se foule le pied. Faut-il attribuer ces phénomènes à
la fortune et parler d'une heureuse fortune dans le premier cas et d'une
mauvaise fortune dans le second? Selon les auteurs mentionnés il n'y a
pas de raison de recourir à des causes accidentelles et obscures. Il est
tout à fait normal que celui qui creuse le sol, trouve ce qui est caché à
l'endroit où il creuse. On pourrait se demander pourquoi on creuse
précisément à l'endroit où le trésor est caché. Tout cela dépend de celui
qui creuse: s'il savait qu'un trésor y est enfoui, il choisirait évidemment
l'endroit en question pour une série de raisons différentes. Toujours est-
il que le hasard ou la fortune n'interviennent pas dans cette affaire. Des
considérations analogues s'appliquent à celui qui se foule le pied en
creusant([7]). Que penser de celui qui va au marché pour son commerce
et qui rencontre de façon inattendue un débiteur qui lui rembourse
l'argent prêté? Faut-il attribuer cet événement à une heureuse fortune?
La réponse est encore une fois négative: tout s'explique par les déplacements qui ont eu lieu et par les tractations qui se sont déroulées entre
les deux personnes concernées. Il n'y a donc pas lieu de recourir à un
facteur mystérieux qui serait à l'origine de cet événement([8]). Aristote
connaît déjà ce point de vue; il fait remarquer que malgré tout il est
étonnant que les gens continuent à faire une distinction entre des faits
relevant du hasard et de la fortune et d'autres; selon le Stagirite c'est là
un indice du bien-fondé de cette question.

Dans son *Dux perplexorum* Maïmonide mentionne cinq théories
différentes au sujet du hasard([9]): il y a d'abord la doctrine d'Épicure
qui supprime sans plus la providence et attribue tous les événements du
monde à l'action du hasard; l'auteur signale que certains Israélites

---

([6]) *Physique*, I, 13, p. 106, 10-14: Quaedam secta fuit quae negavit fatum et casum esse
de numero causarum, et negavit ea intelligi esse ullo modo, dicens quod, postquam
invenimus universis rebus causas ex quibus eveniunt et videmus eas, inconveniens est ut
praetermittamus et postponamus eas quasi non sint causae, et incipiamus quaerere causas
ignotas, fatum scilicet et casum.

([7]) *Physique*, I, 13, p. 106-107, 15-19: Fossor etenim cum thesaurum subito invenit,
dicunt imperiti quia omnino fatum felix sibi accidit. Sed quando offendit in aliquod et
laeditur, dicunt absolute quia fatum infelix illi accidit, cum fatum nullo modo consecutum
est, quia omnis qui fodit suffossum invenit et omnis qui incedit per praeceps ruit.

([8]) *Physique*, I, 13, p. 107, 19-23: Et dicunt quod aliquis, quia ivit ad forum ad
sedendum in meritorio suo, vidit suum debitorem et consecutus est ab illo ius suum, et
hoc fuit opus fati. Sed non est ita, immo potius, quia ivit ad locum ubi erat debitor suus et
quia habebat sensum videndi, vidit eum.

([9]) *The Guide of the Perplexed by Moses Maimonides*, translated from the original
arabic text by M. FRIEDLÄNDER,.New York, 1956, II, 17, p. 282-288.

athées ont professé la même doctrine. Vient ensuite la théorie d'Aristote: une partie de l'univers est ordonnée et contrôlée par la providence, tandis que l'autre est abandonnée au hasard: est dirigé par la providence ce qui est constant, permanent, et ne change pas ses propriétés; tout ce qui ne remplit pas ces conditions relève du hasard. Maïmonide est indigné de ce qu'Aristote ne fait pas de distinction entre des événements aussi différents qu'une souris tuée par un chat et un prophète déchiré par un lion affamé: les deux sont attribués au hasard. En troisième lieu il y a la doctrine des Asharites: c'est la négation totale et radicale du hasard; ni dans l'ensemble de l'univers, ni dans la vie des espèces, ni dans l'existence des individus, rien n'est laissé au hasard; tout ce qui se passe dans le monde est le résultat d'une volonté, d'une intention, d'une règle. Le vent qui souffle et fait tomber les feuilles ainsi que la tempête qui soulève les flots et fait périr des hommes, tout cela est ordonné par Dieu. Vient ensuite l'enseignement des Mutazilites: ceux-ci acceptent le libre arbitre, bien que cette liberté ne soit pas sans restrictions. Ils admettent par ailleurs que la divine providence s'étend à tout ce qui est et que Dieu est souverainement juste. Ces auteurs s'évertuent à trouver pour tout ce qui se passe une explication qui s'accorde avec la sagesse de Dieu. Maïmonide leur reproche d'admettre à la fois que Dieu connaît toutes choses et que l'homme est libre. La cinquième théorie est celle de Maïmonide lui-même: aux yeux de l'auteur elle est entièrement en accord avec l'enseignement de la Loi; deux principes la dominent: l'homme est doué de libre arbitre et aucune injustice ne peut être attribuée à Dieu. L'auteur estime que dans le domaine sublunaire la providence divine ne s'étend aux êtres individuels que dans le cas des hommes uniquement; en ce qui concerne les autres êtres individuels, l'auteur se déclare d'accord avec Aristote et attribue au hasard les événements qui s'y rattachent. Dans ces différentes interprétations le problème central est de savoir comment on peut concilier la doctrine du hasard avec la providence de Dieu et le libre arbitre de l'homme.

Quant à Avicenne il ne se range pas du côté de ceux qui rejettent le hasard et la fortune; à ses yeux ce sont là des causes, accidentelles mais véritables, de certains événements qui se produisent dans le monde. Le hasard se situe dans les phénomènes de la nature, où n'intervient pas le choix responsable d'un sujet humain; par contre la fortune se rencontre dans les actions orientées vers une fin librement consentie. Une cause accidentelle est celle d'où provient un effet sans que celui-ci se produise toujours ou fréquemment; il s'agit donc d'un résultat qui est exceptionnel ou en tout cas peu fréquent. C'est dans ces cas seulement qu'on fait appel à l'intervention d'une cause accidentelle, le hasard et la fortune[10]. Celui qui creuse le sol ne découvre que rarement un trésor caché. Si pareille découverte se produit, elle est due au concours de deux ou de plusieurs facteurs; ce concours est accidentel et doit donc provenir d'une cause accidentelle. Celui qui creuse le sol n'est pas toujours à l'origine de pareil concours.

Un autre argument invoqué par ceux qui nient le hasard et la fortune se rapporte à l'intention de l'agent; on prétend que cette intention ne change pas la nature d'une action. Si quelqu'un se rend au marché pour y faire du commerce et si à cette occasion il rencontre un débiteur et recouvre l'argent prêté, il n'en résulte pas que le déplacement au marché n'est que la cause accidentelle de la récupération de l'argent. Si le commerçant s'était rendu au marché pour y rencontrer son débiteur et recouvrer son argent, le déplacement aurait été la cause essentielle de l'heureux événement. En fait le commerçant s'est déplacé dans une autre intention, mais le déplacement reste le même; il ne devient pas une cause accidentelle du résultat obtenu à cause de l'intention de l'intéressé[11]. D'ailleurs la même action peut avoir plusieurs fins; on imagine très bien que quelqu'un aille au marché pour faire du commerce et aussi, si l'occasion s'en présente, pour se faire rembourser par son débiteur. Selon Avicenne l'intention de l'agent n'est pas à négliger: elle est un facteur important de l'action et n'est pas sans influence sur la fréquence du résultat visé; si ce résultat n'est pas dans l'intention de l'agent, il sera moins souvent obtenu que s'il est poursuivi consciemment[12]. Si le déplacement au marché est entrepris dans une intention déterminée, celle-ci n'est donc pas à négliger, elle fait partie de la totalité que constitue l'action; le déplacement change de caractère d'après l'intention qui l'anime.

Reste ensuite le problème des phénomènes indifférents (*ad utrumlibet*); il s'agit de phénomènes qui peuvent aussi bien se produire que ne

[10] *Physique*, I, 14, p. 121, 14-15: Ipsa quae est causa rei ex qua res non provenit semper nec saepe est causa casualis unde sic est.

[11] *Physique*, I, 13, p. 107, 23-26: Quamvis finis sui exitus ad forum non fuerit hic finis, tamen non debet dici exitum ad forum non fuisse veram causam consequendi ius suum a debitore suo, quia possibile est ut unum opus habeat multos fines.

[12] *Physique*, I, 14, p. 121, 27-32: Positio in uno facit rem saepius, in alio, raro, quia qui suspicatur quod suus debitor in via est, et exit ad illum capiendum, unde hoc sic est, saepe capit. Et qui non suspicatur, exit de meritorio suo, sed non capit eum saepe. Ergo, si propter positionem diversam variatur iudicium rei in saepe et non saepe, similiter variatur iudicium rei in hoc quod est casuale vel non casuale.

pas se produire; il y a autant de chances qu'ils s'accomplissent qu'il y en a en faveur de l'autre membre de l'alternative. Si ces phénomènes se réalisent, ne faut-il pas les attribuer au hasard ou à la fortune? Prenons l'acte de manger ou de ne pas manger; les deux sont également possibles. Si un des deux membres de l'alternative se réalise, faut-il le mettre au compte du hasard? Avicenne estime que non; le fait de prendre de la nourriture ne dépend pas du hasard, mais de la volonté; chacun décide pour lui-même de manger ou de ne pas manger. Si on rapporte à la volonté l'acte de manger et que le vouloir est effectivement présent, cet acte se réalisera souvent (sauf empêchement imprévu) et ne peut être attribué au hasard. La situation change si l'acte de manger est rapporté à un autre événement, par exemple l'entrée dans une chambre déterminée; alors on peut dire «que je suis entré chez lui et que par hasard il était occupé à manger». Dans ce cas il s'agit du concours accidentel de deux événements[13].

Dans ce contexte, Avicenne fait remarquer que le même phénomène peut être considéré comme indifférent ou comme nécessaire selon le point de vue adopté; cette règle s'applique même à des phénomènes qui sont exceptionnels, comme la génération d'un sixième doigt à la main d'un foetus. Chez Avicenne cette déformation s'explique par l'abondance de la matière disponible; sous cet angle le phénomène est nécessaire et ne peut être attribué au hasard. Il ne se situe pas non plus en marge de la finalité universelle; le sixième doigt est formé pour que la matière ne se perde pas inutilement. Le phénomène en question est donc ambivalent: en tant qu'il est exceptionnel, on peut l'attribuer au hasard, car il ne se situe pas dans l'orientation normale de la nature; mais en tant que causé par l'abondance de la matière disponible, il devient nécessaire et se situe en dehors de la causalité accidentelle[14].

[13] *Physique*, I, 13, p. 113, 37-44: Comedere et ambulare, quando comparantur voluntati et ponitur voluntas ibi esse, transeunt de definitione possibilitatis quae est utrumlibet ad saepe et, cum de hoc exierint, non erit conveniens ullo modo ut dicantur casu fieri vel fato. Sed, cum non comparantur vel referuntur ad voluntatem sed considerantur in seipsis, quando scilicet aeque est possibile ut sit comedere vel non comedere, verisimile est tunc ut dicatur: «intravi ad illum et casu accidit ut comederet», sed hoc in comparatione dicitur introitus, non voluntatis.

[14] *Physique*, I, 13, p. 112-113, 18-26: Una et eadem res aliquando ex uno respectu est saepe, sed necessaria, et alio respectu est utrumlibet, sed raro; quando perfecte considerata fuerit et assignatae fuerint omnes eius dispositiones, fiet necessaria, sicut cum consideratur quod materia ex qua generatur manus concepti abundavit supra id quod expensum est de ea in quinque digitis et, quia virtus divina quae fluit in corpora invenit aptitudinem vel habilitatem sufficientem in materia naturali ad formam debitam, ipsa etenim quando tale quid invenit non permittit esse otiosum, erit tunc necessarium ut creetur digitus superfluus.

D'autre part, il est faux de croire que la nécessité est aveugle. Il y a des auteurs qui expliquent la formation de la pluie par une succession de processus nécessaires, à commencer par l'évaporation, puis la montée de la vapeur, ensuite le refroidissement et la transformation de la vapeur en eau, et enfin la chute de la pluie. Les auteurs en question croient que ces phénomènes se présentent en dehors de toute finalité: la pluie tombe et ce serait par hasard qu'elle favorise la fertilité du sol[15]. Pour Avicenne la formation de la pluie est une œuvre divine qui fait partie d'un plan providentiel: Dieu se sert de la nécessité en vue d'une fin utile. L'auteur ne nie donc pas la nécessité de certains processus naturels, mais il les subordonne à l'action providentielle de Dieu[16].

Avicenne persiste donc à croire à l'action du hasard et de la fortune comme causes accidentelles de phénomènes rares ou en tout cas peu fréquents [17]. Mais en même temps il s'oppose vigoureusement à tous ceux qui exagèrent le rôle de ces facteurs dans la vie des hommes et dans l'histoire de l'univers. Il y a d'abord ceux qui croient que la fortune est une cause divine cachée qui interviendrait dans le cours des événements; on a érigé des temples dédiés à la fortune et on lui a rendu un culte[18]. Aristote aussi fait allusion à ces croyances; il signale que la fortune est considérée comme une cause, mais impénétrable à l'esprit humain; elle serait quelque chose de divin et de mystérieux. Cette opinion s'est d'ailleurs cristallisée dans certains termes du vocabulaire grec comme εὐτυχία (une bonne fortune) et εὐδαιμονία.(une vie heureuse)[19]. Ce dernier terme est l'expression d'une opinion courante suivant laquelle le destin de chaque individu serait déterminé par des puissances supérieures (δαίμονες) responsables des succès et des contretemps se présentant dans la vie. Cette croyance remonte évidemment à une époque où l'homme n'avait pas encore pris conscience de ses

---

[15] *Physique*, I, 14, p. 124, 76-79: Sicut pluvia quam sciunt certe generatam esse ex necessitate materiae quia sol, cum evaporat, et ascendit vapor ad spatium frigidum, infrigidatur et convertitur in aquam ponderosam et descendit necessario, et casu accidit ut prosit.

[16] *Physique*, I, 14, p. 133, 51-53: Non sufficit ad hoc necessitas materiae, sed est hoc opus divinum quod facit materiam pervenire ad suam necessitatem ac per hoc consequitur eam finis.

[17] *Physique*, I, 13, p. 115, 72-74: Ergo casus est causa rerum naturalium et voluntariarum per accidens, nec semper eveniens nec saepe, et est in quocumque est per aliquid, et non est causa essentialis quae illud induxerit.

[18] *Physique*, I, 13, p. 108, 39-43: Quidam enim eorum dixerunt quod fatum est causa divina occulta, quam non apprehendit intellectus, adeo quod quidam eorum posuerunt fatum esse cui omnes deberent adhaerere ut deo, sed per cultum fati, et instituerunt ei templum et ad honorem eius idolum cui deservirent ad modum idolatriae.

[19] ARISTOTE, *Physique*, II, 5, 197 b 2-5.

possibilités et de ses responsabilités; il se croyait dominé par des puissances mystérieuses auxquelles il n'avait pas le pouvoir de résister. Dans son traité d'éthique le Stagirite a rejeté cette vue populaire et il a donné au terme ἐυδαιμονία un contenu radicalement nouveau: l'homme est lui-même l'auteur de son destin, le bonheur n'est pas un don qui lui est accordé arbitrairement par certaines puissances supérieures, l'homme est responsable de sa vie, de son bonheur ou de son malheur. Grâce à une conduite morale constante (une seule hirondelle ne fait pas le printemps) il est capable de réaliser la plus haute perfection de son existence([20]).

Aux yeux d'Avicenne la fortune n'est pas une déesse, elle est simplement une cause accidentelle de certains événements exceptionnels se produisant dans le monde; elle n'est jamais une cause essentielle. Les effets de la fortune peuvent être heureux ou malheureux; celui qui creuse le sol et y trouve un trésor s'en réjouira; par contre celui qui est blessé par la chute d'une pierre en souffrira. Les effets de la fortune sont imprévisibles; il s'agit d'une cause indéterminée et irrationnelle; elle peut avoir une série indéfinie d'effets accidentels. Les hommes se sentent impuissants devant les effets de la fortune; c'est pourquoi, fait remarquer Avicenne, devant ces incertitudes et ces menaces ils invoquent la protection de Dieu([21]). Cette considération n'est pas sans importance. Avicenne condamne ceux qui construisent des temples à la fortune et lui rendent un culte: c'est de l'idolâtrie. Mais il ne réprouve pas ceux qui invoquent le secours de Dieu contre les effets imprévisibles de la fortune; la providence divine s'étend à tous les événements qui forment la trame de l'histoire, aussi aux événements causés par le hasard et la fortune. Cette perspective religieuse est nettement présente chez Avicenne, elle ne l'est pas chez Aristote.

Parmi ceux qui exagèrent le rôle du hasard et de la fortune Avicenne range aussi Démocrite; selon lui, les mondes, dans leur existence précaire, seraient le produit du hasard([22]). Ils sont composés de particules indivisibles, les atomes, qui sont perpétuellement en mouvement; de ce fait ils se rencontrent sans cesse et constituent des agglomérats

---

([20]) G. Verbeke, *Thèmes de la morale aristotélicienne*, dans *Revue philosophique de Louvain*, 61 (1963), p. 201-205; *Philosophie et conceptions préphilosophiques*, dans *Revue philosophique de Louvain*, 59 (1961), p. 414-416.

([21]) *Physique*, I, 13, p. 119, 44-47: Aliquando una causa casualis habebit fines casuales indefinitos. Unde non possunt custodiri a casu sicut custodiunt se homines a causis essentialibus, sed orant Deum ut liberet eos ab his malis.

([22]) *Physique*, I, 14, p. 121, 33: Democritus ... posuit creationem mundi casu.

temporaires(^{23}). Ceux-ci sont donc formés à la suite de rencontres accidentelles de particules en mouvement; l'ordre du monde ne serait pas le résultat d'une activité créatrice réalisée en vue d'une fin, il serait un effet accidentel et passager dû au hasard. Pareille doctrine est en contradiction flagrante avec la théorie développée par Avicenne dans sa philosophie première: selon lui, le monde existe depuis toujours, il n'est pas un agglomérat transitoire de particules, il est le résultat intentionnel de l'activité créatrice de Dieu. Celui-ci n'a pas commencé son œuvre créatrice à la suite d'une délibération; le monde émane de Dieu depuis toujours, il est le produit d'une émanation perpétuelle. Toutefois il n'est pas directement et immédiatement réalisé par Dieu, il est le résultat immédiat de l'Intellect agent, qui occupe le dixième rang dans la hiérarchie des Intelligences supérieures. Ce n'est donc pas un hasard instable qui est à l'origine du monde, mais un Dieu créateur, bien que celui-ci ne crée directement que la première Intelligence.

En abordant la théorie de Démocrite dans sa physique, Avicenne formule une critique fondamentale: le hasard ne peut être considéré comme la cause première de l'univers; antérieurement au hasard il y a la nature et la volonté. Le sens de cette critique est clair: le hasard et la fortune sont des causes accidentelles se présentant dans les choses orientées vers une fin; celle-ci sera naturelle (hasard) ou volontaire (fortune)(^{24}). Dans des cas exceptionnels ou peu fréquents la fin visée n'est pas atteinte, mais un autre résultat est obtenu, qui sera dû au hasard ou à la fortune. Celui-ci sera accidentel et présuppose l'action de la nature et de la volonté. Dans ce même contexte Avicenne fait observer que le ciel continue d'exister dans un ordre parfait, alors que les choses particulières naissent et périssent: rien d'étonnant à ce que dans ces dernières on rencontre l'influence du hasard, mais que le ciel soit l'effet du hasard est inconcevable: ce serait en contradiction avec la notion même de cette cause accidentelle(^{25}).

(^{23}) *Physique*, I, 14, p. 122, 41-48: Corpora de quibus dicit et videt quod sunt dura et convenientia in substantia, sed diversa in figuris, et videt quod sunt mobilia ex seipsa per inane quae, cum coniunguntur sibi et contingunt se, sed, secundum ipsum, non est aliquid, vis neque forma, nisi figura tantum, coniunctio eorum et figurae eorum non consolidant ea inter se quin possibile sit illa dispergi, ita ut semper sint in suo motu quem habent ex seipsis: debent ergo ex sua essentia semper illa moveri et dividi, ita ut non maneat in eis continuatio.

(^{24}) *Physique*, I, 14, p. 122, 39-40: Natura aut voluntas in se prior est casu. Ergo prima causa mundi est natura aut voluntas.

(^{25}) *Physique*, I, 14, p. 123, 57-60: Rem quae est semper, cui non accidit excedere ordinem nec est res cui accidit generari fato aut casu ullo modo, ponit casualem et ponit rebus particularibus finem et in illis esse videtur casus.

Vient ensuite la doctrine mécaniciste d'Empédocle qui, lui aussi, attribue un rôle exagéré au hasard. A ses yeux les organismes des êtres vivants se seraient constitués progressivement à partir de formations incomplètes. Ces dernières se seraient associées de manière fortuite à d'autres organismes également incomplets; dans beaucoup de cas ces associations n'étaient guère compatibles et ne pouvaient se maintenir. Dans d'autres cas la combinaison était réussie et se maintenait, malgré le fait que l'assemblage se fût constitué par hasard[26]. Il y a donc dans la doctrine d'Empédocle un mélange de hasard et de nécessité; les organismes incomplets s'unissent tout à fait par hasard sans qu'il soit tenu compte de leur aptitude à subsister; alors intervient la loi de la nécessité: les associations inadaptées se dissocient et disparaissent, alors que les unions réussies persistent et se maintiennent. Ainsi le monde vivant est le résultat d'une sélection automatique sans aucune finalité: si les pièces jointes l'une à l'autre sont aptes à subsister, elles se maintiennent, et si elles ne le sont pas, elles disparaissent. Pourquoi les dents sont-elles aiguës? Empédocle répond que c'est par hasard et par nécessité: les dents qui se trouvaient être aiguës ont pu se maintenir parce qu'elles étaient aptes à remplir une fonction utile à l'être vivant[27].

Dans son analyse critique de la doctrine d'Empédocle, Avicenne ne nie pas que dans le monde vivant il y a des phénomènes rares ou peu fréquents qui relèvent du hasard[28]. Mais il n'est pas d'accord avec son prédécesseur pour attribuer au hasard l'ensemble des phénomènes biologiques[29]; ceux-ci ressemblent bien plus à la réalisation d'une œuvre d'art, comme la construction d'une maison[30]. Pareille construction se fait systématiquement d'après le plan d'un architecte, qui choisira soigneusement les matériaux appropriés et leur utilisation concrète aux endroits qui s'y prêtent. Il en est de même dans le

---

[26] *Physique*, I, 14, p. 123, 61-63: Sed Abendeclis et consimiles posuerunt particularia casu et etiam miscuerunt casum cum necessario et posuerunt casu habitum materiae et formationem eius ex sua forma necessario, non propter finem.

[27] *Physique*, I, 14, p. 123, 63-66: Verbi gratia, dixerunt quod dentes non sunt acuti propter incidendum, sed casualiter, quia sic habita fuit materia ut non reciperet nisi hanc formam; ergo fuerunt acuti necessario.

[28] *Physique*, I, 14, p. 125, 00-5: Non est opus disserere an casus sit intra generationem rerum naturalium, scilicet in comparatione suorum singularium, quia habitus huius caespitis in hac parte huius terrae et habitus huius grani triticei in hoc novali terrae et habitus huius spermatis in hac vulva, nec est semper nec saepe, sed satis faciemus concedentes quod hoc et quicquid est consimile sit casuale.

[29] *Physique*, I, 14, p. 125, 8-9: Inveniemus quia non est casuale, sed est res quam natura facit et vis adducit.

développement d'une semence: un grain de blé jeté dans un sol fertile se nourrira de la terre où il se trouve et produira du blé; il en est de même d'un grain d'orge: celui-ci ne donnera pas du blé, mais de l'orge. C'est que chaque semence a sa nature propre et donne naissance à un fruit de la même espèce, soit toujours, soit fréquemment; aux yeux d'Avicenne on ne peut attribuer ces phénomènes au hasard[31]. On ne peut pas non plus les expliquer par la nécessité de la matière: les mouvements de la matière procèdent de la nature, c'est-à-dire d'un appétit naturel vers un terme défini; c'est pourquoi un grain de blé produit du blé et un grain d'orge produit de l'orge. C'est ce terme défini réalisé toujours ou fréquemment qui s'appelle fin et qui représente un bien ou une valeur[32]. Selon Avicenne les phénomènes biologiques, surtout la conservation des espèces, ne peuvent s'expliquer par des processus purement mécaniques.

Par ailleurs il y a chez les animaux des activités qui ressemblent singulièrement au travail artisanal de l'homme; ce travail est orienté à une fin déterminée et ne peut s'expliquer par une nécessité aveugle, qu'il s'agisse de la construction d'une maison ou de la confection d'un vêtement. Il en va de même de la construction d'un nid ou du tissage d'une toile; dans l'exercice de ces activités les animaux procèdent progressivement et systématiquement à une fin[33]. Il est vrai que les animaux ne délibèrent pas; mais les hommes qui ont appris un métier ne se demandent pas non plus à chaque instant ce qu'ils feront. Ayant appris leur métier par la répétition des mêmes actes, ils en ont acquis l'habitude et ils les exécutent presque sans réfléchir. Pourtant ces actes ne sont pas accomplis par nécessité et ils n'atteignent pas leur but grâce à une heureuse fortune. Le fait que les animaux accomplissent leurs travaux instinctivement et sans délibération n'entame en rien le caractère finaliste de ces opérations qui ne peuvent s'expliquer par une nécessité aveugle.

Dans ce contexte Avicenne souligne la ressemblance qu'il y a entre la

---

[30] *Physique*, I, 14, p. 126, 14, 16: In domo etenim ... hoc est opus artificis.

[31] *Physique*, I, 14, p. 126, 19-20: Una pars terrae, cum ceciderit in ea granum tritici, faciet nasci spicam tritici et, si fuerit granum ordei, faciet nasci spicam ordei.

[32] *Physique*, I, 14, p. 127-128, 50-53: Ex his ergo omnibus manifestum est quod motiones materiarum a natura sunt ex lege naturalis appetitus usque ad extremum definitum, et hoc est semper aut saepe, et hoc est quod intelligimus cum dicimus nomen finis.

[33] *Physique*, I, 14, p. 128, 65-68: Similiter sagacitates et ingenia quae sunt in animabus animalium propria nidificandi et texendi et similium imitantur res naturales et fiunt propter aliquem finem.

nature et l'art: l'activité artificielle s'accomplit en vue d'une fin, qui est
l'œuvre à réaliser. Il est vrai que la nature ne choisit pas sa fin: elle
manque de discernement, condition requise pour faire un choix; toutefois cette absence de discernement ne l'empêche pas de poursuivre un
but. Cette parenté étroite entre la nature et l'art se manifeste surtout
dans les cas où l'activité naturelle est affaiblie ou bloquée; alors on fait
appel à une intervention artificielle; quand l'organisme est malade, on
essaie de le guérir avec l'aide de l'art médical. Celui-ci se situe dans la
même ligne que l'activité de la nature et est orienté à la même fin([34]).
Tous ces arguments démontrent, aux yeux d'Avicenne, que l'explication
mécaniciste des organismes vivants, telle qu'elle fut défendue par Empédocle, n'est pas justifiée.

Restent les multiples anomalies qui se rencontrent dans le monde,
surtout dans le secteur des vivants. Certains auteurs estiment devoir
mettre tous ces phénomènes sur le compte du hasard et de la fortune;
ils concéderont que dans la plupart des cas la fin poursuivie par la
nature est atteinte. Il n'en reste pas moins que le champ d'action du
hasard et de la fortune n'est pas mince: dans cette optique il y aurait un
large champ où la nature ou la volonté n'atteindrait pas l'effet poursuivi. Pour Avicenne pareille interprétation pose des problèmes: selon
lui tout ce qui se passe dans le monde est soumis à la providence divine
et est réalisé sans cesse par l'œuvre créatrice de Dieu. Si le monde est
tellement imparfait, peut-il être l'œuvre d'un Dieu tout-puissant? Il est
vrai que la création et la providence divine ne sont que des causes
médiates; néanmoins le monde sublunaire est l'œuvre de la dixième
Intelligence, qui procède nécessairement du premier principe. Dans ce
contexte Avicenne s'efforce de trouver une interprétation appropriée à
ces différents phénomènes anormaux.

Examinons d'abord les déformations: il y a des êtres vivants qui
depuis la naissance présentent des déformations de tout genre, qu'il
s'agisse d'une déficience ou d'un organe superflu; il y a des enfants qui
naissent avec des mains de six doigts au lieu de cinq, dans d'autres cas il
leur manque un oeil ou même les deux yeux. Selon Avicenne ces
anomalies peuvent provenir d'un affaiblissement ou d'un raccourcisse-

---

([34]) *Physique*, I, 14, p. 129, 72-80: Quod siginificat nobis quod res naturales sunt
propter finem, hoc est quod, quando sentimus impediri aut debilitari naturam, adiuvamus
eam arte, sicut physicus facit qui scit quod, quando removetur contrarium aut adiuvatur
virtus, natura proficit ad sanitatem et ad bonum quia, quamvis natura careat discretione,
non tamen idcirco debet iudicari quod opus quod ex ea procedit non tendat ad finem,
quia discretio non est ut efficiat opus habere finem, sed ut assignet opus quod potius
debeat eligi inter cetera opera ex quibus possibile est illud eligi.

ment du processus naturel, elles peuvent aussi être la conséquence d'une surabondance de la matière disponible([35]). Dans ce dernier cas la nature s'efforcera d'utiliser cette matière; elle ne peut tolérer que la matière se perde et ne serve à rien; il en résultera un membre superflu([36]). Si le processus naturel est affaibli ou raccourci, il s'ensuivra une résistance de la matière à l'action de la nature. Avicenne admet, comme Aristote, que dans certains cas la matière ne se laisse pas suffisamment façonner par la nature([37]). Par contre si la matière obéit, la nature ne manquera pas de réaliser sa fin([38]). En aucun cas on ne peut conclure de ces déformations que la nature renoncerait à poursuivre sa fin; il est vrai cependant que dans certains cas peu fréquents elle se heurte à une résistance qu'elle ne parvient pas à dominer. Dans ce contexte Avicenne mentionne aussi le cas d'avortements et fait remarquer que même dans ces circonstances la nature poursuit le bien([39]); le rejet du foetus n'est pas recherché pour lui-même; il est adopté comme solution de secours dans des conditions exceptionnelles.

Dans le même ordre d'idées, Avicenne signale la maladie et la mort. Faut-il les attribuer à l'action de causes accidentelles comme le hasard et la fortune? On comprend que l'auteur s'y refuse: la mort n'est pas un phénomène exceptionnel, tous les êtres vivants finissent par périr. La maladie et la mort ne sont évidemment pas des fins pour les corps qui les subissent, mais elles sont des fins dans l'ordre universel([40]); si tous les vivants persistaient indéfiniment, il n'y aurait plus de place pour les générations nouvelles. Le monde dans lequel on vit est un monde où les générations se succèdent; dans ce contexte la maladie et la mort ont

---

([35]) *Physique*, I, 14, p. 131, 7-9: Ratio deformitatis rerum et consimilium, haec est quod quaedam sunt ex diminutione et brevitate cursus naturalis, quaedam vero sunt ex superfluitate.

([36]) *Physique*, I, 14, p. 132-133, 38-42: Sed superfluitates sunt etiam generatae propter aliquem finem, quia materia, quando fuerit superabundans, movebit eam natura et ducet eam ad formam ad quam debet ex ea aptitudine quae est in illa, non enim permittit eam otiari.

([37]) *Physique*, I, 14, p. 131, 9-12: Quod autem est diminutio et turpitudo est ex privatione operis propter inoboedientiam materiae. Nos autem non cogimur dicere quod naturae semper est possibile movere omnem materiam ad suum finem.

([38]) *Physique*, I, 14, p. 131, 13-14: Sed concedimus quod eius opera in materiis sibi oboedientibus sunt propter fines.

([39]) *Physique*, I, 14, p. 128, 54-56, 59-61: Manifestum est quod fines qui ex natura proveniunt, quando natura est eiusmodi ut non impeditur nec ei repugnatur, omnes sunt bonitates ... Quid causae fuit quod haec mulier abortivum fecit? Et quandoquidem sic est, tunc natura movetur propter bonitatem.

([40]) *Physique*, I, 14, p. 132, 33-36: Mors autem et dissolutio et etica et omne huiusmodi, quamvis non sint finis utilis quantum ad corpus illius qui haec patitur, sunt tamen finis qui debet esse quantum ad ordinem universitatis.

leur place et contribuent à l'ordre universel. Il n'en reste pas moins vrai que ces phénomènes doivent s'expliquer aussi dans des cas concrets : pourquoi un être particulier souffre-t-il d'étisie et meurt-il? De façon générale Avicenne signale une nouvelle fois l'impuissance de la nature vis-à-vis de la matière(⁴¹); il n'hésite pas à emprunter cette explication à Aristote malgré le contexte profondément différent dans lequel elle s'insère. Dans la philosophie d'Avicenne la matière émane du premier principe par l'intermédiaire de l'Intellect agent. Comment peut-elle être en opposition avec la nature? L'auteur signale que la fièvre étique se caractérise par un excès de chaleur, donc l'excès d'un facteur indispensable à la vie. C'est la nature qui est à l'origine de la chaleur vitale et qui l'entretient grâce à l'assimilation de la nourriture; bien entendu, la fin poursuivie par la nature est un niveau approprié de chaleur vitale. Dans le cas de la fièvre, la chaleur est excessive; cet état est donc maladif et n'est pas voulu par la nature. Il reste vrai cependant que la chaleur vitale se situe dans la ligne des buts poursuivis par la nature. Ce phénomène peut causer la mort d'un vivant, ce qui de façon générale est conforme à l'ordre universel(⁴²).

Enfin Avicenne rappelle l'action du feu dans le monde; le feu a été considéré depuis l'antiquité comme un des quatre éléments qui constituent la réalité sensible. Étant un des composants du cosmos, le feu s'insère dans la finalité voulue par la nature. Un des traits caractéristiques du feu est qu'il brûle et pcut détruire ce qu'il touche; il peut arriver ainsi qu'il brûle et détruise les vêtements d'un pauvre. C'est là un phénomène accidentel qui ne met pas en cause la finalité du feu dans la constitution du monde(⁴³).

Il résulte de ces analyses qu'Avicenne, tout en se rattachant étroitement à l'exposé d'Aristote dans la *Physique*, a développé sur le hasard et la fortune une doctrine personnelle et équilibrée. Le Stagirite prend son point de départ dans les croyances populaires exprimées dans le

(⁴¹) *Physique*, I, 14, p. 131, 14-16: Mors et etica sunt propter defectum naturae corporalis in comitando in materia formam eius et conservando eam in illa.

(⁴²) *Physique*, I, 14, p. 131-132, 18-22, 25, 26-29: Ordo eticae habet causam praeter naturam corpori imperantem, et quae causa est calor, sed causa caloris est natura; ergo causa eticae est natura sed accidentaliter. Unicuique autem harum finis est. Sed finis caloris est ut moveat humiditatem et convertat eam et afferat ei nutrimentum ordinate...Secundum nutrimentum...erit causa accidentalis ordinis eticae. Ergo etica secundum quod ordinata est et tendit ad finem est opus naturae, quamvis non est opus naturae corporis.

(⁴³) *Physique*, I, 14, p. 134, 69-72: Calor operatur ad comburendum et ad destruendum combustum et convertendum in similitudinem sui, aut in similitudinem substantiae in qua est, quia non est casus et finis accidentalis nisi inquantum comburit pannos alicuius pauperis.

langage; celles-ci ne sont pas simplement reprises et adaptées, elles sont soumises à un examen critique et retouchées en fonction du système philosophique de l'auteur. Celui-ci cependant attribue une grande valeur de vérité à des traditions anciennes universellement admises. Aristote dans son système n'accorde pas de place à un Dieu créateur, il n'admet pas non plus la providence divine: sous ce rapport il diffère nettement de l'enseignement d'Avicenne, qui s'inspire de la théologie islamique et de la métaphysique néoplatonicienne. Néanmoins les lignes essentielles de l'enseignement du Stagirite sur le hasard et la fortune ont été maintenues.

Avicenne n'est pas d'accord avec les auteurs qui se contentent de rejeter la causalité du hasard et de la fortune; à ses yeux on ne peut pas nier l'influence de ces facteurs dans le monde, bien qu'il s'agisse d'une causalité accidentelle dont les effets sont rares ou peu fréquents. Avicenne maintient d'autre part que cette causalité ne se situe pas en dehors du cadre de la providence divine; celle-ci peut protéger les hommes contre l'incertitude de ces interventions imprévisibles.

Quant à ceux qui exagèrent l'influence du hasard et de la fortune, Avicenne s'oppose catégoriquement à leurs théories; le monde avec la variété d'êtres qui le constituent n'est pas le résultat de la rencontre accidentelle de particules indivisibles; il en est de même des vivants: ils n'ont pas été formés par hasard à partir d'organismes incomplets. L'auteur n'est pas d'accord non plus avec ceux qui imputent au hasard les déformations, les maladies et la mort qui adviennent aux êtres vivants. Il met ses lecteurs en garde contre les points de vue trop limités adoptés par certains penseurs; à côté de la considération des êtres individuels il importe de tenir compte aussi de l'ordre universel. Se basant sur la conservation des espèces, sur les activités instinctives des animaux et sur la parenté entre la nature et l'art, Avicenne maintient que les phénomènes biologiques ne peuvent se réduire à des processus purement mécaniques et aveugles.

Selon Avicenne une doctrine équilibrée sur le hasard et la fortune est compatible avec la providence divine; elle est compatible aussi avec une conception finaliste de la nature et de l'agir humain. Il est vrai que la causalité du hasard est indéterminée et irrationnelle, mais il s'agit de phénomènes exceptionnels ou peu fréquents, qui s'expliquent bien souvent par une certaine résistance de la matière à l'action de la nature. Malgré les événements dus au hasard et à la fortune le monde constitue une œuvre harmonieuse digne de son Créateur.

LA TRADUCTION LATINE

La *Physique* ou *al-Ṭabīʿiyyāt* est le deuxième des quatre exposés synthétiques, appelés chacun *jumla* (*collectio*), constituant la Somme de philosophie d'Avicenne, son *Kitāb al-Shifāʾ* ou *Livre de la guérison*, à savoir la *Logique*, la *Physique*, les *Mathématiques*, la *Métaphysique*. La *Physique* est le deuxième exposé (*collectio secunda*) du *Shifāʾ*. La composition du *Shifāʾ* s'est étalée sur plusieurs périodes de la vie d'Avicenne. La *Physique* est considérée comme la première matière qu'il ait traitée en vue de l'intégrer dans sa Somme; elle remonte ainsi au premier quart du XIᵉ siècle et aurait été achevée vers 1020; elle est accessible aujourd'hui dans la lithographie de Téhéran (1886), dans l'édition du Caire (1983), et dans une reproduction anastatique de l'édition du Caire exécutée à Téhéran (1405 H - 1986).

La traduction latine médiévale de la *Physique* comporte, comme le texte arabe, huit sections appelées chacune *fann, liber*. La première des huit, *al-fann al-awwal, Liber primus*, est la *Physique* proprement dite; son titre arabe en précise le contenu par les mots *al-samāʿ al-ṭabīʿī*, ce qui correspond à l'intitulé de la *Physique* d'Aristote, φυσικὴ ἀκρόασις, et dont la traduction latine serait *naturalis auditus*. Dans la traduction latine médiévale, la première des huit sections de la *Physique* s'intitule *Liber primus naturalium* et parfois, sans autre précision, *Physica*.

Le *Liber primus naturalium* n'a pas connu les circonstances exceptionnelles qui ont contribué au renom du *De Anima* ou *Liber sextus naturalium*. Aucune dédicace ne mentionne le nom des traducteurs ni le lieu de la traduction; aucun mécénat prestigieux, comparable à celui qu'exercèrent les archevêques de Tolède, n'a laissé de trace([1]). L'époque même de la traduction est une hypothèse fondée sur le vocabulaire utilisé et sur la présence régulière de ce traité dans certains groupes de traductions avicenniennes dont la transmission est plus ancienne et le mieux assurée. Selon cette hypothèse prudente, la traduction partielle, donnant lieu au *Liber primus naturalium*, première des huit sections de la *Physique* avicennienne, a été exécutée à Tolède pendant le troisième quart du XIIᵉ siècle([2]).

([1]) *Liber De Anima* I-III, éd. S. Van Riet, p. 91*-105*.

([2]) M.-Th. d'Alverny, *Notes sur les traductions médiévales d'Avicenne*, dans *Archives d'Histoire doctrinale et littéraire du Moyen Âge*, t. XIX (1952), p. 344.

Le texte arabe auquel devrait correspondre le *Liber primus naturalium* comporte quatre traités ou *maqālāt*. Les deux premiers traités et le début du troisième ont été transmis dans des ensembles comprenant les principales traductions tolédanes d'Avicenne; tous les manuscrits contenant ces deux premiers traités et le début du troisième se terminent *ex abrupto* après les mots *per se notae sunt*, soit au milieu du premier chapitre du troisième traité.

Un siècle plus tard, à Burgos, l'entreprise de traduction de la *Physique* d'Avicenne a été poursuivie; on y élabora la traduction de plusieurs des huit sections non encore traduites à Tolède (*Liber secundus naturalium de caelo et mundo, Liber tertius naturalium de generatione et corruptione, Liber quartus naturalium de actionibus et passionibus qualitatum primarum, Liber quintus naturalium de mineralibus*), mais on y poursuivit aussi le travail des traducteurs de Tolède concernant le troisième des quatre traités du texte arabe auquel devrait correspondre le *Liber primus naturalium*; cependant la traduction de l'arabe de ce troisième traité, bien que poursuivie, fut laissée inachevée et la traduction du quatrième traité ne fut jamais entreprise. Tout le travail des traducteurs de Burgos, on l'a dit déjà à propos des éditions du *Liber tertius* et du *Liber quartus naturalium*, est demeuré jusqu'ici inédit. Ni le mécénat de l'archevêque Don Gonzalvo Garcia Gudel, ni la riche présentation de l'unique manuscrit datant de l'époque humaniste et seul témoin connu jusqu'à ce jour, n'a servi à diffuser ces textes latins préparés à Burgos et à les mettre en valeur(³).

Il reste que l'édition critique du *Liber primus naturalium* doit se construire sur un terrain de matériaux hétérogènes.

Deux recensions du «Tractatus primus»

On ne peut évaluer dans quelle mesure les interdictions prononcées à Paris en 1210 et en 1215 contre l'enseignement de la *philosophia naturalis* d'Aristote et l'utilisation de ses *commenta* et de ses *summae* (à savoir, entre autres, les *libri naturales* d'Avicenne) ont fait disparaître une partie de la tradition manuscrite issue des travaux des traducteurs de Tolède(⁴) ou en ont interrompu la transmission.

L'inventaire des manuscrits avicenniens publié par M.-Th. d'Al-

---

(³) *Liber tertius naturalium de generatione et corruptione*, éd. S. VAN RIET, p. 65*-68*.
(⁴) F. VAN STEENBERGHEN, *La Philosophie au XIIIe siècle*, Deuxième édition, Louvain-la-Neuve, 1991, p. 81-85.

verny(⁵) permet d'établir une liste de vingt-deux témoins du *Liber primus naturalium* contenant, de façon plus ou moins complète, les deux premiers traités et le début du troisième, c'est-à-dire ce qui, du *Liber primus naturalium*, fut traduit de l'arabe en latin à Tolède au XIIᵉ siècle.

D'après cet inventaire, dix manuscrits sont conservés dans des bibliothèques d'Italie: cinq à Rome, deux à Naples, un à Milan, un à Todi, un à Venise. Quatre manuscrits sont conservés en France: trois à Paris, un à Laon. Quatre en Angleterre: trois à Oxford, un à Worcester. Il y a un manuscrit à Cues en Allemagne, un à Graz en Autriche, un à Göteborg en Suède, un à Dubrovnik en Croatie.

Mais les vingt-deux manuscrits du *Liber primus naturalium* ne contiennent pas un texte totalement identique. Tout au long du *Tractatus primus*, pour certaines phrases, certains termes, certaines conjonctions et tournures syntaxiques, une série de ces manuscrits se distingue des autres, alors que de larges sections du texte leur sont communes. Un bon nombre de différences sont inassimilables à de simples variantes de transmission du texte; elles impliquent un remaniement intentionnel. Ce remaniement se limite parfois à la rédaction latine, mais, en divers cas, il vise la traduction elle-même et suppose un retour direct à un texte arabe. La même situation s'est présentée à propos des manuscrits du *De Anima* d'Avicenne(⁶); le langage utilisé alors pour décrire cette situation convient ici: les manuscrits latins se distinguent les uns des autres par des «leçons doubles», mais contiennent par ailleurs, pour entourer ces «leçons doubles», un contexte commun. On ne peut donc songer à élaborer deux éditions latines, d'autant plus que les leçons doubles, fréquentes dans le *Tractatus primus*, disparaissent presque complètement dans le *Tractatus secundus* et le début du *Tractatus tertius*. Mais on ne peut pas non plus se limiter à n'en faire qu'une; d'où la présentation des *Annexes I* et *II* correspondant à la difficulté particulière du *Tractatus primus*.

La première démarche qui s'impose est l'examen de tous les manuscrits et la description correcte des différentes leçons concurrentes qu'ils

---

(⁵) Voir les onze livraisons (numérotées de I à XI) de descriptions des manuscrits philosophiques d'Avicenne publiées par M.-Th. D'ALVERNY sous le titre *Avicenna Latinus*, dans *Archives d'Histoire doctrinale et littéraire du Moyen Age*, t. XXVIII (1961) à XXXIX (1972).

(⁶) *Liber De Anima* I-III, éd. S. VAN RIET, p. 109*-112*.

proposent. On peut lire en *Annexe I*, mises en parallèle, deux formes du texte du chapitre premier; il s'agit dans les deux cas, d'un texte presque identique; mais dans ce texte sont soulignés des éléments divergents — mots, membres de phrases, tournures, phrases entières—, ayant le plus souvent même valeur sémantique, mais à propos desquels l'ensemble des manuscrits se divisent en deux groupes: douze d'entre eux reproduisent, parfois avec des fautes et des variantes paléographiques, les éléments soulignés dans la colonne de gauche, appelons-les, par convention, leçons A; les dix autres reproduisent, eux aussi avec fautes et variantes paléographiques, les éléments soulignés dans la colonne de droite, appelons-les, par convention, leçons B. Les larges sections non soulignées indiquent que les vingt-deux manuscrits ont un texte commun pour lequel ils ne diffèrent que par des accidents paléographiques (omissions, additions, répétitions, mauvaises explicitations des abréviations, mélectures, etc.). Elles reproduisent le texte de notre édition. On peut observer aussi que les dix manuscrits porteurs de leçons B, par exemple, p. 9,75, *equinitatem* (leçon B), au lieu de *hinnibilitatem* (leçon A), portent tous au début du chapitre I, p. 5,5, *iam nosti* au lieu de *iam scisti*. Il y a comme une forme globale propre à ces dix manuscrits qui, après l'option initiale de *nosti* (leçon B), parallèle à *scisti* (leçon A), continuent, tout au long du *Tractatus primus* et en dehors de quelques cas de contamination, à proposer des leçons B; il y a de même, avec la même continuité, une forme globale propre aux douze autres, régulièrement porteurs de leçons A, sauf quelques cas de contamination; nous appellerons cette forme globale, «recension»; la recension A désignera désormais les manuscrits commençant au chapitre premier par *iam scisti*; la recension B désignera celle des manuscrits commençant par *iam nosti*.

L'existence des deux recensions donne lieu à un premier classement des manuscrits.

La recension A a pour témoins les manuscrits suivants:

n° 1	Dubrovnik,	Bibl. Dom. 20 (36-V-5)
n° 2	Graz,	Bibl. Univ. 482
n° 3	Napoli,	Bibl. Naz. VIII.E.33
n° 4	Napoli,	Bibl. Naz. XI.AA. 49 (2)
n° 5	Oxford,	Bibl. Bodl. Digby 217
n° 6	Oxford,	Bibl. Coll. Balliol 284
n° 7	Paris,	Bibl. Nat. Lat. 16604
n° 8	Roma,	Vat. Reg. Lat. 1958
n° 9	Roma,	Vat. Lat. 2089
n° 10	Roma,	Vat. Lat. 4481

nº 11   Todi,   Bibl. Com. 90
nº 12   Venezia,   Bibl. S. Marco Lat. 2665

La recension B a pour témoins les manuscrits suivants:

nº 13   Göteborg,   Bibl. Univ. Lat. 8
nº 14   Kues,   Bibl. Hosp. 205
nº 15   Laon,   Bibl. Munic. 412
nº 16   Milano,   Bibl. Ambr. T. 91 sup.
nº 17   Oxford,   Bibl. Coll. Merton 282
nº 18   Paris,   Bibl. Maz. 3473
nº 19   Paris,   Bibl. Nat. Lat. 6443
nº 20   Roma,   Vat. Urb. Lat. 186
nº 21   Roma,   Vat. Lat. 4428
nº 22   Worcester,   Bibl. Cap. Q. 81

Les deux séries de manuscrits doivent être utilisées en tenant compte de leur forme distincte d'une part et, d'autre part, du phénomène de la contamination qui ne manque pas de se produire pour les textes ayant deux ou plusieurs recensions. Quant à la nécessité de circonscrire la forme distincte de chacune des deux séries de manuscrits, elle s'impose pour que les variantes paléographiques soient rattachées à la seule leçon dont elles dérivent; ainsi, *equitas*, variante observée à propos de la leçon B, p. 9,75, n'a de sens que par rapport à *equinitas*, et non par rapport à *hinnibilitas*; de même *humilitas,* variante observée à propos de la leçon A pour la même référence, n'a de sens que par rapport à *hinnibilitas*, et non par rapport à *equinitas*. Quant au phénomène de la contamination, il peut être observé dans certains manuscrits, tel le manuscrit Vat. Reg. Lat. 1958, porteur de leçons A, qui note en marge les leçons concurrentes B; inversement, le manuscrit Oxford Merton Coll. 282, porteur de leçons B, renvoie en marge à des leçons concurrentes A; le manuscrit Vat. Urb. Lat. 186, témoin de la recension B, entremêle maintes fois, en plein texte, les deux leçons concurrentes, ce qui aboutit à des passages confus.

Les leçons caractérisant la recension B ont été regroupées en un apparat critique couvrant toute l'étendue du *Tractatus primus*: voir l'*Annexe II*. Chaque unité critique a pour lemme un mot, des mots, ou une phrase de notre édition (recension A); ces lemmes se trouvent confrontés aux leçons qu'appuient les manuscrits de la recension B; les leçons B sont présentées sans les fautes individuelles et les accidents paléographiques qui les affectent parfois et donc en une sorte d'édition critique abrégée.

L'examen des données présentées à l'*Annexe II* permet de formuler, entre autres, les remarques suivantes.

1. Dans la plupart des cas, il y a équivalence, quant au sens, entre le lemme (leçon A) et ce qui lui est comparé (leçon B).

2. Les mots invariables et les particules de raisonnement sont plus développés du côté B que du côté A: exemple, p. 40,98-99, *et fit* / *et tunc fit*.

3. Les traductions les plus littérales se trouvent le plus souvent dans les leçons B; par exemple, pour un terme isolé, p. 88,39, *rex* / *radix*; p. 6,25, pour un membre de phrase, le lemme (leçon A) *hoc genus doctrinae est docere quomodo per illud perveniatur* s'oppose à *hic modus docendi est et discendi per quem pervenitur* (leçon B), ce qui est la traduction littérale correcte des verbes arabes; par contre, *quomodo per illud*, tournure maladroite calquée sur la construction arabe, difficile à rendre en latin, d'un pronom relatif repris par un «pronom de rappel» (ici, «per *illud*»), est simplifiée et aplanie, ne laissant subsister que «per *quem*»: *per quem pervenitur* (leçon B) rend correctement l'arabe *alladhī yatawaṣṣal minhu*, élimine le pronom de rappel *hu*, et élimine aussi l'adverbe *quomodo* suscité par la difficulté en question et sans équivalent arabe; *quomodo perveniatur per illud* (leçon A) conserve l'archaïsme de la tournure sémitique.

4. Les chapitres XIII et XIV portent comme lemme pour rendre le grec τύχη et l'arabe *bakht*, le latin *fatum*, traduction habituelle du grec εἱμαρμένη, pouvant être équivoque s'il n'est pas commenté; au terme *fatum* (leçon A) est substitué partout, à une exception près (voir p. 62*), le latin *fortuna* (leçon B), de sens transparent, ne nécessitant pas de mise au point.

5. En certains cas, la leçon B qui, en raison d'un contexte identique, pourrait être considérée comme l'équivalent de la leçon A, se révèle de nature composite. Un exemple marquant concerne la leçon A, p. 124,81, *(corruptiones) quas raro faciunt*, traitant des dégâts que peuvent occasionner les pluies; ce texte est reproduit par tous les manuscrits de la recension A. Tous les manuscrits de la recension B présentent, apparemment comme un syntagme qui convient au même contexte, les mots *segetum in area*; mais à la suite de ces mots constituant une leçon B dont le contenu sémantique ne correspond *pas* à la leçon A, ces manuscrits recopient la leçon A, ce qui donne au total, *corruptiones segetum in area quas raro faciunt*. Nous n'avons trouvé dans aucun manuscrit de la recension B le syntagme isolé *segetum in area*; il est partout suivi des mots *quas raro faciunt*. Or l'un et l'autre syntagmes,

leçon A et leçon B, pourraient remonter, chacun, à des variantes arabes justifiant l'une *ou* l'autre traduction, mais non l'une *et* l'autre traductions. C'est donc l'addition des deux traductions qui expliquerait cette leçon B composite.

Si l'on s'en tient à la matière proposée dans l'*Annexe II*, on peut considérer que les leçons doubles, sous la forme où elles se lisent dans les manuscrits de la recension A, donc, en pratique, toutes les leçons A reprises dans notre édition, résulteraient d'une première démarche de traduction et, en contraste avec elles, les leçons B qui leur sont opposées résulteraient d'une révision opérée en une ou plusieurs interventions successives, tendant soit à serrer de plus près le texte arabe, soit à souligner les articulations de la pensée, soit à effacer les sémitismes et à remanier la rédaction latine.

Vu l'ampleur du contexte commun qui entoure les leçons doubles et le danger de procéder aujourd'hui à une contamination entre des recensions différentes, il fallait choisir, pour le texte commun, des manuscrits appartenant à la même liste de manuscrits que les leçons jugées «premières» ou plus archaïques qu'ils contiennent, à savoir des manuscrits de la liste A.

Il fallait également, dès l'édition du *Tractatus primus*, choisir des manuscrits qui puissent servir d'appui à la fois à ce premier traité et au *Tractatus secundus* suivi de la brève section du *Tractatus tertius* — où, on l'a dit, le phénomène des leçons doubles s'efface —, de manière à unifier, pour toute sa partie tolédane, l'édition de la traduction arabolatine du *Liber primus naturalium*.

A l'exception du manuscrit de Naples, Bibl. Naz. XI AA 49 (2), qui date du XVIe siècle et de celui de Rome, Vat.Urb. Lat. 186, qui date du XVe siècle, les vingt autres manuscrits remontent tous aux XIIIe et XIVe siècles. Deux d'entre eux remontent à la période 1230 - 1240, ce sont le manuscrit de Paris, Bibl. Nat. 16604 et celui de Worcester, Bibl. Cap. Q. 81. Se situent vers 1250 ou dans la seconde moitié du XIIIe siècle les manuscrits de Dubrovnik, Bibl. Dom. 20, de Naples, Bibl. Naz. VIII. E. 33, de Rome, Vat. Lat. 2089, Vat. Lat. 4428, Vat. Lat. 4481, Vat. Reg. Lat. 1958, d'Oxford, Bibl. Bodl. Digby 217, de Göteborg, Bibl. Univ. 8, de Venise, S. Marco Lat. 2665. Datent de la fin du XIIIe siècle, les manuscrits de Graz, Bibl. Univ. 482 et de Laon, Bibl. Munic. 412. Datent du début du XIVe siècle, les manuscrits de Paris, Bibl. Maz. 3473 et Bibl. Nat.Lat. 6443, de Todi, Bibl. Com. 90, d'Oxford, Bibl. Coll. Balliol 284 et Bibl. Coll. Merton 282, et de Cues, Bibl. Hosp. 205.

On pourrait se représenter comme suit la transmission des deux premiers traités du *Liber primus naturalium* et du début du troisième, traduits à Tolède. Puisque le texte commun constitue la majeure partie du traité, l'ensemble des manuscrits connus devrait remonter à un seul archétype. Celui-ci aurait porté la trace, pour divers passages, des hésitations du ou des traducteurs entre divers termes, termes notés les uns à la suite des autres ou en surcharge les uns des autres. Au cours des copies successives se serait opéré un tri, parfois arbitraire, entre des essais équivalents de traductions. D'où la formation de leçons doubles en ce qui concerne la terminologie. En une étape ultérieure, des utilisateurs de certaines de ces copies, *magistri* ou *scolares*, se seraient intéressés à unifier la terminologie de l'Avicenne latin et celle de l'Aristote latin, par exemple, en substituant *fortuna* à *fatum*, à souligner les articulations du raisonnement, à remanier la rédaction de certains passages, à alléger la structure de lourdes périodes. Dans un certain groupe de manuscrits se serait cristallisée une forme globale, une «recension», issue à la fois, d'abord d'une terminologie isolant un terme donné dans un ensemble de plusieurs termes équivalents proposés à l'époque de la traduction, puis de remaniements ultérieurs de type rédactionnel, et enfin, inévitablement, de la formation de variantes nées de l'explicitation des abréviations, jointes aux accidents de transmission (omissions, additions, répétitions). Bref, il n'est pas contradictoire de poser, au sommet de la tradition manuscrite des deux recensions existantes, un ancêtre unique et d'accepter simultanément que les deux recensions se soient formées au cours des ans.

Une copie éloignée et isolée d'un tel ancêtre et qui, on le verra plus loin (p. 64*), se situe nécessairement en amont du manuscrit de Paris (n° 7), pourrait être le manuscrit de Dubrovnik (n° 1). Celui-ci aligne, dans une centaine d'occurrences, deux ou plusieurs traductions: voir, par exemple, p. 126,25, l'addition de *permissione* à *licentia*, texte de l'édition. Exception faite des passages 18,6-10 et 19,18, où *extensio* est ajouté à *linea* et substitué à *dimensio*, et 88,39, où *rex* est doublé par *radix*, aucune de ces additions du manuscrit de Dubrovnik ne recoupe les leçons de la recension B; autour d'elles ne s'est pas cristallisée une forme globale pouvant constituer une troisième recension du *Tractatus primus*; on peut les lire à l'apparat critique latin.

Comme les matériaux de la recension B, les doubles traductions du manuscrit de Dubrovnik sont ainsi identifiées, distinguées du texte de l'édition, et publiées, de façon à ce que la traduction latine de l'arabe soit connue dans toute sa diversité.

En dehors des condamnations de Paris en 1210 et 1215 atteignant aussi bien Avicenne qu'Aristote, on ne peut retracer l'histoire du texte de la *Physique* avicennienne avant les années 1230-1240, époque des plus anciens manuscrits datables. Cependant certaines indications montrent que les deux recensions, A et B, circulaient vers 1240.

Ainsi, quant aux manuscrits de la recension A, le manuscrit de Paris, Bibl. Nat. Lat. 16604, est de 1240 environ; il est mentionné dans la *Biblionomie* de Richard de Fournival, rédigée vers 1250[7]; il reprend, en plein texte, des notes marginales et certaines leçons du manuscrit de Venise, S. Marco Lat. 2665. Ce dernier manuscrit ou l'un de ceux dont il dépend doit donc se situer en amont du manuscrit de Paris, Bibl. Nat. Lat. 16604, et représenter, dans la tradition manuscrite, un stade antérieur à celui de Paris.

Quant aux manuscrits de la recension B, le manuscrit de Worcester, Bibl. Cap. Q. 81, peut être daté de 1230-1240; outre la *Physique* d'Avicenne, il contient, notamment, le *De Anima* d'Avicenne et une dizaine d'autres textes arabo-latins, dus à Costa ben Luca, al-Kindi, Alfarabi, Algazel, et copiés, note M.-Th. d'Alverny, «a librariis sive potius *scolaribus* forsan anglicis»[8]; sur certains feuillets sont notés les noms de plusieurs *magistri*. Ce manuscrit est ainsi un témoin, et de l'époque 1230-1240, et de la participation de maîtres, et pas seulement de simples copistes, à la diffusion de ces traductions arabo-latines.

La recension B a pu être connue d'Albert le Grand qui rédige son *Liber Physicorum* après 1248 et peu avant 1257. Il lit la *Physique* d'Aristote selon la traduction gréco-latine dite *vetus* et selon la traduction arabo-latine de Michel Scot figurant dans la traduction arabo-latine du Commentaire de la *Physique* d'Aristote par Averroès. A la suite d'Aristote, Albert traite de la fortune et du hasard et se réfère pour maintes questions à Avicenne.

---

[7] C'est le plus ancien témoin subsistant de l'intérêt des naturalistes de France pour les traductions philosophiques arabes arrivées à Paris dans le premier quart du XIIIe siècle; voir M.-Th. D'ALVERNY, *Traductions d'Avicenne*, dans *Actes du Vᵉ Congrès international d'arabisants et d'islamisants*, Bruxelles, 1970, p. 155-156.

[8] *Avicenna Latinus* V, p. 300.

Le terme figurant dans les manuscrits de la recension A et donc dans notre édition pour traduire le terme arabe *bakht* et rendre, par delà l'arabe, le grec τύχη est, on l'a dit, sans exception, *fatum*. Le terme *fortuna* n'apparaît que deux fois dans la recension A et donc dans notre édition pour rendre un autre terme arabe que *bakht*: une fois, p. 104,24, pour désigner le «bonheur» (*saᶜāda*) pouvant être atteint grâce à un médicament (*fortuna medicinae*), une autre fois, p. 119,39, pour désigner la «bonne fortune» (*al-shayʾ al-maymūn*) «la chose heureuse». Il est intéressant de souligner que la recension B, où le terme *fortuna* est l'équivalent habituel de *bakht*-τύχη utilise, pour le passage 119,39 traitant de la «bonne fortune», *fortuna* en un sens distinct de «chance», et se rallie au choix de la recension A en opposant ici *fortuna* (bonne fortune) à *bakht* rendu par *fatum*. En bref, il y a deux occurrences particulières de *fortuna* ne désignant pas la chance, mais la bonne fortune, et ne correspondant pas à *bakht* dans la recension A et, d'autre part, il y a une occurrence particulière de *fatum* correspondant à *bakht* et ne signifiant pas le destin, mais simplement la chance-τύχη dans la recension B. Ainsi, à propos de la terminologie de la fortune et du hasard, la recension A rend partout l'arabe *bakht* par *fatum*, comme l'équivalent de τύχη, la recension B, qui rend partout *bakht* par *fortuna*, doit, pour un passage précis, rendre *bakht* par *fatum*, et changer de code en reprenant la terminologie de la recension A.

Albert le Grand n'utilise que le terme *fortuna* pour rendre le grec τύχη. Lorsqu'il aborde la question du *fatum*, c'est bien du destin, εἱμαρμένη, qu'il s'agit; la précision est explicite, car après avoir annoncé qu'il va traiter non seulement de *fortuna*, mais de *fatum*, Albert ajoute: «quod Graeci vocant ymarmenen»([9]). On ne peut en conclure avec certitude qu'Albert utilisait, pour lire la *Physique* d'Avicenne, la recension B et, à sa suite, le terme *fortuna* pour τύχη, puisque les traductions latines d'Aristote qu'il manie ont pu lui suggérer cette traduction convenant à la fois au grec et à l'arabe; on peut en tout cas prendre acte du fait que le terme *fatum* n'intervient pas chez Albert avec le sens de «chance», «fortune», qu'il a dans la recension A et dans notre édition.

Les manuscrits choisis

Le choix d'éditer la recension A plutôt que la recension B a eu pour

---

([9]) Albertus Magnus, *Physica*, éd. P. Hossfeld, Munster, 1987, Pars I, Liber 2, Tract. 2, Cap. 10, p. 113, 27-28.

conséquence de limiter à douze le nombre des manuscrits utiles. Ceux-ci doivent permettre à la fois d'établir le texte des leçons caractérisant la recension A et le texte, commun aux deux recensions, dans lequel les leçons A sont serties. Des douze témoins de la recension A on a écarté d'emblée le manuscrit de Naples (n° 4), datant du XVIe siècle. Les onze autres témoins ont tous été examinés; six d'entre eux ont été collationnés pour tout le texte du *Tractatus primus*; quatre autres ont été collationnés pour de larges sections; le manuscrit de Rome, Vat. Reg. Lat. 1958, contaminé, ne peut être retenu pour l'édition.

Trois manuscrits se sont imposés progressivement à notre attention: le manuscrit de Venise, Bibl. S. Marc Lat. 2665 (n° 12), le manuscrit de Dubrovnik, Bibl. Dom. 20 (30-V-5) (n° 1), et le manuscrit de Paris, Bibl. Nat. Lat. 16604 (n° 7).

Le manuscrit de Venise (n° 12), datant de la seconde moitié du XIIIe siècle, a été, depuis 1440, la propriété du médecin Jean Marchanova de Venise, qui l'a légué à la Congrégation des Chanoines réguliers de S. Augustin, du Monastère de S. Jean in Viridario de Padoue, avec la clause que ce manuscrit ne pouvait être ni vendu ni prêté au dehors([10]): il a donc appartenu au milieu même d'où est issue l'édition des *Opera philosophica* d'Avicenne publiée à Venise en 1508.

Le manuscrit de Dubrovnik (n° 1), datant de la seconde moitié du XIIIe siècle, appartient à l'excellente collection de la Bibliothèque des Dominicains([11]); ce même manuscrit contient le *De Anima* d'Avicenne; un manuscrit de la même Bibliothèque a été retenu, comme le meilleur témoin, pour notre édition de la *Métaphysique* d'Avicenne.

Le manuscrit de Paris (n° 7), on l'a dit, peut être daté de 1240 environ (voir p. 61*). Il constitue un repère chronologique important permettant de situer les uns par rapport aux autres différents états du texte commun.

Voici un exemple de ce qui est appelé ici «états» du texte commun. Le manuscrit de Paris (n° 7) formule comme suit le passage correspondant à celui de notre édition, p. 99,31-32, à propos de la chute d'une pierre tombant par hasard sur la tête d'un passant et blessant celui-ci: «accidit ut aliquod *aliquis vertex sub eius casu* caput esset illi obvium super quod cecidit». Cette phrase n'a pas fourni de matériau à la recension B; son sens s'éclaire lorsqu'on la lit dans d'autres manuscrits, tels ceux de Venise (n° 12), Dubrovnik (n° 1), Naples (n° 3), décom-

---

([10]) M.-Th. D'ALVERNY, *Avicenna Latinus* IV, p. 278-279.
([11]) M.-Th. D'ALVERNY, *Avicenna Latinus* VI, p. 324-326.

posée en une note marginale correspondant aux mots soulignés ici
(«aliquis vertex sub eius casu») et une partie située en plein texte
(«accidit ut aliquod caput esset illi obvium super quod cecidit»). Le
texte du manuscrit de Paris introduit donc, maladroitement, entre les
mots *aliquod* et *caput* du texte commun, le contenu de la note marginale
aliquis vertex sub eius casu. On ne peut supposer que la note marginale
ait été créée en étant extraite de la phrase composite proposée par un
modèle tel que le manuscrit de Paris (n° 7). Il faut poser le processus de
l'évolution en sens inverse: un modèle porteur de la note marginale a
suscité l'inclusion de cette note dans le texte; les manuscrits qui portent
la note en marge ou qui n'en portent aucune trace doivent remonter à
des modèles antérieurs à ceux des manuscrits portant cette note en plein
texte, provoquant dès lors la phrase composite. Ces derniers sont
Oxford (n° 5), Rome (n° 8), Rome (n° 10), Todi (n° 11).

La présence de la note en plein texte dessine donc, à propos du texte
commun, les contours d'un groupe de cinq manuscrits dépendant les
uns des autres; si ce groupe doit être représenté dans la structure de
l'édition, ce sera par un seul représentant. L'importance chronologique
du manuscrit de Paris (n° 7) imposait de le choisir comme tel, de
préférence aux autres tenants du même groupe.

Mais le dessin d'un tel groupe entraîne, complémentairement, un
rapprochement entre les manuscrits porteurs du contenu de la note hors
du texte courant. Il s'agit des manuscrits de Venise (n° 12) et de Naples
(n° 3) où la note figure en marge, *alia manu*, laissant indemne le texte
courant, ainsi que celui de Dubrovnik (n° 1) où la note figure en marge,
eadem manu; un seul de ces témoins a été retenu comme appui de
l'édition, la préférence donnée au manuscrit de Venise (n° 12) étant
appuyée sur d'autres analyses parallèles; le manuscrit de Naples (n° 3) a
servi à combler occasionnellement certaines lacunes du manuscrit de
Venise (n° 12), par exemple, une omission par saut du même au même.

Deux manuscrits, ceux de Graz (n° 2) et d'Oxford (n° 6), échappent à
l'analyse en cours, car ils omettent tout le contexte en question, par
saut du même au même.

Enfin, un manuscrit ne porte le contenu de la note ni en plein texte ni
en marge, c'est le manuscrit de Rome (n° 9). L'analyse d'autres cas de
gloses rapproche ce manuscrit du groupe des cinq manuscrits auxquels
appartient le manuscrit de Paris (n° 7).

L'étude d'une autre glose introduite dans le texte commun confirme
la parenté de certains manuscrits ou leur indépendance.

Voulant préciser quel domaine appartient en propre au physicien, Avicenne dit: «ponatur ergo naturalis...», «qu'il appartienne donc au physicien d'admettre...» (p. 21,50).

Trois manuscrits, Oxford (n° 5), Rome (n° 8), Rome (n° 10), portent le texte suivant: «ponatur ergo masculi idest artifici naturalis»[12], où la glose *masculi idest artifici* précise que *naturalis* doit se lire au masculin et désigne le physicien, non la science naturelle.

Deux manuscrits, Dubrovnik (n° 1) et Naples (n° 3) connaissent la glose, mais sans que le texte courant en soit affecté; elle est écrite de la main du copiste principal, en marge (n° 1) ou dans l'espace interlinéaire (n° 3).

Trois autres manuscrits connaissent une forme abrégée de la même glose et portent: «ponatur ergo masculi naturalis»; ce sont Graz (n° 2), Paris (n° 7), Rome (n° 9).

Ne sont pas atteints par cette glose les manuscrits Oxford (n° 6), Todi (n° 11), Venise (n° 12).

Ce dernier exemple montre quels «états» du texte les trois manuscrits retenus pour l'édition représentent selon les groupes de manuscrits constitués à l'occasion de gloses insérées dans le texte courant. Le manuscrit de Venise (n° 12) se situe parmi ceux que la glose n'atteint pas. Le manuscrit de Dubrovnik (n° 1) se situe parmi ceux qui connaissent la glose sans la mêler au texte courant; avec son meilleur appui, le manuscrit de Naples (n° 3), il représente cinq manuscrits atteints par la glose ou l'attestant. Le manuscrit de Paris (n° 7) représente les trois manuscrits porteurs de la glose abrégée.

Par l'analyse de plusieurs autres cas parallèles, on a pu constater que presque tous les manuscrits de la recension A, à savoir les manuscrits n°s 2, 5, 8, 9, 10, 11, se trouvent impliqués comme dans des constellations diverses, autour des manuscrits n°s 1, 7 et 12, avec l'appui complémentaire du manuscrit n° 3. Le manuscrit d'Oxford (n° 6), non encore situé dans une des analyses précédentes, peut l'être par la présentation d'un dernier cas où dans le texte commun le simple verbe *satisfacere* (édition p. 27,78) se trouve doublé dans une série de manuscrits d'une manière qui indique de la part du copiste la connaissance de leçons qui

---

[12] GUNDISSALINUS, *De divisione philosophiae*, dans *Beitrâge zur Geschichte der Philosophie des Mittelalters*, IX, 2-3, Munster, 1903, p. 27 : «Artifex (*sc.* scientiae naturalis) est naturalis philosophus qui racionabiliter procedens ex causis rerum effectus et ex effectibus causas et principia inquirit».

n'ont pas donné lieu à la formation de leçons doubles. Voici la liste de six manuscrits et leurs leçons respectives:

Graz (n° 2) satis vel sufficere vel facere
Oxford (n° 5) sufficere vel aliter satisfacere
Oxford (n° 6) vel sufficere alia lectio satisfacere
Rome (n° 8) sufficere vel satisfacere
Rome (n° 10) sufficere vel satisfacere

Le manuscrit de Dubrovnik (n° 1) les représente d'une façon qui, pour les leçons considérées, est indépendante: trois traductions, écrites de première main, s'y trouvent juxtaposées, sans autre conjonction que le mot *et* ajouté de seconde main: «sufficere satisfacere et (et *alia manu*) prodesse».

Les cinq autres manuscrits ne portent que *satisfacere*, ce sont: Naples (n° 3), Paris (n° 7), Rome (n° 9), Todi (n° 11), Venise (n° 12); les manuscrits de Paris (n° 7) et de Venise (n° 12), appuyés par le manuscrit de Naples (n° 3), représentent ces cinq manuscrits.

Une enquête portant sur les fautes évidentes, les omissions et autres accidents n'a donné aucun résultat probant lorsqu'elle n'a porté que sur une courte section du texte. Le seul résultat quelque peu significatif, si l'on veut se limiter à l'examen d'une courte section, est le nombre d'omissions par saut du même au même ou *homoioteleuton* que l'on peut constater dans les divers manuscrits pour le chapitre premier (édition, p. 5 à 17) et qui contraste parfois avec le nombre de gloses affectant un manuscrit donné.

Venise (n° 12)   0
Oxford (n° 5)   0
Rome (n° 10)   0
Dubrovnik (n° 1)   3
Rome (n° 9)   3
Paris (n° 7)   4
Graz (n° 2)   5
Naples (n° 3)   6
Todi (n° 11)   9
Oxford (n° 6)   10

Avant de choisir définitivement comme appui de l'édition les manuscrits de Venise (n° 12), de Dubrovnik (n° 1) et de Paris (n° 7), il était prudent de lire et de collationner, pour toute l'étendue du *Tractatus primus*, plusieurs autres manuscrits, tels les manuscrits d'Oxford (n° 5), de Rome (n° 9) et de Rome (n° 10); le manuscrit de Naples (n° 3) a été consulté pour chaque cas douteux. Les résultats de cette collation n'ont ni modifié ni enrichi, sauf exceptionnellement, les données obtenues à l'aide des trois témoins Venise (n° 12), Dubrovnik (n° 1) et Paris (n° 7). Ils n'ont donc pas été mentionnés à l'apparat latin; cependant où une omission par *homoioteleuton* des manuscrits VDP (voir p. 94, 55-57) est comblée par le recours au manuscrit de Naples (n° 3). Les fautes évidentes, les omissions et autres accidents affectant les trois témoins Venise (n° 12), Dubrovnik (n° 1) et Paris (n° 7), sont indiqués à l'Annexe III; on a voulu éviter qu'ils n'encombrent l'apparat critique latin lorsqu'ils ne comportent aucun élément nouveau pouvant éclairer ou améliorer le texte.

L'apparat latin-arabe et les notes

Conformément à la structure des différents volumes de la collection *Avicenna Latinus*, une comparaison a été menée, mot pour mot, entre l'arabe et le latin, à travers tout le *Tractatus primus*. Partout où c'est possible, les résultats de cette comparaison sont énoncés sous la forme précise d'un apparat latin-arabe: les sigles utilisés et le mode de rédaction de cet apparat correspondent aux indications figurant déjà dans les premiers volumes de la collection (voir *De Anima I-III*, p.134*-135*, *De Anima IV-V*, p. 120*-121*). Toutefois, il semble utile de rappeler que dans l'apparat latin-arabe on distingue des annotations critiques et des annotations purement explicatives. Les annotations critiques se terminent par le sigle A ou par le sigle A suivi en lettres minuscules des sigles de certains manuscrits arabes figurant à l'apparat de l'édition du Caire; elles constituent, au sens habituel du terme, un apparat critique permettant de mesurer la distance séparant pour chaque cas le latin et l'arabe. Les annotations explicatives sont dépourvues du sigle A. Elles ont un double but. D'une part, elles rappellent, à la suite d'un lemme latin, une autre traduction latine possible du mot arabe traduit par le lemme; par exemple, p. 34,96 constituta] perfecta: le mot *perfecta* indique que le mot arabe rendu ici par *constituta* est, ailleurs, couramment rendu par *perfecta*. D'autre part, elles indiquent quelles modifications grammaticales entraîneraient, pour certains mots latins non visés par une annotation critique, les données de celle-ci; par exemple,

p. 39,80, une annotation critique (donc suivie du sigle A) signale que là où se situe le verbe *inveniemus*, l'arabe ne porte que l'équivalent de *hic erunt*; ceci doit être complété par l'annotation explicative que le mot arabe rendu par *materias*, complément de *inveniemus*, peut se lire en arabe comme le sujet de *erunt*, soit, en latin, *materiae*.

Les notes n'ont pas d'autre but que de compléter les apparats latin et latin-arabe, de fournir les intitulés des articles d'encyclopédies et les termes arabes utiles pour la compréhension du texte, ou encore occasionnellement les références à des sources grecques. Elles ne sont présentées en aucun cas comme un commentaire du texte.

Lexiques

On publiera après l'édition des trois traités du *Liber primus naturalium*, en un volume unique, les lexiques latin-arabe et arabe-latin qui les concernent, avec une introduction étudiant quelques caractéristiques de la traduction latine.

Principes d'édition

1. Le texte latin est issu des seuls manuscrits constituant la recension A. Aucun matériau de la recension B, identifié comme tel, ne s'y trouve intégré, ni pour combler les lacunes de la recension A, ni pour fournir des traductions latines éventuellement plus proches de l'arabe que celles de la recension A.

2. Les trois manuscrits V (Venise, n° 12), D (Dubrovnik, n° 1) et P (Paris, n° 7) servent d'appui principal à l'édition. La priorité est donnée aux leçons attestées par VDP, puis, en ordre décroissant, à celles qu'attestent VD, VP, V, enfin, selon les limites qu'impose le contexte, à celles qu'attestent DP, D ou P.

3. Le manuscrit V (Venise, n° 12) est un manuscrit dont le contenu, sinon l'orthographe, a été soigneusement revu. De nombreuses notes marginales, dues à une écriture contemporaine de la première main, en complètent les lacunes. Ces notes sont signalées par le sigle V². Elles ont été introduites dans le texte, sauf pour l'un ou l'autre cas où elles recoupent une leçon caractéristique de la recension B. Quelques notes, marginales ou interlinéaires, sont suivies du sigle V³; elles sont d'une autre écriture que celles de V² et n'ont pas été introduites dans le texte. Les numéros des folios du manuscrit de Venise sont indiqués dans les marges intérieures du texte latin.

4. Le texte arabe auquel a été comparé le texte latin est celui de l'édition du Caire: *Al-Shifāʾ (Al-Ṭabīʿiyyāt)*. I. *Al-Samāʿ Al-Ṭabīʿī*. Texte établi par Said ZAYED, Le Caire, 1983, 333 p. Cette édition est désignée par le sigle A. Les références aux pages de cette édition sont indiquées dans les marges extérieures du texte latin.

ANNEXES

ANNEXE I

Le Chapitre premier du « Tractatus primus »
selon deux recensions

5,5   Iam *scisti* ex tractatu in quo est scientia probationis quam abbreviavimus quod scientiarum aliae sunt universales, aliae particulares, et *scisti* comparationes *aliarum ad alias*. Et nunc debes scire *quia* scientia in cuius doctrina sumus est scientia naturalis < ... >. *Et eius* subiectum (quandoquidem *scisti* quod omnis scientia subiectum habet) est

5,10   corpus sensibile secundum hoc quod subiacet permutationi. Et id quod inquiritur de eo in illa sunt accidentia quae accidunt ei ex hoc quod tale est, et *ea sunt accidentia* quae vocantur essentialia, et *sunt cohaerentia quia ei cohaerent ex eo* quod est corpus sensibile, *sive sint* formae, sive accidentia, sive *coniuncta* ex illis, sicut intellexisti. *Et*

6,15   *res* naturales sunt haec corpora secundum hunc modum et quicquid accidit eis ex *eo* quod sunt huiusmodi. Et vocantur omnia naturalia propter comparationem quae est inter illa et *virtutem* quae dicitur natura, quam tu scies postea, quorum quaedam sunt subiecta illius, quaedam vero sunt impressiones et motus et dispositiones quae emanant *ex* illa.

6,20   Si res naturales habent principia *vel occasiones* et causas, non certificatur scientia naturalis nisi *ex illis*, quia iam expressum est in scientia probationis quod non est via ad certitudinem cognitionis rerum quae habent principia nisi per comprehensionem suorum principiorum, et per comprehensionem principiorum habetur cognitio

6,25   earum, quia *hoc genus doctrinae est docere quomodo per illud perveniatur* ad certitudinem cognitionis rerum quae habent principia.

    Item si res naturales sunt habentes principia, non potest esse quin ipsa principia sint aut singula singulis particularium et

Iam *nosti* ex tractatu in quo est scientia probationis quam abbreviavimus quod scientiarum aliae sunt universales, aliae particulares, et *nosti* comparationes *earum inter se*. Et nunc debes scire *quod* scientia in cuius doctrina sumus est scientia naturalis < ... > *cuius* subiectum (quandoquidem *nosti* quod omnis scientia subiectum habet) est corpus sensibile secundum hoc quod subiacet permutationi. Et id quod inquiritur de eo in illa sunt accidentia quae accidunt ei ex hoc quod tale est. Et *haec accidentia sunt ea* quae vocantur essentialia, et *adhaerentia quae adhaerent ei ex hoc* quod est corpus sensibile, *sive illa sint* formae, sive accidentia, sive *composita* ex illis, sicut intellexisti. *Res igitur* naturales sunt haec corpora secundum hunc modum et quicquid accidit cis ex *hoc* quod sunt huiusmodi. Et vocantur omnia naturalia propter comparationem quae est inter illa et *vim* quae dicitur natura, quam tu scies postea, quorum quaedam sunt subiecta illius, quaedam vero sunt impressiones et motus et dispositiones quae emanant *ab* illa.

    Si *igitur* res naturales habent principia et causas, *tunc* non certificatur scientia naturalis nisi *per illa*, quia iam expressum est in scientia probationis quod non est via ad certitudinem cognitionis rerum quae habent principia nisi per comprehensionem suorum principiorum, et per comprehensionem principiorum habetur cognitio earum, quia *hic est modus docendi et discendi per quem pervenitur* ad certitudinem cognitionis rerum quae habent principia.

    Item si res naturales sunt habentes principia, *tunc* non potest esse quin ipsa principia sint aut singula singulis particularium

omnia non communicant in principiis, et
tunc oportet ut scientia naturalis *utilis sit*

7,30 simul et *ad affirmandum* quia sunt haec
principia et *ad certificandum* quid sunt; aut
si res naturales communicant in principiis
primis quae omnibus sunt communia et
sunt principia suo subiecto communi et
<suis> dispositionibus communibus sine
dubio, non erit affirmatio *horum* principiorum, si eguerint probatione, in arte natura-

7,35 lium, sicut *cognitum* est ex tractatu scripto
de scientia probationis, sed in altera arte.
Immo concedendum erit ponendo quia sunt
et sciendum imaginando quid veraciter sunt:
et hoc *erit* naturalis.

Item si res naturales habuerint principia
communia *omnium earum aut habent* principia *propria, sicut est genus earum ut ani-*

7,40 *matum earum, aut habent* principia *pro-*
priora propriis quae sunt aliquae species
suarum specierum *ut* principia speciei hominis *earum, si autem* habuerint accidentia
essentialia communia *omnium illarum* et
alia communia *uni* generi et alia communia
uni speciei: erit in his *forma* docendi et
discendi rationabiliter *haec scilicet* ut inci-

8,45 piatur ab eo quod magis commune est et
perveniatur ad id quod *magis proprium* est.
Iam enim scis quia genus pars est definitionis speciei. Ergo debet ut cognitio generis
sit prior cognitione speciei, quia cognitio
partis definitionis prior est quam cognitio
totius definitionis, et cognitio definitionis
prior est quam cognitio definiti, quia *cogni-*

8,50 *tione* definitionis cognoscitur quid sit definitum. Quia ergo sic est, debent cognosci principia rerum communium prius quam res
communes et res communes prius quam
res minus communes.

Debemus ergo incipere in docendo a principiis rerum communium, *quia* res communes magis notae sunt quantum ad rationes

8,55 nostras, quamvis non sint <magis> notae
quantum ad naturam, hoc est quia non
sunt res quas natura intendit ut perficiat
esse in ipsis: non enim *exigitur a* natura
facere <esse> animal absolute vel corpus

ct omnia non communicant in principiis, et
tunc oportet ut scientia naturalis *studeat*
simul et *affirmare* quia sunt haec principia
et *certificare* quid sunt; aut si res naturales
communicant in principiis primis quae
omnibus sunt communia et *illa sunt quae*
sunt principia suo subiecto communi et
<suis> dispositionibus communibus sine
dubio, non erit affirmatio principiorum, si
eguerint probatione, in arte naturalium,
sicut *praecognitum* est ex tractatu scripto
de scientia probationis, sed in altera arte.
Immo concedendum erit ponendo quia
sunt et sciendum imaginando quid veraciter sunt: et hoc *est* naturalis.

Item si res naturales habuerint principia
communia *omnibus eis et fuerint habentes*
principia *minus communia eis quasi sint*
generis ut principia animatorum ex eis et
fuerint habentes principia *minus communia*
minus communium quasi sint alicuius speciei
suarum specierum *sicut* principia speciei
hominis *ex eis et* habuerint *etiam* accidentia essentialia communia *omnibus illis* et
fuerint alia communia generi et alia communia speciei: erit in his *modus* docendi et
discendi rationabiliter ut incipiatur ab eo
quod magis commune est et perveniatur ad
id quod *minus commune* est. Iam enim scis
quia genus pars est definitionis speciei.
Ergo debet ut cognitio generis sit prior
cognitione speciei, quia cognitio partis
definitionis prior est quam cognitio totius
definitionis, et cognitio definitionis prior
est quam cognitio definiti, quia *per cogni-*
tionem definitionis cognoscitur *a nobis* quid
sit definitum. Quia ergo sic est *tunc*, debent
cognosci principia rerum communium prius
quam res communes et res communes prius
quam res minus communes.

Debemus ergo incipere in docendo a
principiis rerum communium, *eo quod* res
communes magis notae sunt quantum ad
rationes nostras, quamvis non sint magis
notae quantum ad naturam, hoc est quia
non sunt res quas natura intendit ut perficiat esse in ipsis: non enim *intendit* natura
facere <esse> animal absolute vel corpus

absolute, sed ut sint naturae specialium et, cum natura specialis habuerit esse in singularibus, fiet aliquod individuum. Ergo hoc

8,60 *intendunt* ut naturae specialium faciant esse aliqua individua in sensibilibus, non autem *intenditur* hoc individuum expresse signatum, sed in natura particulari quae propria est ipsi individuo quia, si intenderent hoc individuum expressum, destrueretur esse et ordo eius *quando* destrueretur individuum vel *quando* desineret esse. *Iterum* si *intende-*

9,65 *retur* natura communis et generalis, esse et ordo eius perficeretur cum fieret, sicut cum fieret corpus qualicumque modo vel animal qualicumque modo.

Ergo iam paene manifestum est quia hoc *exigitur* ut natura speciei operetur individuum non proprie designatum, *et haec est perfectio* et finis universalis, *et quod est* prius et magis notum quantum ad naturam

9,70 hoc est, *et non est* hoc prius natura si intelligimus «prius» sicut dictum est in Categoriis, *sed si intelligimus* «prius» pro fine. *Et* omnes homines sunt quasi *convenientes in* cognitione naturarum communium et generalium, sed differunt quia quidam illorum sciunt specialia et pertingunt ad illa et perscrutantur *divisionem*, alii vero

9,75 perdurant in scientia generalium: alii enim sciunt animalitatem, alii humanitatem sive *hinnibilitatem*. Et, cum scientia pervenerit ad naturas speciales et ad ea quae accidunt eis, cessabit inquisitio et non curabit quod desit ei scientia *singularium* nec divertet ad illam

Notum est autem quod, si comparaveri-

10,80 mus inter res communes et *non* communes et contulerimus eas inter se quantum ad intellectum, inveniemus res communes notiores quantum ad intellectum, sed, cum contulerimus eas *inter se* quantum ad ordinem essendi *qui* requiritur *a* natura universali, inveniemus res speciales notiores quantum ad naturam. *Quando* autem comparaverimus

10,85 inter singularia designata et res speciales et *consideraverimus quomodo sunt* quantum ad intellectum, non inveniemus *singularia designata quantum ad intellectum nec poste-*

absolute, sed ut sint naturae specialium et, cum natura specialis habuerit esse in singularibus, fiet aliquod individuum. Ergo hoc *intendit* ut naturae specialium faciant esse aliqua individua in sensibilibus, non autem *intendit* hoc individuum expresse signatum, sed in natura particulari quae propria est ipsi individuo quia, si intenderent hoc individuum expressum, *tunc* destrueretur esse et ordo eius *cum* destrueretur individuum vel *cum* desineret esse. *Item* si *intenderet* natura communis et generalis, *tunc* esse et ordo eius perficeretur cum fieret, sicut cum fieret corpus qualicumque modo vel animal qualicumque modo.

Ergo iam paene manifestum est quia hoc *intenditur* ut natura speciei operetur individuum non proprie designatum, *et hoc est generatum* et finis universalis, *ergo* quod est prius et magis notum quantum ad naturam hoc est, *non est autem* hoc prius natura si *sic* intelligimus «prius» sicut dictum est in Categoriis, *et nisi intelligamus* «prius» pro fine. *Item* omnes homines sunt quasi *participantes* cognitione naturarum communium et generalium, sed differunt quia quidam illorum sciunt specialia et pertingunt ad illa et perscrutantur *singula*, alii vero perdurant in scientia generalium: alii enim *verbi gratia* sciunt animalitatem, alii humanitatem sive *equinitatem*. Et, cum scientia pervenerit ad naturas speciales et ad ea quae accidunt eis, cessabit inquisitio et non curabit quod desit ei scientia *de singularibus* nec divertet ad illam *ullo modo*.

Ergo manifestum est quod, si comparaverimus inter res communes et *minus* communes et *postea* contulerimus eas inter se quantum ad intellectum, inveniemus res communes notiores quantum ad intellectum, sed, cum contulerimus eas quantum ad ordinem essendi *et ad hoc quod* requiritur *in* natura universali, inveniemus res speciales notiores quantum ad naturam. *Cum* autem comparaverimus inter singularia designata et res speciales et *comparaverimus eas* quantum ad intellectum, non inveniemus *singularibus designatis locum*

riora nec priora, nisi *intervenerit* vis sensibilis interior, quia tunc singularia erunt notiora quam universalia. Singularia enim depinguntur in vi sensibili interiore, et *post* ex **10,90** illis intellectus abstrahit communitates et diversitates et abstrahit naturas communium specialium. Et, cum comparaverimus ea quantum ad naturam, inveniemus communia specialia notiora, quamvis initium abstractionis eorum *est* a singularibus designatis

Natura etenim non *appetit facere* cor**10,95** pus, nisi ut per illud perveniat ad *faciendum* hominem vel aliud eiusdem generis, et *appetit facere* singulare signatum generatum et corruptibile ut natura speciei habeat esse. *Et*, cum potuerit habere quod appetit in aliquo singulari quod tale est cuius materia non est subiecta corruptioni et *mutationi*, non *est* necesse ut faciat speciei aliud singulare, qualia sunt sol et luna et **11,00** cetera, quamvis sensus et imaginatio in suis comprehensionibus particularium incipiunt primum *ab imaginatione* singulari quae magis habet similitudinem cum *intellectu* communi, donec perveniat ad *imaginationem personalem* quae est individuum purum ex omni parte. Sed declaratio huius qualiter est, haec est quod corpus est *intellectus* **11,5** communis et, ex eo unde est corpus, potest fieri singulare et esse hoc corpus. *Iterum* animal est intellectus communis *et* magis proprius quam corpus et, *unde* est animal, potest fieri singulare et esse hoc animal. Item homo est intellectus communis et magis proprius quam animal et, *unde* est homo, potest fieri singulare et esse hic homo.

11,10 Et, cum comparaverimus hos ordines virtuti comprehendenti et consideraverimus in illis duas species ordinationis, inveniemus quod illud quod similius est communi et *propinquius similitudini* illud notius est, quia non potest apprehendi sensu et imaginatione quod hoc est istud animal, *nisi ante apprehenderit* quia est hoc corpus, **11,15** et non apprehenditur quod hic est hic homo, *nisi prius* apprehendatur quod est

posterioritatis nec prioritatis, nisi *communicaverit* vis sensibilis interior, quia tunc singularia erunt notiora *quantum ad nos* quam universalia. Singularia enim depinguntur in vi sensibili interiore, et *postea* ex illis intellectus abstrahit communitates et diversitates et abstrahit naturas communium specialium. Et, cum comparaverimus eas quantum ad naturam, inveniemus communia specialia notiora, quamvis initium abstractionis eorum *sit* a singularibus designatis.

Natura etenim non *intendit de esse* corpus, nisi ut per illud perveniat ad *esse* hominem vel aliud eiusdem generis, et *intendit de esse* singulare signatum generatum et corruptibile ut natura speciei habeat esse.*Sed*, cum potuerit habere quod appetit in aliquo singulari quod tale est cuius materia non est subiecta corruptioni et *permutationi*, *tunc* non *erit* necesse ut faciat speciei *esse* aliud singulare, qualia sunt sol et luna et cetera, quamvis sensus et imaginatio in suis comprehensionibus particularium incipiunt *etiam* primum *a formatione* singulari quae magis habet similitudinem cum *intentione* communi, donec perveniat ad *formationem individualem* quae est individuum purum ex omni parte. Sed declaratio huius qualiter est, haec est quod corpus est *intentio* communis et, ex eo unde est corpus, potest fieri singulare et esse hoc corpus. *Item* animal est intellectus communis magis proprius quam corpus et *ex eo unde* est animal, potest fieri singulare et esse hoc animal. Item homo est intellectus communis et magis proprius quam animal et, *ex eo unde* est homo, potest fieri singulare et esse hic homo.

Et, cum comparaverimus hos ordines virtuti comprehendenti et consideraverimus in illis duas species ordinationis, inveniemus quod illud quod similius est communi et *cuius proportionalitas est propinquior ei:* illud notius est, quia non potest apprehendi sensu et imaginatione quod hoc est illud animal, *quin apprehendatur* quia est hoc corpus, et non apprehenditur quod hic est hic homo, *quin* apprehendatur quod est hoc animal et hoc corpus. Aliquando autem apprehendit quod est hoc corpus cum viderit a longe *et* non apprehendit quod est hic homo. Iam ergo declaratum est et ratum quod dispositio sensus est secundum dispositionem rationis, *quia* quod

11,20 magis similat commune notius est in seipso quantum ad sensum.

Sed in tempore, imaginatio acquirit per sensum individuum speciei non signatum proprietate. Primum enim quod depingitur in imaginatione infantis ex forma quam sentit secundum *affectionem* ex ea in imaginatione, *illud* est singularis forma viri *aut*

12,25 singularis forma mulieris, nisi quia non discernit inter virum qui est pater eius et virum qui non est pater eius, et mulierem quae est mater eius et mulierem quae non est mater eius; sed postea discernitur ab eo vir qui est pater eius et vir qui non est pater eius, et mulier quae est mater eius et mulier quae non est mater eius. Et sic deinceps non desistit discernere paulatim

12,30 haec singularia.

Et haec imaginatio quae depingitur in eo ex individuo humano absoluto non propriato est imaginatio intellectus qui vocatur incertus vel vagus. *Et quando* dicitur singulare vagum <et> *non* dicitur *nisi* singulare vagum quod formatur in

12,35 sensu de singulari eminus apparenti [et] *quando* imaginatur quod est corpus absque apprehensione animalitatis vel humanitatis: <non> convenit utrisque nomen singularis vagi *univoce*, quia, quod intelligitur *de* verbo *singularis vagi in intellectu primo*, hoc est quod est unum singulare ex singularibus speciei *ex qua procedit*, non signatum quomodo est vel quale singulare est,*si*

13,40 *autem sit* aliquis vir sive aliqua mulier; erit *quasi* intellectus *singularis idest non communis multis quae eius participant definitionem, quasi adunans intellectum* naturae subiectae specialitati *aut diversitati*, sed fit ex illis unus intellectus qui vocatur singulare vagum vel incertum, non signatum, *sicut* hoc quod significatur *cum* dicimus «animal rationale

hoc animal et hoc corpus. Aliquando autem apprehendit quod est hoc corpus cum viderit a longe *sed* non apprehendit quod est hic homo. Iam ergo declaratum est et ratum quod dispositio sensus *secundum hunc modum* est secundum dispositionem rationis, *et* quod magis similat commune notius est in seipso quantum ad sensum.

Sed in tempore, imaginatio acquirit per sensum individuum speciei non signatum *sua* proprietate. Primum enim quod depingitur in imaginatione infantis ex forma quam sentit secundum *impressionem* ex ea in imaginatione est singularis forma viri *vel* singularis forma mulieris, nisi quia non discernit inter virum qui est pater eius et virum qui non est pater eius, et mulierem quae est mater eius et mulierem quae non est mater eius; sed postea discernitur ab eo vir qui est pater eius et vir qui non est pater eius, et mulier quae est mater eius et mulier quae non est mater eius. Et sic deinceps non desistit discernere paulatim haec singularia.

Sed haec imaginatio quae depingitur in eo *verbi gratia* individuo humano absoluto non propriato est imaginatio intellectus qui vocatur incertus vel vagus. *Sed cum hoc* dicitur singulare vagum et dicitur singulare vagum quod formatur in sensu de singulari eminus apparenti *cum* imaginatur quod est corpus absque apprehensione animalitatis vel humanitatis: convenit utrisque nomen singularis vagi *aequivoce*, quia, quod intelligitur *ex hoc* verbo *singulare vagum secundum intentionem primam*, hoc est quod est unum singulare ex singularibus speciei *ad quam comparatur*, non signatum quomodo est vel quale singulare est, *similiter* aliquis vir sive aliqua mulier; erit *ergo* intellectus *de singulari scilicet non differente ab aliis quae cum eo communicantur definitione*, quasi *adiunctus intellectui* naturae subiectae specialitati *vel maneriae*, sed fit ex illis unus intellectus qui vocatur singulare vagum vel incertum, non signatum, *quasi* hoc quod significatur *id quod* dicimus «animal ratio-

13,45 mortale» *est unum* et non dicitur de multis et definitur hac definitione. Ergo definitio *singularis* erit *unum* cum definitione naturae specialis, et omnino hoc est singulare non signatum.

Sed aliud est hoc singulare corporale expresse designatum *et* non est aptum ut sit aliud, sed quantum ad intellectum,
13,50 aptum est ut adunetur ei intellectus animalitatis *et* inanimalitatis, non quod res in seipsa sit apta ut uniatur eius corporalitati quilibet horum duorum intellectuum.

Singulare *autem* vagum vel incertum, *in primo intellectu*, aptum est quantum ad *sensum* ut sit in esse singulare quodlibet eius generis et eius unius speciei. *Et* in intellectu secundo, non est aptum *sensui*
14,55 ut sit quodlibet singulare ipsius speciei, quia non erit nisi hoc *singulare* signatum et sit tamen aptum, quantum ad *sensum*, aptitudine *incertitudinis* et utriuslibet, ut assignetur animalitati signatae tantum absque inanimalitate, aut inanimalitati signatae tantum absque animalitate, signatione *quantum ad se*,
14,60 quod in se non potest esse aptum ad utrumlibet, sed unum tantum signatum.

Intelleximus etiam comparationes inter causas et causata et *comparationes* inter partes simplices et compositas *et*, cum fuerint causae intellectae in esse causatorum *sicut* partes eorum, sicut *ligna* et eorum figura quantum ad lectum, erit comparatio
14,65 eorum ad causata sicut comparatio simplicium ad composita; sed cum fuerint causae remotae a causatis, sicut carpentarius a lecto, erit ibi alia consideratio; et utraeque comparationes habent comparationem quantum ad sensum et quantum ad *intellectum* et quantum ad naturam.

Sed comparatio quantum ad sensum
15,70 inter causas et causata *haec est quod*, quando causae sunt remotae, si fuerint causae et causata sensibilia, non erit ibi magna prioritas vel posterioritas aliorum ad alia sensibilis. *Et si* fuerint non sensibilia, nulla illorum habebunt comparationem

nale mortale» *sit unum quod* non dicitur de multis et *definiatur* hac definitione. Ergo definitio *de singulari* erit *coniuncta* cum definitione naturae specialis, et omnino hoc est singulare non signatum.

Sed aliud est hoc singulare corporale expresse designatum *quod* non est aptum ut sit aliud, sed quantum ad intellectum, aptum est ut adunetur ei intellectus animalitatis *vel* inanimalitatis, non quod res in seipsa sit apta ut uniatur eius corporalitati quilibet horum duorum intellectuum.

Singulare *igitur* vagum vel incertum, *secundum primam intentionem*, aptum est quantum ad *intellectum* ut sit in esse singulare quodlibet eius generis et eius unius speciei. *Sed* in intellectu secundo, non est aptum *in intellectu* ut sit quodlibet singulare ipsius speciei, quia non erit nisi hoc *unum* signatum et sit tamen aptum, quantum ad *intellectum*, aptitudine et utriuslibet, ut assignetur *verbi gratia* animalitati signatae tantum absque inanimalitate, aut inanimalitati signatae tantum absque animalitate, signatione *comparata ei*, postquam eius iudicium est quod in se non potest esse aptum ad utrumlibet, sed *est* unum tantum *eorum* signatum.

Hic etiam est comparatio inter causas et causata et *comparatio* inter partes simplices et compositas *quia*, cum fuerint causae intellectae in esse causatorum *ut* partes eorum, sicut *lignorum habitudo* et eorum figura quantum ad lectum, erit *tunc* comparatio eorum ad causata sicut comparatio simplicium ad composita; sed cum fuerint causae remotae a causatis, sicut carpentarius a lecto, erit ibi *tunc* alia consideratio; et utraeque comparationes habent comparationem quantum ad sensum et quantum ad *rationem* et quantum ad naturam.

Sed comparatio quantum ad sensum inter causas et causata, quando causae sunt remotae, *haec est scilicet quod,* si fuerint causae et causata sensibilia, *tunc* non erit ibi magna prioritas vel posterioritas aliorum ad alia sensibilis. *Cum autem* fuerint non sensibilia, *tunc* nulla illorum habebunt quantum ad sensum. Similiter etiam est iudicium de imaginatione.

15,75 Sed, quantum ad *intellectum, fortassis* causa potest cognosci priusquam causatum et ratio procedit a causa ad causatum, sicuti cum homo videt lunam coniunctam stellae cuius gradus est in dracone et sol *fuerit ei oppositus per diametrum,* iudicabit ratio quod eclipsis erit. Similiter cum scierit quod materia est mota ad putrescen-

15,80 dum, cognoscet quod febris erit. Fortassis autem aliquando cognoscet causatum priusquam causam et procedet de causato ad causam; aliquando *autem* per causatum sciet causam, nunc significatione, nunc sensu. *Fortasse* quandoque sciet prius causatum et ex eo perveniet ad causam et iterum ex ea causa ad aliud causatum. Sed iam declaravimus has omnes consideratio-

15,85 nes in doctrina nostra qua docuimus artem probandi.

Sed comparatio harum causarum remotarum a suis causatis *haec est quod,* secundum comparationem eorum *quantum* ad naturam, quodcumque eorum fuerit causa finalis, ipsum est notius quantum ad naturam. Et quodcumque illorum fuerit causa

16,90 efficiens, non *quod esse illius est* ut sit causa efficiens eius quod facit ipsum, *erit* notius quam causatum quantum ad naturam. Et cuius esse fuerit *quantum ad naturam,* non propter seipsum, sed ut faciat quod habet esse per illud donec factum sit finis eius, non solum in faciendo, sed etiam in esse, si fuerit in natura res huiusmodi, non erit

16,95 illud notius quam causatum, immo causatum notius erit illo quantum ad naturam.

Sed comparatio partium compositorum ad ea quae sunt composita ex illis haec est quod compositum notius est quantum ad sensum, quia sensus prius sentit et comprehendit totum, deinde *discernit, et quando comprehenderit* totum, apprehendit illud

16,00 intentione communiore quod est corpus aut quod est animal, deinde *discernit* illud.

Sed quantum ad *intellectum,* simplex est antequam compositum, quia non *scitur natura* compositi, nisi priusquam *cognosci-*

comparationem quantum ad sensum. Similiter etiam est iudicium de imaginatione.

Sed, quantum ad *rationem, aliquando* causa potest cognosci priusquam causatum et ratio procedit a causa ad causatum, sicuti cum homo videt lunam coniunctam stellae cuius gradus est in dracone et sol *in alio termino diametri, statim* iudicabit ratio quod eclipsis erit. Similiter cum scierit quod materia est mota ad putrescendum, cognoscet quod febris erit. Fortassis autem aliquando cognoscet causatum priusquam causam et procedet de causato ad causam; aliquando *etiam* per causatum sciet causam, nunc significatione, nunc sensu. *Et* quandoque sciet prius causatum et ex eo perveniet ad causam et iterum ex ea causa ad aliud causatum. Sed *quasi* iam declaravimus has omnes considerationes in doctrina nostra qua docuimus artem probandi.

Sed comparatio harum causarum remotarum a suis causatis, secundum comparationem eorum ad naturam, quodcumque eorum fuerit causa finalis, ipsum est notius quantum ad naturam. Et quodcumque illorum fuerit causa efficiens *et non fuerit efficiens* non *cuius esse est* ut sit causa efficiens eius quod facit ipsum, *est* notius quam causatum quantum ad naturam. Et cuius esse fuerit *in natura,* non propter seipsum, sed ut faciat quod habet esse per illud donec factum sit finis eius, non solum in faciendo, sed etiam in esse, si fuerit in natura res huiusmodi, non erit illud notius quam causatum, immo causatum notius erit illo quantum ad naturam.

Sed *quae est* comparatio partium compositorum ad ea quae sunt composita ex illis haec est quod compositum notius est quantum ad sensum, quia sensus prius sentit et comprehendit totum, deinde *dividit, cum autem apprehendit* totum, apprehendit illud intentione communiore quod est corpus aut quod est animal, deinde *dividit* illud.

Sed quantum ad *rationem,* simplex est antequam compositum, quia non *scimus naturam* compositi, nisi priusquam *cogno-*

mus simplicia eius. *Et qui non cognoverit* eius simplicia, *fortassis tamen* iam cognovit illud per aliquod *accidens* suorum accidentium *aut* per *genus* suorum generum, *et tamen non* pervenit ad *esse illius, tamquam* si novisset corpus rotundum aut grave aut his similia et non novisset esse suae substantiae.

Sed quantum ad naturam, compositum est quod appetitur in pluribus rebus, et partes appetuntur ut fiat ex eis perfectio compositi. *Sed quod* est notius quantum ad intellectum, ex rebus communibus et propriis et ex rebus simplicibus et compositis, sunt communia et simplicia, sed quantum ad naturam, *propria specialia* et ea quae sunt composita. *Sed tamen*, sicut natura in dando esse incipit a communibus et simplicibus et de illis facit *esse partes speciales et composita*, similiter disciplina a communibus et simplicibus, et ex illis *sapiens sumit* scientiam specialium et compositorum; et *de utraque* illarum *cessat inquisitio prima quando inveniuntur* specialia et composita.

verimus simplicia eius, *quia si cognovit* eius simplicia, iam cognovit illud per aliquod suorum accidentium *vel* per *aliquod* suorum generum, *nec tamen* pervenit ad *essentiam eius verbi gratia sicut* si novisset *illud* corpus rotundum aut grave aut his similia et non novisset esse suae substantiae.

Sed quantum ad naturam, compositum est *id* quod appetitur in pluribus rebus, et partes appetuntur ut fiat ex eis perfectio compositi. *Quod ergo* est notius quantum ad intellectum, ex rebus communibus et propriis et ex rebus simplicibus et compositis, sunt communia et simplicia, sed quantum ad naturam, *proprium speciale* et ea quae sunt composita, sicut *ergo* natura in dando esse incipit a communibus et simplicibus et de illis facit *essentias diversorum specialiter et compositorum*, similiter disciplina *incipit* a communibus et simplicibus, et ex illis *invenit* scientiam specialium et compositorum; et *utriusque* illarum *inquisitio prima cessat cum apprehenderit* specialia et composita.

16,5

17,10

17,15

ANNEXE II

Deux recensions du «Tractatus primus»

Apparat comparatif

Les lemmes (mots situés à gauche du crochet) de l'apparat comparatif sont extraits de notre édition, et donc de la recension A, aux pages et lignes indiquées; pour les lemmes comportant plus d'un mot, la référence est celle du premier mot.

Le ou les mots situés à droite du crochet sont une édition critique abrégée du ou des mots situés en lieu et place des lemmes dans les manuscrits de la recension B (voir liste p. 57*), à l'exception du manuscrit de Rome Vat. Urb. Lat. 186, contaminé.

Leçons A et leçons B s'insèrent dans le texte commun de notre édition sur le modèle du chapitre I présenté dans l'Annexe I.

Chapitre I

5,5	scisti] nosti
5,7	scisti] nosti
5,7	aliarum ad alias] earum inter se
5,7	quia] quod
5,8	et eius] cuius
5,9	scisti] nosti
6,12	ea sunt accidentia] haec accidentia sunt ea
6,12	sunt cohaerentia quia ei cohaerent ex eo] adhaerentia quae adhaerent ei ex hoc
6,13	sive sint] sive illa sint
6,14	coniuncta] composita
6,14	et res] res igitur
6,15	eo] hoc
6,17	virtutem] vim
6,19	ex] ab
6,20	si] igitur *add.*
6,20	vel occasiones] *om.*
6,20	causas] tunc *add.*
6,21	ex illis] per illa
6,25	hoc genus doctrinae est docere quomodo per illud perveniatur] hic modus docendi est et discendi per quem pervenitur
7,27	principia] tunc *add.*
7,29	utilis sit] studeat
7,30	ad affirmandum] affirmare *vel* confirmare
7,30	ad certificandum] certificare
7,32	et [1]] illa sunt quae *add.*
7,34	horum] *om.*
7,35	cognitum] praecognitum
7,37	erit] est

7,38   omnium earum aut habent principia propria, sicut est genus earum ut animatum
        earum, aut habent principia propriora propriis quae sunt aliquae species] omnibus
        eis et fuerint habentes principia minus communia eis quasi sint generis ut principia
        animatorum ex eis et fuerint habentes principia minus communia minus commu-
        nium quasi sint alicuius speciei
7,41   ut] sicut
7,41   earum si autem] ex eis et
7,42   habuerint] etiam *add.*
7,42   omnium illarum] omnibus illis
7,42   et] fuerint *add.*
7,43   uni[1 et 2] *om.*
7,43   forma] modus
8,44   haec scilicet] *om.*
8,45   magis proprium] minus commune
8,49   cognitione] per cognitionem
8,49   cognoscitur] a nobis *add.*
8,50   est] tunc *add.*
8,54   quia] eo quod
8,55   <magis> notae]. magis notae
8,57   exigitur a] intendit
8,59   intendunt] intendit
8,61   intenditur] intendit
9,63   expressum] tunc *add.*
9,63   quando] cum
9,64   quando] cum
9,64   iterum] item
9,64   intenderetur] intenderet
9,65   generalis] tunc *add.*
9,67   exigitur] intenditur
9,68   designatum] et hoc est generatum *add.*
9,68   et haec est perfectio] *om.*
9,69   et] ergo
9,70   et non est] non est autem
9,70   si] sic *add.*
9,71   sed si intelligimus] et nisi intelligamus
9,71   et] item
9,72   convenientes in] participantes
9,74   divisionem] singula
9,75   enim] verbi gratia *add.*
9,75   hinnibilitatem] equinitatem
9,77   singularium] de singularibus
9,78   illam] ullo modo *add.*
9,79   notum est autem] ergo manifestum est
10,80   non] minus
10,80   et] postea *add.*
10,82   inter se] *om.*
10,82   qui] et ad hoc quod
10,82   a] in

10,84   quando] cum
10,85   consideraverimus quomodo sunt] comparaverimus eas
10,86   singularia designata quantum ad intellectum nec posteriora nec priora] singulari-
        bus designatis locum posterioritatis nec prioritatis
10,87   intervenerit] communicaverit
10,88   notiora] quantum ad nos *add.*
10,89   post] postea
10,92   est] sit
10,94   appetit facere] intendit de esse
10,95   faciendum] esse
10,95   appetit facere] intendit de esse
10,97   et] sed
10,98   mutationi] permutationi tunc
10,98   est³] erit
10,99   speciei] esse *add.*
11,1   incipiunt] etiam *add.*
11,1   ab imaginatione] a formatione
11,2   intellectu] intentione
11,2   imaginationem personalem] formationem individualem
11,4   intellectus] intentio
11,5   iterum] item
11,6   et¹] *om.*
11,7   unde] ex eo unde
11,8   unde] ex eo unde
11,12   propinquius similitudini] cuius proportionalitas est propinquior ei
11,14   nisi ante apprehenderit] quin apprehendatur
11,15   nisi prius] quin
11,17   et] sed
11,18   sensus] secundum hunc modum *add.*
11,19   quia] et
12,22   signatum] sua *add.*
12,23   affectionem] impressionem
12,24   illud] *om.*
12,24   aut] vel
12,31   et] sed
12,31   eo] verbi gratia *add.*
12,33   et quando] sed cum hoc
12,33   <et> non dicitur nisi] dicitur
12,35   [et] quando] cum
12,37   univoce] aequivoce
12,37   de] ex hoc
12,37   singularis vagi in intellectu primo] singulare vagum secundum intentionem primam
13,38   ex qua procedit] ad quam comparatur
13,39   si autem sit] similiter
13,40   quasi] ergo
13,40   singularis idest non communis multis quae eius participant definitionem] de
        singulari scilicet non differente ab aliis quae cum eo communicantur definitione
13,41   adunans intellectum] adiunctus intellectui

13,42   aut diversitati] vel mancriae
13,44   sicut] quasi
13,44   cum] id quod
13,45   est unum] sit unum quod
13,46   singularis] de singulari
13,46   unum] coniuncta
13,48   et] quod
13,50   et] vel
13,52   autem] igitur
13,52   in primo intellectu] secundum primam intentionem
13,53   sensum] intellectum
14,54   et] sed
14,54   sensui] in intellectu
14,55   singulare] unum
14,56   sensum] intellectum
14,56   incertitudinis] *om.*
14,57   assignetur] verbi gratia *add.*
14,59   quantum ad se] comparata ei
14,60   sed] est *add.*
14,60   tantum] eorum *add.*
14,61   intelleximus etiam comparationes] hic etiam est comparatio
14,61   comparationes²] comparatio
14,62   et²] quia
14,63   sicut¹] ut
14,63   ligna] lignorum habitudo
14,64   erit] tunc *add.*
14,66   ibi] tunc *add.*
14,68   intellectum] rationem
15,69   haec est quod] *om.*
15,70   remotae] haec est scilicet quod *add.*
15,70   sensibilia] tunc *add.*
15,72   et si] cum autem
15,72   sensibilia] tunc *add.*
15,75   intellectum fortassis] rationem aliquando
15,77   fuerit ei oppositus per diametrum] in alio termino diametri
15,78   iudicabit] statim iudicabit
15,81   autem] etiam
15,82   fortasse] et
15,84   sed] quasi *add.*
15,86   haec est quod] *om.*
15,87   quantum] *om.*
16,89   efficiens] efficiens et non fuerit efficiens
16,89   quod esse illius est] cuius esse est
16,90   erit] est
16,91   quantum² ad naturam] in natura
16,96   sed] quae est *add.*
16,98   discernit et quando comprehenderit] dividit cum autem apprehendit
16,00   discernit] dividit

16,1   intellectum] rationem
16,2   scitur natura] scimus naturam
16,1   cognoscimus] cognoverimus
16,3   et qui non cognoverit] quia si cognovit
16,3   fortassis tamen] *om.*
16,4   accidens] *om.*
16,4   aut] vel
16,4   genus] aliquod
16,5   et tamen non] nec tamen
16,5   esse illius tamquam] essentiam eius verbi gratia sicut
16,5   novisset] illud *add.*
17,8   est] id *add.*
17,9   sed quod] quod ergo
17,12   propria specialia] proprium speciale
17,12   sed tamen] *om.*
17,13   sicut] ergo *add.*
17,14   esse partes speciales et composita] essentias diversorum specialiter et composito-
        rum
17,14   disciplina] incipit *add.*
17,15   sapiens sumit] invenit
17,16   de utraque] utriusque
17,16   cessat inquisitio prima quando inveniuntur] inquisitio prima cessat cum apprehen-
        derit

Chapitre II

18,6   intelligi lineam] poni extensionem
18,6   lineam ^{2}] extensionem
18,6   rectos angulos] rectitudinem
18,7   rectos angulos] rectitudinem
18,8   et corpus] corpus autem
18,9   dimensiones] extensiones
18,10   dimensiones] extensiones vel dimensiones
18,13   definitas suis terminis] determinatas suis extremitatibus
18,13   quando] cum
19,17   ipsum] corpus
19,18   intelligi has dimensiones] poni has dimensiones vel extensiones
19,20   extremorum] diametrorum
19,20   adveniunt] accidunt
19,21   quantitas] aliquando *add.*
19,22   aut] vel
19,24   sed hoc] hoc autem
19,24   unde] ex hoc quod
19,24   sed modo] et ex hoc quod
19,29   materies] ligna
19,29   vero] est *add.*
19,29   lectitas abstracta] lecti comparata
19,30   materies] ligna
20,32   lectitas] lecti

20,33   sed postquam] postquam autcm
20,33   aut] vel
20,34   aut] vel est
20,36   est materies] sunt ligna in
20,37   hoc[1]] eodem
20,44   totum est potens] cum universalitate sua aptum est
20,47   erit] est
20,47   esset] sit
20,48   erit forma ipsa] forma ipsa est
21,53   acceperis] accipitur
21,54   ponat] ponatur ei
21,56   et sit sine forma quae discedit ab ea sed discessio eius non fit nisi] cum enim forma
        discedit ab ea nisi eius discessio fieret
21,58   alioquin] profecto
21,60   secundum] ex
21,61   aut] vel
21,61   secundum] ex
21,63   quando definiebatur] cum describitur
21,64   secundum] ex
22,66   omnia] alia
22,66   in illa] in illa resolutione
22,68   secundum] ex
22,70   fortasse] igitur
22,72   et] igitur
22,73   esse] essentia *vel* esse
22,74   principia] scilicet *add.*
22,74   autem] *om.*
22,77   per[1]] suam *add.*
22,77   per[2]] suam *add.*
22,82   ille qui] secundum quod
22,85   et hic est] ergo hic erit
22,85   ex qua] et deinde
23,86   generatio] eius *add.*
23,86   quaecumque] quod
23,86   erit] est
23,86   communis] secundum quod est
23,87   ibi] finis *add.*
23,93   inter] hos *add.*
23,94   primum intellectum] primam intentionem
23,95   innuit] eam *add.*
23,95   et non competit ei ut dicatur] cui non convenit praedicari
23,3   relationem] comparationem
24,6   est[2]] profecto
24,9   et] ergo
24,9   eius[2]] ex hoc *add.*
24,10   rerum[2]] ex rebus
24,10   relationem] comparationem proprie
24,11   autem] *om.*

24,12 ipse] *om.*

24,15 suam] eius

24,17 aliquod] alicuius

24,18 relatio] comparatio

24,20 probet] hoc *add.*

24,20 communis factoris] efficientis communis

24,21 sciverit] per naturalia *add.*

24,21 ei] eius

24,22 naturale] *om.*

25,25 inquantum sunt subiecta] quod est positum

25,27 et ex hoc quod est] vel

25,28 aut[1]] vel

25,28 aut[2]] et est

25,29 ex[2] hoc quod] quod intelligitur de hoc secundum quod

25,30 aut] et

25,31 quia quod] quod enim

25,32 successit] advenit ei

25,33 sed] et

25,35 omnino] *om.*

25,36 habet] necesse est ut habeat

25,36 aptitudinem recipiendi id quod remotum est ab illo scilicet] *om.*

25,37 de illo et eius <in> quod permutavit illud] *om.*

25,38 et privatio eius] cuius privatio

25,39 permutata] quae recessit

25,39 permutatur de albedine in nigredinem] denigratur et albedo et nigredo

25,40 privatur cum albedo incipit] enim erat privata cum albedo aderat

26,43 quia dum] dum enim

26,46 sed] ergo

26,47 completa est] compleatur

26,48 accessit] accidat

26,50 aut] vel

26,59 ut habeat] *om.*

26,60 tunc erit] est

26,61 aut si hoc non sufficit quod res sit principium nec est] si autem hoc non sufficit ad hoc ut aliquid sit principium quia non est

26,62 ut habeat] *om.*

26,62 nisi quod necessarium est ut habeat esse a re quae est ei principium] ad hoc ut aliud habeat esse in initio quia necessarium est ut habeat esse cum re cuius ipsum est principium

27,65 unde mutemus nomen principii et dicamus] et ideo utamur loco principii eo

27,70 sed quod] quod autem

27,70 aut] et

27,72 sed res] sed quia haec res

27,72 quod] ut

27,73 quod habebat coniunctionem] quae fuit compar

27,74 generati] generatae

27,74 postea divisit se et corrupta est ab ea privatio] et postea remota est privatio ab ea et destructa est per formam tunc

27,76   sicut illud] in proximo

27,76   prius debet poni naturali positione et sufficere inductione et probari] oportet ut
        ponamus naturali et sufficiamus inductione et probemus

28,81   quod venit in illud post essentiam] quod constituit eius essentiam

28,82   est corpus absolute hyle est et forma corporalis signata] unum est corpus absolute
        habet hyle et formam corporalem non signatam

28,84   forma specialis] formam specialem

28,84   sed ex hoc quod] et ex hoc unum

28,86   convenientiam] comitantiam

28,86   existeret] ipsum haberet esse

28,87   sed si] si ergo

28,87   secundum] *om.*

28,89   secundum] *om.*

28,93   et substantiae] sed affectio substantiae

28,94   affectio eius] *om.*

28,95   sed mutabilium] mutabilium vero

28,96   eorum] *om.*

28,96   sed iam usus] usus autem

28,97   ergo] unde

28,98   ut propter] *om.*

28,98   receptibili] alicuius proprietatis propter quod *add.*

28,99   et] sed

29,3   sed comitatur eam ad modum] verum comitatur privationem dispositio

29,5   nisi in potentia] et habuerit esse potentia

29,7   cum praeparatione et aptitudine] habens praeparationem et aptitudinem

29,7   ad] *om.*

29,8   <omni> non-humanitate] omni inhumanitate

29,9   ex inhumanitate receptibili] ex ea inhumanitate quae est receptibilis

29,11   et² non] non autem

29,12   sicut] ergo

29,19   ex] in

29,19   quia²] ergo

29,21   <fieri>] cum dicunt fieri *vel* cum dicunt fit

30,22   non-humanitatem] inhumanitatem

30,22   sed ex materialiter] *om.*

30,22   ut dicitur] sicut in lignis ut dicitur etiam

30,27   ergo] unde

30,28   et dicunt ibi] ergo utuntur hic

30,28   etiam] *om.*

30,31   quando] cum

30,33   aliquid] *om.*

30,33   generari ex illis et] generatum esse ex illis ergo

30,34   sicut] dictio nostra *add.*

30,37   sicut] quasi

31,38   materie] lignis

31,38   quod fit ex hoc intellectu] id quod fit cuius intellectus

31,38   quod²] id quod modo

31,39   deinde] et deinde

31,41   quod fiat ex eo res generata] esse in eo res quae fit ergo non
31,44   quo dicitur aliquid alteratum est] quo fit aliquid et permutatur
31,44   idest corruptum] *om.*
31,45   materies] ligna
31,46   materie] lignis
31,46   materies fit lectus quia materies inquantum est materies non corrumpitur ad
         modum corruptionis] ligna fiunt lectus quia lignum secundum quod est lignum
         non corrumpitur quemadmodum corrumpitur
31,48   percipit] recipit
31,50   inde] tunc
31,51   et secundum hoc quod] ubi autem
31,52   sed cum] *om.*
31,52   affirmatur] *om.*
31,53   ei] dici
31,54   ut dicatur] *om.*
31,57   sed] immo
32,66   vehemens naturale] involuntarium naturale
32,68   naturalis] involuntarii naturalis
33,84   cum hoc igitur] praeter hoc etiam
34,95   convertantur] recurrant
34,95   sed si] si autem
34,96   iam constituta] quae constitueretur

Chapitre III

35,2   fuit hic] non fuit hic nisi
35,2   debemus] idcirco debemus
35,9   non erit <eis> hyle] tunc hyle non erit
35,13   quia hoc] hoc enim
35,17   corrumpuntur alia <in aliis>] alia corrumpuntur in alia
36,19   fortassis autem ponitur] nisi ponitur
36,19   materia] natura *vel* materia
36,19   quae] eius quod
36,21   illud quia adiunctum est formae] ex hoc quod adiuncta est ei forma
36,22   contrariam] unde et motus eius circularis non habet contrarium *add.*
36,22   ergo causa] unde causa de hoc
36,23   erit] est
36,30   mutetur] permutetur
36,32   sed si] si autem
36,33   modum] profecto *add.*
36,33   sic] illud
36,36   quando] cum
37,38   quia] et
37,41   sed si] si autem
37,43   generata est] generatur
37,43   similis] consimilis
37,46   si] si autem
37,50   de privatione] privatio

37,50   ex omnibus privationibus non conceditur esse aliqua communis] non potest esse de
        numero privationum et esse communis
37,52   generari] fieri
38,53   generari] fieri
38,53   ergo] inde
38,54   ergo] *om.*
38,55   sed commune] commune autem
38,58   formam et materiam] hyle et formam
38,60   propter] secundum
38,60   non dicuntur] dicuntur nec
38,63   scilicet] quod non generatur *add.*
38,64   aut] vel
38,64   in qua [non] praedicaretur de illis aliquod universale et fuit hora ante illud in qua
        nullum eorum habuit esse] de quibus praedicatur illud universale antequam fuerit
        hora in qua non habuit esse unumquodque illorum
38,67   aliqui] homines *add.*
38,71   modi] intellectus *add.*
39,73   quo] de hoc quod
39,74   quo] de hoc quod
39,81   primae] prima
39,82   quod] *om.*
39,82   esse] sed esse
39,83   sunt quae generantur] fiunt
39,85   generantur] fiunt
39,86   generari] fieri
39,88   generantur] fiunt
39,89   generantur] fiunt
39,91   et^1] id *add.*
40,93   sed < si >] sed si
40,93   haec] *om.*
40,94   esse^2] sicut esse eius
40,95   quia] quoniam
40,96   ergo] tunc
40,98   et fit] et tunc fit
40,00   sed] et
40,3   [nisi]] *om.*
40,4   quae] immo
40,4   aliquo] ex aliquo
40,5   autem] vero
40,6   respectus] quasi respectus
40,10   in privatione ergo] per privationem unde
41,11   haec tria principia communia quo modo secundum comparationem eorum conve-
        niant unicuique illorum quae continentur sub eis quia piget nos quod dicunt]
        quando communicant in his tribus principiis communibus scilicet quomodo
        communicat secundum comparationem id quod continetur sub unoquoque illo-
        rum in illo movet enim nos illud quod dicunt
41,14   translativum quia] aequivocum quod
41,15   irritus qui imposuerunt] restrictus ad imponendum

41,19   et si hoc faceremus aut] quod sive faceremus sive
41,21   ullo modo] omnino
41,24   suis] sub se
41,27   quasi aequivoca] ambigua
41,28   significatio esse] significatio esseitatis idest entitatis
41,28   didicisti] ostendimus
41,29   quasi aequivoca] ambigua
42,31   quod est res quae solet recipere] esse res cuius natura est
42,32   unde est] id unde res est
42,32   quicquid est] *om.*
42,33   et] sed
42,36   hoc] *om.*
42,41   ex] hoc *add.*
42,42   si autem conceditur quod forma sit] quamvis forma potest esse
42,43   iam] autem *add.*
42,46   eum] ipsum

Chapitre IV

43,4   quad adinvenerunt antiqui] quae impositae sunt antiquis
43,10   eius] est *add.*
44,18   sed dicemus] dicemus autem
44,18   sententias] sententiam
44,19   intelligere] exprimere
44,26   intellectu secundum quod] ex hoc intellectu scilicet quod
45,30   in intellectu] intentio
45,31   et quod cetera entia] sed quidditas rerum
45,32   advenit] accidit
45,32   humanitas¹] humanitatem
45,37   ideo] *om.*
45,40   propter hoc est distributio uniuscumque] sic est unaquaeque
45,43   tunc] tamen
46,48   ipsis] illis
46,49   audeant negare aliquam] non contradicant subito unicuique
46,55   tunc ergo] et sic
46,56   plus quam] supra
46,56   opus esse] sufficit
46,63   infinitum] definitum
47,66   de his quae] de his in his quae
47,66   cognosces revelationem suae fortitudinis cognitione sufficienti] cognoscetur revela-
        tio suae ignorantiae sufficienter
47,68   possumus opponere] accidit error
47,74   corruptibilibus] etiam *add.*
47,80   cognoscuntur] concesserunt se
47,80   dicunt] *om.*
47,81   esse] sunt
47,81   nec] nec ergo
48,89   autem] enim

Chapitre V

50,17   speculatione] consideratione
50,23   scire] nos scire
50,24   moveantur et agantur] non moveantur nec agantur nisi
51,34   quotienscumque] iam
51,35   < moventur >] *om.*
52,52   sic ut aranea dicitur texere] adeo quod aranea non dicitur texere nisi
52,62   cum iam etiam in hoc] in quo iam etiam
52,63   an] ipse *add.*
52,64   quaerunt ab eo] praecipue cum
52,64   quod] ponit quod
52,67   respondere] loqui
52,69   quid est] quidditatis
53,71   per ipsum] essentialiter
53,71   per accidens] accidentaliter
53,72   necesse est] necesse sit
53,73   ut per se sit] quod sit
53,73   principium < rei >] principium omnis rei quae est essentialis alii scilicet
53,79   quae attribuit] attribuens
54,85   et dicemus] dicemus ergo
54,86   alium] aliud
54,88   intelleximus] intelligimus
54,90   iam enim] iam autem
54,92   convertat motum membrorum contra seipsam] convertatur sic ut moveat membra
         contra id quod necessario provenit ab eius essentia
54,93   et si sic] quia si sic
54,96   naturae] et e contrario *add.*
54,96   voluit] voluerit
54,97   facit[1] appetere et ex illo appetitu movetur] facit inclinationem et ex illa inclina-
         tione movetur
54,98   et fortassis iste appetitus] ergo fortassis inclinatio huius inclinati
54,99   et si] sed si
54,00   non erit ille inter motus locales sed inter] erit quidem illud sed non in motibus
         localibus immo in
54,1   unde quia voluerunt quod] cum autem voluerit ut
54,2   addunt] addit
54,3   anima] *om.*
54,3   motu] veluti motu
55,4   administratione naturarum et qualitatum] adaptatione qualitatum a naturis
55,8   sed quod] quod autem
55,8   per se hoc iam intelligitur] essentialiter hoc iam refertur
55,9   eius[2]] mobilis
55,11   quando est in dispositione] cum est in tali dispositione
55,11   quia non] non enim
55,13   intelligitur] refertur
55,14   movet ipsius per essentiam non] movetur per seipsum non ab aliquo
55,15   non per accidens intelligitur] non accidentaliter refertur
55,18   non per accidens] non accidentaliter

55,18 et] quia
55,21 quia statua unde est] statua enim ex hoc quod est
55,22 et ideo] unde
55,23 physica movet quod in ipso est quia] physica moverit id in quo ipse est quia physica
56,26 medicus] curator est
56,27 medicus] curator
56,27 medicinam et componens] curationem et peritus eius
56,28 medicinam] curationem
56,29 sed additio] additio autem
56,29 voluit addere] apposuit
56,29 corrigere] sequi
56,31 et cum eam] quam cum
56,31 definiet] definietur
56,32 et] ergo
56,33 et] quia
56,34 penetrantis] disserendi *vel* de diffundi
56,34 sed quia est in re] non est nisi esse in aliud
56,34 formantis aut figurantis] formandi vel figurandi
56,35 sed potius ex intellectu moventis] non est nisi contentus intra intellectum movendi
56,35 non est] *om.*
56,36 sed ex intellectu quietandi illas] non est nisi intra intellectum quietandi eas
56,38 suos profectus] suas perfectiones
56,39 per seipsam non per accidens] essntialiter non accidentaliter
56,40 verba] multa
56,42 multivocum ad illam] aequipollens illi
57,45 relativam ad aliud] determinatam circa aliquid
57,45 quia] quoniam
57,46 hoc] *om.*
57,46 et nihil aliud] non plus
57,48 quando] cum
57,48 dixit non fuit nisi vanum] fecit non fuit nisi superfluum
57,49 et] *om.*
57,50 eius] de hoc
57,51 voluit dicere] significat
57,53 voluit dicere] significat
57,54 per seipsum] essentialiter
57,56 sed postea] postea autem
57,58 <rarefactionis> et] *om.*
57,58 dilatationis] et expansionis *add.*
57,59 quia hoc est] hoc est enim
57,60 intelligere crescere] ponere vegetari et extendi
57,61 tantum] *om.*
57,61 extendere] extenderis nomen naturae ad hoc
57,62 tantum] *om.*
58,68 postea nititur natura et revocat] quas cum corroboratur natura eorum revocabit
58,76 praeparatur ei] est praeparatrix earum
58,78 generalis] quasi generalis

Chapitre VI

59,5   natura] igitur natura
59,5   et permutatio] vel permutatio eius
59,6   status] stabilitas
59,6   essentia] quidditas
59,8   essentia suae formae] quidditatis eius
59,8   quando] cum
59,9   fuit] fuerit
59,9   eorum[1]] sua
59,9   eorum[2]] sua
59,11   ipsa forma] per seipsam forma eius
59,12   et] quia
59,13   forma[1]] quidditas
59,13   aqua[2]] id quod est
60,17   forma aquae fortassis] forma verbi gratia aquae
60,18   materia] hyle
60,22   respectu[1]] in respectu
60,23   proprii] convenientis
60,25   naturam] hanc naturam
60,25   fuerit] ibi *add.*
60,30   et non est] non
60,33   quando] cum
60,33   sunt in eis ipsae virtutes] sit in eis ipsa virtus
60,33   veluti] ut
60,34   pars] quasi pars
60,34   coniuncta] composita
60,35   et adunata] quae adunantur in ea
60,36   quia quando] cum enim
60,37   essentiam] quidditatem
61,53   quando] cum
61,53   accidentia] communia *add.*
62,69   dignior est ad constituendum omnes substantias illa est materia] dignior omnibus
         substantiis ad constituendum eas illa est origo
62,73   perfectiones] constitutiones
62,75   in simplicibus essentiam illorum] in simplicibus illorum quidditatem simplicem
62,78   dicimus] dicemus
63,79   permixtis] contiguis
63,82   et dicere] dicentes
63,83   de quo dicit quod] dicens de eo quoniam ipse
63,84   erat] esset
63,84   constituebat] constitueret
63,86   et] cum cresceret *add.*
63,90   sed] immo
63,92   de esse eius rei quae non est necesse in privatione eius] cum res habuerit esse non
         id quod est necesse esse cum privatione rei
63,95   quod] quae
63,96   sed forma est quae] forma autem est tantum quae

64,99 et si] ita quod
64,00 quia hic homo] et hic homo etiam
64,00 ligneitas forma est] lignum habet formam
64,1   quando] cum
64,1   ergo] unde
64,6   clarum] manifestum
64,6   quia] quod
64,8   sed in compositis] in compositis vero
64,9   quousque ad] nisi natura
64,13 ex] in

Chapitre VII

65,3   quae ponunt] quibus utuntur
65,4   quod habet] habens
65,6   scisti] nosti
65,7   quod est] id quod est
65,8   per naturam] ex natura
65,8   et in quo] sed id in quo
65,8   hoc est] est id
65,9   sed quod est per naturam] id vero quod est ex natura
65,9   hoc est scilicet] est
65,12 hoc²] sicut hoc
65,14 ex natura] per naturam
65,14 cuius] id cuius
65,14 sua] cuius
65,15 actu] est *add.*
66,17 quod²] id quod
66,18 exigitur] videtur intendi
66,22 facit] producit
66,24 per seipsam ex causa recipienti] ex ipsa propter recipiens
66,24 haec] quae
66,26 et ex natura] per naturam
66,27 sed non] non autem
66,27 recipiens] accidens
66,28 et] vel
66,31 sed quae] quae vero
66,32 et] sed
66,33 scilicet individuis] *om.*
67,36 scilicet] *om.*
67,38 autem] vero
67,47 sed concedo] concedo autem
67,47 et illa] sed
67,49 facit eas comparatas nudas vel abstractas in se] comparat nuda habentia in se
68,56 apparitione] ortu
68,58 fit¹] non fit nisi
68,62 sed certitudo huius] huius autem certitudo
68,69 in²] per

68,70   autem ergo
68,72   quia mors] mors enim
68,74   multis modis] multis de causis
69,76   sed si] si vero
69,76   sit] fiet
69,86   non prohibet nec diminuit] non praetermittet eam nec permittet eam perdi

Chapitre VIII

70,4   declaratum est] ostensum est
70,4   apertissime] *om.*
70,5   quantitas] magnitudo
70,7   et] sed
70,8   comitantibus corpus naturale] accidentibus corpori naturali
70,11   corporis] *om.*
70,11   et quia] sed
71,18   sed sunt] sunt autem
71,20   et istae] quae
71,26   etiam] quia in *add.*
71,30   et] et a
71,34   cum scientia naturali] scientiae naturali
71,36   accidunt eis] habent
72,37   nec] quae
72,38   debent haec idcirco poni quantitas] non facit necessarium ut quantitas sit quantitas
72,39   necesse] opus
72,43   quo] quibus
72,44   geometrica] principia geometrica
72,49   <quod>] *om.*
72,51   cum] quasi
73,52   et haec] haec autem
73,56   investigatrices] consideratrices
73,57   sed propositiones] propositiones vero
73,61   et] unde
73,62   quod] id quod
73,64   dignioris] melioris
73,65   illud] centrum
73,70   recessione ab hemisphaerio] elevatione ab horizonte
73,73   ergo] unde
74,76   primus ergo] invenimus ergo quod primus
74,77   comparatione] comparationibus
74,78   ei] *om.*
74,81   primus dixit quod est et non dixit causam et alius dixit causam et quare est] primus dedit *anitatem* et non dedit quare est secundus dedit *anitatem* et quare est
74,83   ex hoc quod] unde
74,84   et^2] sed
75,90   in essentiis non naturalibus] in eis quae sunt non naturalia
75,91   tibi] *om.*
75,91   essentiam et existentias] *anitatem* et constitutionem

75,95   proprium] *om.*
75,95   sit ex illo] sit proprie ex illo ex quo dicitur pendere
75,97   existentia] constitutione
75,97   tunc ab] tunc pendeat ab
75,00   et tractatus] quia speculatio
75,1   ex hac parte] ex hoc modo
75,1   tractatus nudus] speculatio nuda
75,2   sed postea iam] postea vero
75,2   accidunt] ei *add.*
75,2   tractet] tractat
75,3   hae] et hae
75,3   debuit suum pendere existentiae in materia quamvis non debet suum pendere cum
        illis materiae in definitione nec materiae signatae] necesse est ut pendeat secundum
        existentiam a materia quamvis non est necesse pendere cum illis a materia
        secundum definitionem nec sunt de eis quae faciunt ipsum esse in materia signata
75,6   erit] *om.*
75,6   est] sic erit
76,7   sed quantitates] magnitudines autem
76,10   quantitates] magnitudines
76,14   impossibilis] impossibile
76,16   duarum] praedictarum
76,17   alia] alia materia
76,19   quia ad manum sunt exempla eius] quia cito potest comprehendi
76,21   accidere] in principio speculationis
76,22   intellectus etenim non curat quavis ponat] intellectum enim non est difficile ponere
76,23   sed] quamvis
76,23   postea] necessario *add.*
77,29   ab ipsa] a se
77,29   quantitas] magnitudo
77,30   deinde] etiam
77,32   accesserat] acciderit
77,33   sicut] quasi
77,36   consequenter etiam] necessario *add.*
77,37   necessario] *om.*
77,38   cum quantitate] et quantitas
77,39   comparatio albedinis ad quantitatem] ponamus quod ad magnitudinem albedinis
        comparatio
77,43   percipit[2]] percipiat
78,45   quantitas] magnitudo'
78,47   quando] cum
78,48   necessarium] necesse
78,51   ratio[1]] consideratio
78,51   ratio[2]] *om.*
78,52   quantitatem] magnitudinem
78,52   non eget] intellectus non eget
78,53   quantitas habeat] magnitudo non habeat
78,55   tamen] *om.*
78,58   intellectus] formatio

78,60   sed non] non enim
79,62   existentiae¹] constitutionis
79,62   existentiae²] constitutionis
79,64   essentiae] constitutionis
79,64   in definitione eius aliquid fuerit quod habet] definitio eius fuerit data secundum
79,69   ut assumant] assumere
79,70   ullo] aliquo
79,72   aut aliquod suorum accidentium materiae] vel aliquid ex accidentibus ipsi materiae
80,80   omnino] *om.*
80,82   ex illis] inter illas
80,85   aliquibus] aliis
80,87   ipsa scientia naturalis ergo] in ipsa scientia naturali unde

Chapitre IX

81,4   aliqui naturalium] quidam naturales
81,6   quae cum assecuta fuerit] quoniam
81,7   accidentia] sunt *add.*
81,8   et videtur] videtur autem
81,9   est] sit
81,12   ferrum] de terra *add.*
81,14   maris] propter lapides *add.*
82,16   quod] ut
83,34   et iam] *om.*
83,43   [non]] *om.*
83,46   quia formae] formae enim
84,63   firma] firma stabilis *vel* forma stabilis
85,66   et] quia
85,68   de substantia] substantiae

Chapitre X

87,21   est alius] ipse est alius
87,22   et ipse] ipse vero
87,32   ut ponat] ponere
87,34   quia] et
87,38   exercitus] *om.*
87,38   rex] radix
88,39   regem] radicem
88,39   rex] radix
88,41   regi] radici
88,42   honorificatio] honorificentia
88,43   animalis] radicis
88,52   illa] ipsa
89,58   causae semper] causae
89,65   sed comitatur illum cum inventum fuerit] et comitetur illud ut cum esse habuerit
89,67   illud] illa ut
89,68   ut] *om.*
89,68   fortasse] aliquando

90,80   manifestatur] manifestum est
90,81   quando] cum
90,83   sed materia] materia autem
90,83   generato] eo quod fit
90,85   et] quia
90,91   et cum] cum autem
91,96   quibus] quia
91,98   nisi et] nisi
91,6   et harum] quarum
92,17   et] quia
92,27   sed quando] cum autem
93,39   conversionem] permutationem
93,41   quando] cum
93,46   certitudo] veritas
94,53   ut sit] res *add.*
94,61   et [1]] aut
94,63   et] qui
94,64   vero erit] *om.*

Chapitre XI

95,3   quod] id quod
95,3   et] quia
95,4   quomodo] enim *add.*
95,6   unde cum] cum enim
95,7   quia] *om.*
95,7   sicut] similiter
95,12   quia] *om.*
95,17   ergo] unde
96,22   faciendi esse] inveniendi
96,23   faciendi esse] ad inveniendum
96,31   sed aliquando] aliquando autem
96,33   sed quando] cum enim
96,33   pars] modus
96,39   forma quando] cum forma
97,44   ergo] unde
97,44   quando] cum
97,45   quando] cum
97,49   quia] quoniam
97,56   quando [1-2]] cum

Chapitre XII

98,11   et [1]] sed
98,12   quando] cum
99,25   ergo] enim
99,28   iens] tendens
99,31   et] quia
100,33 et aliquando] aliquando autem

100,37 ſuerit] sit
100,37 aut] vel
100,50 huic] *om.*
101,58 et] sed
101,59 autem] vero
101,60 sed materia] materia autem
101,65 inflammationem] accensionem
101,65 sed quae] quae vero
101,68 materia $^{1-2}$] subiectum
101,69 materia] subiectum
101,70 substantia] subiectum
102,74 ergo subiectum] subiectum enim
102,77 etiam) *om.*
103,91 enim] forma *add.*
103,92 sed forma accidentaliter est] et accidentaliter
103,93 et] sed
103,94 aliquando] autem *add.*
103,98 et ^{1}] sed
103,00 et forma] forma vero
104,4   est] *om.*
105,40 et non potest] non potest autem
105,40 privatione] essentiae *add.*
105,43 quia causatum] causatum enim
105,46 sed stabilitas] stabilitas autem
105,50 ergo] unde

Chapitre XIII

106,4   fuimus] sumus
106,4   et fatum] fortuna
106,5   causas] idcirco *add.*
106,8   fato] fortuna
106,10 fatum] fortunam
106,11 postquam] nos *add.*
106,12 eas] tunc *add.*
106,14 quaerere] inquirere
106,14 fatum] fortunam
106,15 cum] quis *add.*
106,16 fatum] fortuna
106,16 sed quando] cum vero
107,17 fatum $^{1-2}$] fortuna
107,18 consecutum est] consecuta sit
107,19 quia] qui
107,21 fati] fortunae
107,23 et] sed
107,31 inveniret] invenisset
107,32 fato] fortuna
108,38 fatum] fortunam

108,39   fatum] fortuna
108,41   fatum] fortunam
108,42   fati] fortunac
108,45   fatum] fortunam
108,45   fato] fortuna
108,47   duritie] duritia
109,60   generavit[2]] generatum
110,72   vel frequenter] *om.*
110,74   perveniat] pervenit
110,77   sic[2]] tunc *add.*
110,79   pari] tunc *add.*
111,95   clarum] manifestum
111,97   unde] secundum quod
111,98   fato] fortunae
111,1   fato] fortuna
111,3   fato] fortuna
111,5   fato] fortuna
112,6   aliqui] autem
112,7   fato] fortuna
112,9   fato et quod] fortuna quod autem
112,11   quia isti] isti enim
112,13   ex suis principiis] ex convenientia suorum principiorum
112,16   condicionis] constitutionis
112,17   et declarabimus] manifcstabimus autem
112,17   iudicium] vitium
112,19   quando] cum
113,26   erit[1]] est
113,28   tantum] solum erit
113,28   rarum] *om.*
113,28   insolitum] sed *add.*
113,29   sed] erit
113,32   retardata] reservata
113,33   ergo] unde
113,37   quando] cum
113,40   fato] fortuna
114,49   est conveniens] convenit
114,50   fatum] fortuna
114,55   erit] est
114,58   sed ad summam] ad summam autem
114,61   et] quia
115,73   est[1]] *om.*
115,74   aliquid] aliud est
115,78   sed poterit] poterit autem
116,86   quod sit in domo vel non sit] ipsum esse vel non esse
116,89   solitae] absolutae
116,89   est] sit

116,92   solitam] absolutam
117,00   et dicemus] dicemus etiam
117,2   fortassis] aliquando
117,3   fortassis] aliquando
117,4   quando] cum
117,5   fortassis[1-2]] aliquando
117,5   et] sed
117,6   in] *om.*
117,7   in] *om.*
117,7   sed cum] *cum autem*
117,10   et[3]] sed
117,12   item] quidam *add.*
117,14   declarabimus] declarabitur
117,15   illis] his
117,6   fatum] fortuna
117,17   omne fatum] omnis fortuna
117,18   fatum[1]] fortuna
117,18   fatum[2]] fortunam
118,21   fatum] fortuna
118,21   et[1]] *om.*
118,23   eo] *om.*
118,23   sed cuius] cuius autem
118,24   fato] fortuna
118,24   fortassis] aliquando
118,24   quod] eo quod
118,34   aut] vel
118,34   fatum] fortuna
118,35   fatum] fortuna
119,40   quando] cum
119,41   quando] cum
119,41   ergo] unde

Chapitre XIV

120,7   quia propositiones] propositiones enim
120,12   ratio] quod ratio
121,20   quia] et
121,27   saepius] saepe
121,32   vel] et
121,33   videt] vidit
122,36   aut] vel
122,43   seipsa] se
122,45   non] sic *add.*
122,48   caelum cuius esse procedit uno modo in tractatibus subsequentibus] caelum
         semper una eademque dispositione quod affirmant omnes qui de eo tractaverunt
122,51   horum corporum] his corporibus
122,53   debile] debilius est
122,53   et] *om.*

123,54   utriusque constringentium] quorum
123,55   esset sic] ita esset
123,58   fato aut] fortuna vel
123,9   et in illis esse videtur casus] in quibus casus esse videtur
123,62   habitum materiae] habitam materiam
123,65   quia sic] sic enim
123,66   ergo] unde
123,7   vero] autem
123,67   rationibus] argumentationibus
123,67   esset] est
123,68   quae fecit] faciens
124,76   generatam esse] fieri
124,81   corruptiones quas raro faciunt] corruptiones segetum in area quas raro faciunt
124,83   inventus] qui est
125,93   quia cum] cum enim
125,95   sal et] *om.*
125,95   ergo] unde
125,1   quia habitus] habitus enim
125,5   assignabimus autem] sed assignabimus
126,18   sed certus tractatus] vera autem consideratio
126,19   faciet nasci] germinabit
126,20   faciet nasci] germinabit
126,21   ut dicatur] dicere
126,22   substantia] substantiam
126,24   ergo] unde
126,28   aut ut quod] vel ut id quod
128,52   extremum] terminum
128,55   impeditur] impediatur
128,55   repugnatur] repugnetur
129,69   arbor] *om.*
129,75   aut] vel
129,76   quia] et
129,78   efficiat] faciat
129,80   ergo] unde
129,88   et] quia
130,99   velociter] cum frequenter
130,99   recurrens] recurrit *vel* retrahit
130,2   quae quando movet] cum moverit
131,16   resolutum est] resolvitur
132,21   convertat] permutet
132,26   particularibus] unde *add.*
132,38   sed] *om.*
133,39   generatae] *om.*
133,40   quando] cum
133,42   ergo] unde
133,43   illud est quod] sit illud quod
133,51   ergo] unde

134,62   quia non] non enim
134,64   esset] intellectus *add.*
134,66   omnis] intellectus *add.*
134,68   et non] nec
134,70   convertendum] permutandum

Chapitre XV

136,12   fortassis] aliquando
136,16   quod] quia
137,19   si] an
137,19   aut] vel
137,27   quia] et
137,28   unde] ex hoc quod
137,29   sed cum] cum autem
137,29   si] an
137,29   habet] habeat
137,30   unde[1-2]] secundum hoc quod
137,3&   et fortassis] aliquando autem
137,31   interrogatur] interrogat
137,32   et erit] quia tunc erit
137,33   facit] fecit
138,46   sed in rebus] in rebus autem
138,48   fortassis] aliquando
138,52   quando] cum
138,54   sed quando] cum autem
140,81   et cum] si autem

ANNEXE III

Liste de fautes, variantes orthographiques et accidents des manuscrits VDP

Prologue
1,2 ab eo] habeo V

Chapitre I
5,5 abbreviavimus] abreviavimus DP; 6,18 impressiones] oppressiones; 6,22 via] illa P; 7,32 suo] *iter.* D; 8,55 sint...notae] sit nocte P; 9,71 Categoriis] Cathegoriis D; 9,73 pertingunt] pertigunt V; 11,10 ordines] hordines P; 13,52 intellectu] intellectus *dub.* V; 15,83 sciet] sic et P

Chapitre II
19,16 corporeitate] corporitate P; 19,25 unde] unum P; 19,26 corporeitas] corporitas D; 20,47 comparatio] corporatio V; 21,51 et principium² ... acceperis corpus] *iter. hom.* D; 21,54 hyle] ille D; 21,63 definiebatur] definebatur VP; 22,75 imprimit] imprimis D; 22,85 originem] orriginem P; 23,87 in] vel ab in *scrib. sed* ab in *exp.* V; 23,90 est] et D; 23,97 immo] in mo V; 23,99 dicetur] deicietur D; 24,11 si] sic P; 26,50 immo] inmo V; 27,77 ars] an P; 28,88 generato] generatio D; 28,90 principia] principa D; 28,99 receptibile fiat] fiat in receptibile fiat D; 29,17 ex spermate] expermate D; 29,19 ex spermate] expermate D; 29,19 exspoliatur] expoliatur D; 29,21 privatione] privatorie D; 31,47 corruptionis] corruptonis P; 31,59 linguae] ligue V; 32,77 idcirco] iccirco VD; 33,82 desiderare] desiderase D

Chapitre III
36,34 corporeitatem] corporitatem V; 36,35 corporeitatis] corporitatis V; 36,36 corporeitatis] corporitatis V; 37,50 claret] daret P; 37,51 privationibus] *iter.* V; 39,78 est] *iter.* D; 40,97 modum] nodum P; 40,4 respectu] respecto P; 40,8 potentia] potentiam V; 41,28 significatio] significatia D

Chapitre IV
43,14 aeritate] areitate V; 45,34 sicut] *iter.* P; 45,41 entis] mentis D; 46,53 si ens] sciens V; 46,58 multum] in ultum D

Chapitre V
51,41 divisionum] divisio non D; 51,42 quies] quos *dub.* P; 53,73 scilicet] sed D; 53,82 auctore] actore V; 53,82 refellendam] refellentam P; 53,83 additionem] addictionem V; 54,93 ad] *iter.* P; 54,96 attraheret] attraeret P; 54,3 vegetationis] negationis D; 55,4 administratione] aministratione V aministratone P; 56,40 ipse] *iter.* P; 56,43 repetisse] recepisse P; 57,57 in] *iter.* P; 57,63 motus] modus P; 58,71 ignis] ingnis V

Chapitre VI
60,22 frigiditas] frigitas V; 61,39 nos] non P; 61,46 vulnerum] mulierum P; 61,50 origo] orrigo V; 61,55 vigilatio[1]] vigilio P; 61,58 vulnerum] mulierum P; 63,91 nec scivit] nescivit P; 63,95 hyle] ille D; 64,5 diversificarentur] diversicarentur V

Chapitre VII
65,10 et motus] amotus P; 66,17 comitatur] mitatur V; 66,21 cursu] curru P; 66,25 cursu] curru P; 69,78 hi[1-2]] hii V

Chapitre VIII
70,6 essentialibus] *iter*. P; 72,43 similia] simila V; 76,25 aptum] apud P; 77,37 non vult] *iter*. P; 78,49 intellectui] intellectus tui D; 78,58 intellectus] multos P

Chapitre IX
82,17 specialitatum] specialitatem D; 82,26 aeritatis] arietatis V veritatis *dub*. D; 82,28 opinio] oppinio V; 83,41 in praetermittendo] interpraemittendo P; 83,42 in scientiis] insentiis P; 84,49 forma] formas *dub*. D; 84,51 essentia] essentiam P

Chapitre X
86,6 facilitatem] facilitate P; 86,15 materia] materiae P; 87,1 potentia] inpotentia P; 88,40 sed propter ... finis[1]] *iter*. P; 88,42 ut] in D; 88,45 respectu] secundum respectu D; 88,53 habitudinem] habitationem D; 89,54 essentiis] essentii P; 89,64 ea in esse] eam in erunt D; 90,94 lateres] latens P; 91,1 theriaca] *hic et passim* tiriacha VD tyriacha P; 91,10 dominanti] dominatibus D; 92,27 sicut] *iter*. P; 92,29 ut unus] ūnus P; 92,34 uni] unae VDP; 93,37 quod provenit] *iter*. P

Chapitre XI
96,39 de praedicamento] depraecatio D; 96,40 perfectiva] defectiva D; 97,44 non est] *iter*. P; 97,50 spermate] permate D

Chapitre XII
98,9 cum[2]] *iter*. V; 102,89 informia] informa P; 103,4 sicut] *iter*. P; 105,35 in potentia[2]] in potentie P

Chapitre XIII
107,31 foro] fore P; 108,48 inanitatis] inlimitatis P; 109,57 generata] *iter*. D; 112,16 condicionis] commestionis D; 113,34 alterius] *iter* P; 116,94 confertur[1]] confitetur P; 116,98 non evenit] nomine venit D; 119,38 sed illum] *iter*. P

Chapitre XIV
121,28 via] una D; 122,39 prior est] erit prior est D; 123,62 habitum] habitam P; 124,76 diversificarentur] diversicarebtur V; 124,76 generatam] generata D; 124,80 pluviae] pluvinae P; 125,94 calor] color P; 125,2 habitus] habitu D; 126,14 lapis] lapsis D; 127,44 materiam] materia D; 128,56 malus] maius P; 129,81 discretio est] discretionem D; 131,18 imperantem] temperantem P; 133,47 frgiditatis] frigidatis D; 133,53 finem] finis D; 134,68 mirari] mutari D

Chapitre XV
136,14 vindicaret] vindaret P; 137,28 causa litis] causalitatis P; 137,41 ducentis] dicentis
V; 138,57 adiunctum] et adiunctam P

Les additions suivantes ont été — ou semblent avoir été — annulées:

I. 7,32	et¹] illa sunt quae *add. sed exp.* D
I. 7,36	sciendum] veraciter *add. sed exp.* D
I. 8,50	ergo] scientiae *add. sed exp.* V
II. 23,87	in] vel ab in *scrib. sed ab in exp.* V
II. 25,28	ex hoc] unde *add. sed exp.* D
II. 25,35	quod] unum *add. sed exp.* D
II. 25,40	nigredo] erat *add. sed exp.* D
II. 26,61	quod] non *add. sed exp.* D
II. 31,56	non-scriptor] fortasse tunc dicetur illud sed *add. sed exp.* D
II. 32,76	formae²] venit fastidium *add. sed exp.* P
III. 42,32	quam] qua *add. sed videtur del.* P
IV. 43,8	unum] infinitum receptibile motus *add. sed exp.* D
IV. 47,64	destructionem] suae fortitudinis *add. sed exp.* D
V. 49,12	agitet] illa *add. sed exp.* D
X. 86,16	rebus] quando *add. sed del.* P
X. 87,20	in] aliud *add. sed exp.* D
X. 93,51	actu] sed ut res sit *add. sed exp.* D
XIV. 121,24	fatalis] responsio erit haec quia qui dixit *add. sed exp.* D
XIV. 130,3	movet¹] illud *add. sed videtur exp.* D

TRANSCRIPTION DES LETTRES ARABES

ء	'		ض	ḍ
ب	b		ط	ṭ
ت	t		ظ	ẓ
ث	th		ع	ᶜ
ج	j		غ	gh
ح	ḥ		ف	f
خ	kh		ق	q
د	d		ك	k
ذ	dh		ل	l
ر	r		م	m
ز	z		ن	n
س	s		ه	h
ش	sh		و	w
ص	ṣ		ى	y

Les voyelles longues ى et ‌ا sont rendues par *ā*, و par *ū*, ي par *ī*.

Le *hamza* (') initial n'est pas transcrit.

Le ة n'est pas transcrit, sauf quand il termine un mot en état d'annexion ; il est alors rendu par *t*. Après *ā*, ة est rendu par *h*.

Nous n'avons pas modifié la transcription des mots arabes qui interviennent dans des citations.

ABBRÉVIATIONS

add.   : addidit, additur
al. man.   : alia manus, alia manu
cfr   : confer
corr.   : correxi, correxit
del.   : delevi, delevit
dub.   : dubito
exp.   : expunxit
hom.   : homoioteleuton
i. m.   : in margine
inv.   : inverti, invertit
iter.   : iteravit
litt.   : littera, litterae
om.   : omisit
sc.   : scilicet
scrib.   : scribitur
sup. lin.   : supra lineam
< ... >   : supplevi, lacunam conieci
[...]   : delevi

SIGLES

V   : Venise, Bibliothèque S. Marc lat. 2665, f. 145v-153r.
D   : Dubrovnik, Bibliothèque des Dominicains 20 (36-V-5),
              f. 1-15.
P   : Paris, Bibliothèque Nationale lat. 16604, f. 2-21.
A   : Texte arabe de l'édition du Caire, *Al-Shifāʾ (Al-
              Ṭabīʿiyyāt)*. I. *Al-Samāʿ Al-Ṭabīʿī*. Texte établi par
              Said ZAYED. Préface et révision par le Dr Ibrahim
              MADKOUR, Le Caire, 1983, p. 3 à 77.
Ab, Akh, Ad,
Asā, Am   : leçons de manuscrits arabes figurant à l'apparat cri-
              tique de l'édition du Caire et citées dans l'apparat
              comparatif latin-arabe.
Aṭ   : leçons de l'édition lithographique de Téhéran, 1303/
              1886.
ar.   : texte arabe cité dans les notes, transcrit, vocalisé et
              traduit par nous.

SUFFICIENTIA AVICENNAE

LIBER PRIMUS NATURALIUM

PROLOGUS

Postquam expedivimus nos, auxilio Dei, ab eo quod opus fuit
praeponere in hoc nostro libro de doctrina puritatis artis logicae,
debemus nunc aperire sermonem de doctrina scientiae naturalis, secun-
5 dum modum nostri praefixi consilii ad quem iam nostra speculatio
pervenit, et ut ponamus ordinem in ipso ad similitudinem ordinis quem
consuevit philosophia Peripateticorum et accingamus nos in id quod
remotius est a manifestatione et a prima speculatione et in quo adversa-
rius longius videtur esse a perfidia, remittamur autem in eo in quo
10 veritas detegit faciem suam et convincit adversarium in hoc de sua

---

1 prologus] Sufficientia Avicenne V Sufficientia Avinceni titulus collectio secunda libri
Sufficientiae Avinceni principis philosophi prologus dixit princeps D titulus collectio
secunda libri Sufficientiae Avicenni principis philosophi prologus dixit princeps P
2 nos] *om.* P   3 praeponere] proponere D   3 libro] scilicet *add. supra lin.* V
3 puritatis] *scripsit* V *sed erasit et* parvitatis *add. i. m.* V³   3 artis] *om.* D   3 artis
logicae] *inv.* V   4 aperire] hinc *add. i. m.* V²   5 consilii] *om.* P   6 et] quia V

---

1 prologus] *om.* A   2 postquam] قد وإذ (postquam autem iam) A وإذ (postquam
autem) Am   3 libro] وهو (scilicet) *add.* A   4 nunc] *om.* A   4-5 secundum....
consilii] secundum modum quem praefixit nostrum consilium   5 ad quem] إليه ... و
(et ad quem) A   5 iam] *om.* A   6 ut ponamus] ponere   6 in ipso] المقام (loco)
add. A *non add.* Adsām   9 videtur esse] est   10 veritas] نفس الحق (veritas ipsa)
A   10 convincit] نشهد (convincamus) A   10 in hoc] *om.* A *non om.* At

---

1 prologus: le texte arabe porte, selon l'édition du Caire, un titre dont les premiers mots
al-fann al-awwal min al-ṭabīʿiyyāt sont exactement rendus par *Liber primus naturalium*; la
suite du titre arabe mentionne l'objet du *Liber primus*, à savoir *fī ʾl-samāʿ al-ṭabīʿī*, dont
l'équivalent latin serait *de naturali auditu*; puis vient l'indication du nombre de traités que
l'ouvrage comporte, à savoir *wa-huwa arbaʿ maqālāt*, quatre traités. Le prologue suit
immédiatement ce titre général sans titre particulier.
2 auxilio Dei: *ar. bi-taysīr Allāh wa-ʿawnihi*, «avec l'assistance et le secours de Dieu»;
sur la «facilitation» ou *taysīr*, voir *Avicenna Latinus, Liber de philosophia prima*, éd.
S. VAN RIET, IX, 6, p. 505, 70.
7 accingamus: ce verbe, de même que *consumamus* (ligne 11), dépend, selon le texte
arabe, de *debemus* (ligne 4).
8 manifestatione: *ar. bidāya*, «commencement»; le latin correspondrait à *badāʾa*, nom
d'action du verbe *badā*, «se manifester», «apparaître».
9 perfidia: *ar. al-jāḥid*, «celui qui nie», «celui qui rejette», «le renégat».

falsitate et mendacio, et non consumamus vitam nostram in destruendo
quamlibet sententiam, nec declinemus a brevitate obviandi eis aliquan-
tulum quam multum praetermiserunt tractatores scientiarum, eo quod
laboraverunt in destruendo verbum debile et fuerunt diligentissimi in
15 explanatione eius quaestionis cuius veritas per se patebat, enervantes
omnem vim et certificantes quamlibet divisionem, et perscrutati sunt
unamquamque assertionem; quando autem fluctuaverunt in intricato et
pervenerunt ad partem ambiguam, pertransierunt transcurrendo.

Nos autem confidimus quod in hoc erimus in via illis opposita et in
20 semita illorum semitae contraria et studebimus pro posse ut explicemus
rectum eorum qui praecesserunt nos, et praetermittemus transcurrendo
id in quo credimus eos errasse Et hoc est quod nos prohibuit elucidare
libros eorum et exponere auctoritates eorum. Timui enim pervenire ad
ea in quibus crederem eos errasse, ne forte esset necesse aut excusare

---

15 enervantes] enumerantes VP   17 fluctuaverunt] fluaverunt P   18 transcurrendo]
i. m. V²   19 in hoc erimus] *om. et* inhaereamus *scrib. in spatio al. man.* D   20 stude-
bimus] studeamus D   21 transcurrendo] transferendo D

---

13 multum praetermiserunt] كثيرا ما نرى (saepe videmus) A   13 eo quod] إذا
(quando) A   14 et = A!] أو (aut) A   15 eius] eorum   18 ad partem ambiguam]
ad partem ambigui   18 pertransierunt] عليه (illud) *add.* A   19 erimus in via]
يكون ... سبيل (erit via) A   19 illis opposita] opposita viae illorum   24 ea]
مواضع (loca) A   24 ne forte] ف (ita ut) A   24 aut] *om.* A

---

11   mendacio: *ar. jaḥd*, «désaveu», «rejet», «incroyance».
13   praetermiserunt: ce verbe n'a pas d'équivalent arabe; en arabe commence ici une
nouvelle phrase: «(souvent) nous voyons (*narā*)»; le verbe «voir» a pour objet les trois
actions rendues en latin par *enervantes* (ligne 15) *certificantes* (ligne 16) et *perscrutati sunt*
(ligne 16).
13-32   tractatores ... Sufficientiae: le texte arabe correspondant à ce passage est cité en
traduction anglaise par D. GUTAS, *Avicenna and the Aristotelian Tradition*, Leiden-New
York, 1988, p. 222-223.
16   perscrutati sunt: *ar. saradū*, «ils ont exposé», «ils ont mis en valeur».
17   fluctuaverunt: *ar. talajjajū*,« ils ont persisté».
18   pertransierunt transcurrendo: *ar. marrū ᶜalayhi ṣafḥan*, «ils ont passé outre en
l'ignorant».
19   in hoc: *ar. warā'a dhālik*, «au delà de cela».
21   praetermittemus transcurrendo: *ar. nuᶜriḍ ṣafḥan*, «nous passerons sous silence».
22   errasse: *ar.*, «(ce en quoi nous pensons qu') ils ont été inattentifs».
23   auctoritates eorum: *ar. nuṣūṣihim*, «leurs textes».
24   errasse: voir note 22.

25 eos et inducere rationem quae videretur esse pro eis, aut manifestari
adversari eis. Sed Deus liberavit nos ab hoc quia destinavit illis homines
qui omnem vim suam apposuerunt in hoc et exposuerunt libros eorum.
Quisquis autem desideraverit scire dicta eorum, expositiones eorum
docebunt eum et sufficient ei; sed qui appetit scientiam et intellectus
30 inveniet ea coacervata < ... > ; sed quod conquisivit modus nostrae
inquisitionis cum brevitate nostri temporis, in his libris quos fecimus et

---

25 videretur] videntur P   25 manifestari] manifeste add. i. m. V² 26 quia] qui V
quod dub. D   28 desideraverit] desideravit P   28 expositiones] supra lin. V
28 eorum] om. V   29 et¹ ... ei] om. D   29 sufficient] sufficiunt P   29 ei] om. P
30 coacervata] co scripsit V et acervata add. in spatio V³   30 sed] corr. secundum
VDP   30 conquisivit] cum qui sit P   31 nostri] nostrae P

---

25 et] أو (aut) A   26 Deus] قد (iam) add. A   29 et¹] تفاسيرهم (commentaria
eorum) add. A   29 sed] و (et) A   30 coacervata] فى تلك الكتب (in illis libris)
add. A   30 modus] مقدار (mensura) A

---

25   inducere ... eis: ar., «inventer un argument (ḥujja) et le diffuser (tamaḥḥulihā) en leur
faveur».
25-26   manifestari ... eis: ar., «leur déclarer franchement (mujāharatihim) qu'il y a
opposition (bi-ʾl-naqḍ)».
26   illis: le mot arabe correpondant, lahu, renvoie à dhālik (hoc) et non aux tenants
d'opinions adverses.
27   apposuerunt: ar. badhalū, «(des hommes qui) dépensent généreusement (leur capacité)».
29   docebunt: ar. tahdī, «(leurs exposés le) guideront».
29   intellectus: ar. al-maʿānī, «les notions».
30   coacervata: les mots fī tilka ʾl-kutub, situés ici en arabe et omis en latin renvoient aux
livres de «ceux que Dieu a désignés pour cette tâche», livres auxquels Avicenne oppose
ensuite les siens.
30   sed ... modus: ar. littéralement, «mais (wa) une partie (baʿḍ) de ce qu'a fourni (mā
afādahu) l'étendue de notre recherche (miqdār baḥthinā)».
31   cum: ar. maʿa, «malgré».
31   brevitate nostri temporis: il s'agit ici, de la part d'Avicenne, d'une allusion au peu de
temps dont il dispose et non, comme on l'a suggéré parfois, d'une allusion à sa jeunesse;
voir D. GUTAS, Avicenna and the Aristotelian Tradition, p. 38 et p. 223.
31   in his libris: d'après l'arabe, ces mots devraient s'opposer à «in illis libris», premier
complément de lieu de inveniet, omis à la ligne 30; in his libris est, d'après l'arabe, le
deuxième complément de lieu de inveniet.

appellavimus libros Sufficientiae. Et Deus sit dator auxilii.

---

32   appellavimus: l'arabe ajoute *majmū͑an*, «globalement».

32   Sufficientiae: ceci est un essai d'explicitation suggérée par des assonances, et non une traduction du titre arabe de la Somme de philosophie théorique d'Avicenne, à savoir *Kitāb al-Shifā᾽* ou «Livre de la guérison»; ce titre arabe est rendu ailleurs, notamment dans la traduction latine de l'*Introduction* à la *Logique*, par *liber Asschiphe*; l'explicitation de *Shifā᾽* par *Sufficientia* se trouve répétée ailleurs, notamment dans le *Prologue* rédigé pour le *Shifā᾽* par «Avendeut»; voir M.-Th. D'ALVERNY *Avicenna latinus* I, dans *Archives d'Histoire doctrinale et littéraire du Moyen Age*, 28 (1961), p. 289, et A. BIRKENMAJER, *Avicennas Vorrede zum «Liber Sufficientiae» und Roger Bacon* dans *Revue néoscolastique de Philosophie*, 36 (1934), p. 308-320.

32   et Deus ... auxilii: *ar.*, «Que Dieu soit le Maître (*walī*) qui nous aide (*ta᾽yīdinā*)»; l'arabe ajoute «et maintenant, marchons vers notre but en nous appuyant sur Lui».

TRACTATUS PRIMUS
DE CAUSIS ET PRINCIPIIS NATURALIUM

I

CAPITULUM DE ASSIGNANDA VIA QUA PERVENITUR
AD SCIENTIAM NATURALIUM PER PRINCIPIA EORUM

5   Iam scisti ex tractatu in quo est scientia probationis quam abbreviavimus quod scientiarum aliae sunt universales, aliae particulares, et
scisti comparationes aliarum ad alias. Et nunc debes scire quia scientia
in cuius doctrina sumus est scientia naturalis < ... > Et eius subiectum
(quandoquidem scisti quod omnis scientia subiectum habet) est corpus
10   sensibile secundum hoc quod subiacet permutationi. Et id quod inquiritur de eo in illa sunt accidentia quae accidunt ei ex hoc quod tale est, et

---

1 tractatus] liber VDP   3 qua] quam P   7 debes] debemus D   8 doctrina] via
add. D   9-10 corpus sensibile] subiectum naturalis est corpus sensibile *add. i. m. al.*
manu D

---

5 scisti] علمتم (scistis) A   7 scisti] علمتم (scistis) A   7 debes scire] يجب أن
تعلموا (debetis scire) A   9 quandoquidem] قد (iam) *add.* A   9 scisti] علمتم
(scistis) A   11 quae accidunt] quae comitantur

---

5   ex tractatu ... abbreviavimus: la «science de la démonstration», ʿilm al-burhān,
matière qui correspond aux *Seconds analytiques* d'Aristote, fait l'objet du cinquième traité
de la *Logique* du *Shifāʾ*, intitulé *Kitāb al-burhān*, «Livre de la démonstration». Le
chapitre relatif au classement des diverses sciences d'après leur sujet (*Kitāb al-burhān*, II,
7) a été traduit en latin par Gundissalinus sous le titre *Summa Avicenne de conveniencia et
differencia subiectorum*; voir *De divisione Philosophiae*, éd. L. Baur, dans *Beiträge zur
Geschichte der Philosophie des Mittelalters* IV, 2-3, Munster, 1903, p. 124-130. La
Physique étant, d'après sa biographie, la première des matières qu'Avicenne a traitées en
entreprenant le *Shifāʾ*, le court exposé auquel il fait allusion ici et qui est antérieur au
Shifāʾ pourrait être un texte intitulé précisément «l'abrégé de logique», encore inédit, mais
qu'Avicenne a utilisé pour son traité intitulé al-Najāt, «Le salut». (voir D. Gutas,
Avicenna and the Aristotelian Tradition, p. 104-105, 112, 163 et 333).
8   naturalis: l'arabe ajoute «et c'est une science particulière si on la compare (bi-ʾl-qiyās)
à ce que nous mentionnerons plus tard».
11-13 accidentia ... cohaerent: trois expressions techniques de la logique avicennienne
sont citées ici: les caractères accidentels qui accompagnent nécessairement une essence (al-
aʿrāḍ al-lāzima, accidentia quae accidunt), les accidents ou dérivés essentiels qui découlent

ea sunt accidentia quae vocantur essentialia, et sunt cohaerentia quia ei
cohaerent ex eo quod est corpus sensibile, sive sint formae, sive
accidentia, sive coniuncta ex illis, sicut intellexisti. Et res naturales sunt
15 haec corpora secundum hunc modum et quicquid accidit eis ex eo quod
sunt huiusmodi. Et vocantur omnia naturalia propter comparationem
quae est inter illa et virtutem quae dicitur natura, quam tu scies postea,
quorum quaedam sunt subiecta illius, quaedam vero sunt impressiones
et motus et dispositiones quae emanant ex illa.
20 Si res naturales habent principia vel occasiones et causas, non
certificatur scientia naturalis nisi ex illis, quia iam expressum est in
scientia probationis quod non est via ad certitudinem cognitionis rerum
quae habent principia nisi per comprehensionem suorum principiorum,
et per comprehensionem principiorum habetur cognitio earum, quia
25 hoc genus doctrinae est docere quomodo per illud perveniatur ad
certitudinem cognitionis rerum quae habent principia.

---

12 ei] idest materia *add. i. m.* D   17 virtutem] vel vim *add. i. m.* D   19 emanant
ex] procedunt ex *scrib. et add.* emanant ab *sup. lin.* D emanant ab P   24 et per] ac
etiam per P   24 earum] eorum P   25 hoc] hic P

---

13 corpus sensibile] tale   14 intellexisti] فهمتم (intellexistis) A   16 naturalia]
طبيعيا (aliquid naturale) A   17 quae est ... et] إلى (ad) A   20 vel] و (et) A
20 causas] و (et) *add.* A *non add.* Aṭ   22 scientia] تعليم (doctrina scientiae) A
23 per] بعد (post) A   24 per comprehensionem principiorum] من مبادئها (per
principia earum) A   24 quia = Asāṭm] وأن (et quod) A   25 hoc genus = Aṭ] هذا
النحو (hic modus) A   25 doctrinae] التعليم والتعلم (docendi vel discendi) A
25 quomodo per illud] est illud per quod

---

de l'essence (*al-aʿrāḍ al-dhātiyya, accidentia essentialia*), les caractères adjoints se trouvant
dans quelques membres d'une espèce, mais non dans d'autres (*al-lawāḥiq, accidentia
cohaerentia*); voir notamment F. RAHMAN, article ʿaraḍ (*accident*), dans *Encyclopédie de
l'Islam*, Nouvelle édition, Tome I, Paris, 1960, p. 623, et A.-M. GOICHON, *Lexique de la
langue philosophique d'Ibn Sīnā* (Avicenne), Paris, 1938, articles nᵒˢ 266 *dhātī* (*essentiel*),
422 ʿaraḍ (*accident*), 645 *lāḥiq* (*adjoint, conséquent*), 651 *lāzim* (*concomitant*).
20 occasiones et causas: sur la différence entre *causae* (ʿilal), «causes» au sens aristotéli-
cien du mot, et *occasiones* (asbāb), «canaux», «intermédiaires», mais aussi «causes
secondes», voir L. GARDET, *Dieu et la destinée de l'homme*, Paris, 1967, p. 46 et, du même
auteur, l'analyse de la notion de ʿilla, «cause» selon la terminologie avicennienne, dans
Encyclopédie de l'Islam, Tome III, 1965, p. 1160.
21-22 in scientia probationis: voir *La Logique d'Avicenne* par P. VATTIER, Paris, 1658,
p. 200 à 265 (traduction française de la *Najāt*, dédiée au surintendant des finances, Nicolas
Fouquet); cette matière sera développée par Avicenne dans son *Kitāb al-burhān*, notamment dans les sections II, 1 et IV, 4.

Item si res naturales sunt habentes principia, non potest esse quin
ipsa principia sint aut singula singulis particularium et omnia non
communicant in principiis, et tunc oportet ut scientia naturalis utilis sit
30 simul et ad affirmandum quia sunt haec principia et ad certificandum
quid sunt; aut si res naturales communicant in principiis primis quae   A 8
omnibus sunt communia et sunt principia suo subiecto communi et
< suis > dispositionibus communibus sine dubio, non erit affirmatio
horum principiorum, si eguerint probatione, in arte naturalium, sicut
35 cognitum est ex tractatu scripto de scientia probationis, sed in altera
arte. Immo concedendum erit ponendo quia sunt et sciendum imaginando quid veraciter sunt: et hoc erit naturalis.
Item si res naturales habuerint principia communia omnium earum
aut habent principia propria, sicut est genus earum ut animatum
40 earum, aut habent principia propriora propriis quae sunt aliquae
species suarum specierum ut principia speciei hominis earum, si autem
habuerint accidentia essentialia communia omnium illarum et alia
communia uni generi et alia communia uni speciei: erit in his forma

---

27 res] *om.* P   29 tunc oportet] tamen debet D   29 utilis] *om.* P   29 utilis sit]
scientia sit *scrib. in spatio circa octo litt. al. man.* D   30 ad¹] *sup. lin.* V *om.* D
30 et²] *om.* P   30 ad²] *om.* D   34 horum] eorum D   38 si] autem *add.* D
39-41 ut animatum ... hominis earum] *om. hom.* D   42 et] fiunt haec et *add.* P
43 generi ... uni] *om. hom.* P

---

28 particularium] مِنْها (earum) A   29 oportet ut] لايبعد أن (non est longe quin) A

30 et¹] *om.* A   31 aut] و (et) A   32 omnibus] earum *add.* A   32 et¹] هى التى

(sunt quae) *add.* A   34 probatione] affirmatione   35 ex] فى (in) A   36 immo ...

erit] concedere autem   36 sciendum imaginando] scire imaginando   37 et] *om.* A

39 aut] و (et) A   39 propria] أخصّ مِنْها (propriora eis) A   39 est genus] يكون

مثل مبادئ النامية (ut   39 ut animatum] الجنس ... (habet aliquod genus) A

principia rerum vegetabilium) A   40 aut] *om.* A و (et) Asāṭm   40 quae sunt] تكون

مثلا لنوع (quae habent verbi gratia) A   42 habuerint] أيضا (etiam) *add.* A

43 erit] فإن (ergo) *add.* A   43 forma] modus

---

34   in arte naturalium: *ar.*, «dans l'art des médecins».
35   ex tractatu ... probationis: voir note 5 et note 21-22.
42   accidentia essentialia: voir note 11-13.

docendi et discendi rationabiliter haec scilicet ut incipiatur ab eo quod
45 magis commune est et perveniatur ad id quod magis proprium est. Iam
enim scis quia genus pars est definitionis speciei. Ergo debet ut cognitio
generis sit prior cognitione speciei, quia cognitio partis definitionis prior
est quam cognitio totius definitionis, et cognitio definitionis prior est
quam cognitio definiti, quia cognitione definitionis cognoscitur quid sit
50 definitum. Quia ergo sic est, debent cognosci principia rerum communium prius quam res communes et res communes prius quam res minus
communes.

Debemus ergo incipere in docendo a principiis rerum communium,
quia res communes magis notae sunt quantum ad rationes nostras,
55 quamvis non sint <magis> notae quantum ad naturam, hoc est quia
non sunt res quas natura intendit ut perficiat esse in ipsis: non enim   145 vb
exigitur a natura facere <esse> animal absolute vel corpus absolute,
sed ut sint naturae specialium et, cum natura specialis habuerit esse in
singularibus, fiet aliquod individuum. Ergo hoc intendunt ut naturae
60 specialium faciant esse aliqua individua in sensibilibus, non autem
intenditur hoc individuum expresse signatum, sed in natura particulari
quae propria est ipsi individuo quia, si intenderent hoc individuum

---

44 et discendi] *i. m.* V² 44 haec scilicet] *om.* D 45 id] *om.* P 46 quia]
quomodo D 48 et cognitio² definitionis] *om. hom.* P 50 debent] debetur P
55 magis] *cfr lin. 54* 57 exigitur] exigit P 58 et] etiam P 59 aliquod] aliquid P

---

44 rationabiliter] rationabilis 44 scilicet] *om.*A 45 iam] *om.* A 46 enim]
لأنك (tu enim) A 48 totius] *om.* A 49 quia = Asām] وإذ (et quia) A 49 cognitione ... cognoscitur] كنا نعني بالحد ما يحقق (definitione volumus dicere id quod
certificat) A 51 prius quam¹] أولا حتى تعرف (prius ita ut cognoscantur) A
51 prius² quam] يجب أن تعرف أولا حتى تعرف (debent cognosci prius ita ut cognoscantur) A 56 quas ... perficiat] quae intenduntur in naturis ut perficiatur 56 in
ipsis] per ipsas 56-57 non enim ... natura] quod enim exigitur a natura non est
57 facere esse] يوجد (ut sit) A 57 vel] ولا (nec) A 59 singularibus] sensibilibus
61 sed] إلا (nisi) A 62 ipsi] بذلك (illi) A 62 intenderent] هنا (hic) *add.* A *non*
add. Aṭ

---

48 cognitio²: *ar.* taṣawwur, «représentation», «conception».
49 cognitio: *ar.* wuqūf, «compréhension».
56 natura: *ar.* al-ṭibāᶜ, «les caractères naturels»

expressum, destrueretur esse et ordo eius quando destrueretur individuum vel quando desineret esse. Iterum si intenderetur natura commu-
65 nis et generalis, esse et ordo eius perficeretur cum fieret, sicut cum fieret   A 9
corpus qualicumque modo vel animal qualicumque modo.

Ergo iam paene manifestum est quia hoc exigitur ut natura speciei
operetur individuum non proprie designatum, et haec est perfectio et
finis universalis, et quod est prius et magis notum quantum ad naturam
70 hoc est, et non est hoc prius natura si intelligimus *prius* sicut dictum est
in *Categoriis*, sed si intelligimus *prius* pro fine. Et omnes homines sunt
quasi convenientes in cognitione naturarum communium et generalium,
sed differunt quia quidam illorum sciunt specialia et pertingunt ad illa
et perscrutantur divisionem, alii vero perdurant in scientia generalium:
75 alii enim sciunt animalitatem, alii humanitatem sive hinnibilitatem. Et,
cum scientia pervenerit ad naturas speciales et ad ea quae accidunt eis,
cessabit inquisitio et non curabit quod desit ei scientia singularium nec
divertet ad illam.

Notum est autem quod, si comparaverimus inter res communes et

---

63 destrueretur¹] destruetur P   65 cum²] *om.* P   66 vel animal ... modo] *om.*
hom. D   69 notum] notus P   70 hoc²] *om.* P   71 sed si] et si P   72 conve-
nientes] participantes *add.* D   73 differunt] dividuntur *scrib sed* differunt *add. i. m.* D
differtur P   75 alii humanitatem sive hinnibilitatem] alii hinnibilitatem *scrib. et* sive
humanitatem *add. i. m.* V²   77 ei] ei et V eis P   79-80 et non communes] *om.*
hom. DP

---

63 destrueretur¹ = A‎t] ينتقص (minueretur) A   63 esse et ordo eius] ordo essendi
63 destrueretur²] corrumperetur   64 vel] و (et) A   64 intenderetur] quod intenderetur esset   65 eius] *om.* A   67 iam] *om.* A   67 hoc exigitur ... natura] المقصود
هو الطبيعة (hoc quod exigitur est natura) A   68 individuum] وإن (etsi) *add.* A
68 et²] هو (et hic est) *add.* A *non add.* Asām   69 prius et] *om.* A   71 sed si] ولم
(et non) A   73 sed] إنّما (tantum) *add.* A   74 scientia generalium] generalibus
75 enim] مثلا (verbi gratia) *add.* A   75 animalitatem] أيضا (etiam) *add.* A
75 alii²] et alii sciunt   75 sive] و (et)   76 ad²] *om.* A   77 ei] من (de) *add.* A
78 divertet = Asām] مالت ... نفوسنا (divertent animae nostrae) A   78 illam]
البته (ullo modo) *add.* A *non add.* Am

---

71   in Categoriis: voir ARISTOTE, *Catégories*, 12, 14 a 26 — 14 b 25.
74   perscrutantur: *ar. yumᶜin*, «s'appliquent à (opérer la division)».
74   perdurant in scientia: *ar. yaqifu ᶜinda*, «(d'autres) s'arrêtent (aux choses génériques)».
77   non curabit: *ar. lam yanal*, «n'offrira pas», «ne donnera pas».

80 non communes et contulerimus eas inter se quantum ad intellectum,
inveniemus res communes notiores quantum ad intellectum, sed, cum
contulerimus eas inter se quantum ad ordinem essendi qui requiritur a
natura universali, inveniemus res speciales notiores quantum ad naturam. Quando autem comparaverimus inter singularia designata et res
85 speciales et consideraverimus quomodo sunt quantum ad intellectum,
non inveniemus singularia designata quantum ad intellectum nec posteriora nec priora, nisi intervenerit vis sensibilis interior, quia tunc
singularia erunt notiora quam universalia. Singularia enim depinguntur
in vi sensibili interiore, et post ex illis intellectus abstrahit communitates
90 et diversitates et abstrahit naturas communium specialium. Et, cum
comparaverimus ea quantum ad naturam, inveniemus communia specialia notiora, quamvis initium abstractionis eorum est a singularibus
designatis.

Natura etenim non appetit facere corpus, nisi ut per illud perveniat
95 ad faciendum hominem vel aliud eiusdem generis, et appetit facere
singulare signatum generatum et corruptibile ut natura speciei habeat
esse. Et, cum potuerit habere quod appetit in aliquo singulari quod tale
est cuius materia non est subiecta corruptioni et mutationi, non est
necesse ut faciat speciei aliud singulare, qualia sunt sol et luna et cetera,

---

80 contulerimus] adequimus D   82 requiritur] quantum *add.* D requiruntur P
85 consideraverimus] consideramus P   87 vis sensibilis] vis insensibilis *i. m.* V²
90 communium specialium] *inv.* P   91 comparaverimus] comparavimus P   91 com-
munia] vel *add.* D   94 etenim] autem D   97 quod²] ex P   99 qualia] ut
qualia D

---

80 inter se] معا (simul) A   82 inter se] معا (simul) *add.* A *non add.* Asā   82 qui]
والأمر (et quod) A   88 notiora] عندنا (quantum ad nos) *add.* A   91 ea] utraque
92 abstractionis eorum] فعلها (actionis eius *sc. naturae*) A   94 facere] وجود (esse) A
95 faciendum hominem] وجود الإنسان (esse hominis) A   95 vel] و (et) A
95 facere] وجود (esse) A   96 et] *om.* A   99 faciat] يوجد (habeat esse) A

86-87 non inveniemus ... priora: *ar.*, «nous ne trouverons pas quant à l'intellect (*ʿinda
ʾl-ʿaql*), pour les singuliers désignés, une position d'antériorité (*makān taqaddum*) et de
postériorité (*wa-taʾakhkhur*)».
89 ex illis: l'arabe dit, de manière moins précise que le latin, «de cela (*minhu*)».
97 potuerit ... appetit: *ar.* littéralement, «et lorsque lui est possible la réalisation (*ḥuṣūl*)
de ce devoir (*hādhā ʾl-farḍ*)»; le latin *quod appetit* peut recouper la leçon de l'édition de
Téhéran, *hādhā ʾl-gharaḍ*, «ce but», «cette intention».

00 quamvis sensus et imaginatio in suis comprehensionibus particularium
incipiunt primum ab imaginatione singulari quae magis habet similitudinem cum intellectu communi, donec perveniat ad imaginationem
personalem quae est individuum purum ex omni parte. Sed declaratio
huius qualiter est, haec est quod corpus est intellectus communis et, ex
5 eo unde est corpus, potest fieri singulare et esse hoc corpus. Iterum   A 10
animal est intellectus communis et magis proprius quam corpus et,
unde est animal, potest fieri singulare et esse hoc animal. Item homo est
intellectus communis et magis proprius quam animal et, unde est homo,
potest fieri singulare et esse hic homo.
10   Et, cum comparaverimus hos ordines virtuti comprehendenti et
consideraverimus in illis duas species ordinationis, inveniemus quod
illud quod similius est communi et propinquius similitudini illud notius
est, quia non potest apprehendi sensu et imaginatione quod hoc est
istud animal, nisi ante apprehenderit quia est hoc corpus, et non
15 apprehenditur quod hic est hic homo, nisi prius apprehendatur quod est
hoc animal et hoc corpus. Aliquando autem apprehendit quod est hoc
corpus cum viderit a longe et non apprehendit quod est hic homo. Iam
ergo declaratum est et ratum quod dispositio sensus est secundum
dispositionem rationis, quia quod magis similat commune notius est in
20 seipso quantum ad sensum.

---

6 et¹] *om.* D   10 comparaverimus] comparavimus P   10 hos] *om.* P   14 nisi
ante] *i. m.* V²   14 est hoc corpus] hoc est corpus V   16-17 est hoc corpus] hoc est
corpus V   16 hoc³] *om.* P

---

00 suis comprehensionibus] sua comprehensione   00 particularium] أيضا (etiam)
add. A   1 singulari quae] singularis quod   1 similitudinem] comparationem
3 personalem quae] individui quod   12 propinquius similitudini] له مناسبة أقرب
(propinquius ei quantum ad comparationem) A   14 ante] *om.* A   15 prius] *om.* A
17 viderit] illud *add.* A   18 est²] أَيْضا (etiam) *add.* A   18 secundum] هذه من
الجهة (secundum hunc modum) A   19 dispositionem] كحال (sicut dispositio) A
19 quia quod] ما وأن (et quod id quod) A   19 magis] *om.* A   20 seipso] أيضا
(etiam) *add.* A

---

2 intellectu: *ar. maʿnā*, «notion».
4 intellectus: voir ligne 2.
11 in illis: l'arabe dit, sans autre précision, «en cela».
19 similat: *ar.*, «est en relation avec».

Sed in tempore, imaginatio acquirit per sensum individuum speciei non signatum proprietate. Primum enim quod depingitur in imaginatione infantis ex forma quam sentit secundum affectionem ex ea in imaginatione, illud est singularis forma viri aut singularis forma mulie-
25 ris, nisi quia non discernit inter virum qui est pater eius et virum qui non est pater eius, et mulierem quae est mater eius et mulierem quae non est mater eius; sed postea discernitur ab eo vir qui est pater eius et vir qui non est pater eius, et mulier quae est mater eius et mulier quae non est mater eius. Et sic deinceps non desistit discernere paulatim haec
30 singularia.
Et haec imaginatio quae depingitur in eo ex individuo humano absoluto non propriato est imaginatio intellectus qui vocatur incertus vel vagus. Et quando dicitur singulare vagum <et> non dicitur nisi singulare vagum quod formatur in sensu de singulari eminus apparenti
35 [et] quando imaginatur quod est corpus absque apprehensione animalitatis vel humanitatis: <non> convenit utrisque nomen singularis vagi univoce, quia, quod intelligitur de verbo singularis vagi in intellectu

---

23 ex² ea] forma *add.* D   24 viri ... forma] *om. hom.* P   27-28 et vir ... pater eius¹] *i. m.* V²   31 ex] et DP   32 non] nec non P   32 incertus] vel incertus V 32-33 incertus vel vagus] diffusus vel incertus D   33-34 non dicitur nisi singulare vagum] *in m.* V² *om. hom.* D   35 absque] quasi P   35-36 animalitatis ... humanitatis] humanitatis vel animalitatis P

---

21 imaginatio] إِنَّمَا (tantum) *add.* A   22 proprietate] eius *add.* A   23 forma] الصُّور (formis) A   23 ea] تلك الصُّور (eis formis) A   24 singularis forma¹] forma singularis   24 forma²] *om.* A *non om.* Asām   25 discernit ... virum¹] discernitur vir 25 virum²] vir   26 mulierem¹] mulier   26 mulierem²] mulier   27 sed] *om.* A 29 et sic] *om.* A   29 desistit discernere] cessant discerni   30 singularia] عنده (ab eo) *add.* A   31 eo] مثلًا (verbi gratia) *add.* A   32 absoluto] مطلقا (absolute) A 32-33 incertus vel] *om.* A   33 dicitur¹] لهذا (de hoc) *add.* A   33 non ... nisi] et dicitur   34 quod] لما (de eo quod) A   34 singulari] لا محالة (sine dubio) *add.* A   34 apparenti] *om.* A   35 imaginatur] depingitur   36 humanitatis] فإنما (tantum) *add.* A

22-29   primum enim ... mater eius: voir ARISTOTE, *Physique*, I, 1, 184 b 12-14.
25   nisi quia non: *ar.*, «sans que (*min an*)».
32   intellectus: *ar. maʿnā*, «notion», «sens»; il en va de même, lignes 37, 40, 42, 43.
34   de singulari ... apparenti: voir ALBERTUS MAGNUS, *Physica*, éd. P. HOSSFELD, Munster, 1987, I, 1, 6, p. 12, 4-26.

primo, hoc est quod est unum singulare ex singularibus speciei ex qua
procedit, non signatum quomodo est vel quale singulare est si autem sit
40 aliquis vir sive aliqua mulier; erit quasi intellectus singularis, idest non
communis multis quae eius participant definitionem, quasi adunans
intellectum naturae subiectae specialitati aut diversitati, sed fit ex illis
unus intellectus qui vocatur singulare vagum vel incertum, non signatum, sicut hoc quod significatur cum dicimus «animal rationale mor- A 11
45 tale» est unum et non dicitur de multis et definitur hac definitione. Ergo
definitio singularis erit unum cum definitione naturae specialis, et
omnino hoc est singulare non signatum.

 Sed aliud est hoc singulare corporale expresse designatum et non est
146 ra aptum ut sit aliud, sed quantum ad intellectum, aptum est ut adunetur
50 ei intellectus animalitatis et inanimalitatis, non quod res in seipsa sit
apta ut uniatur eius corporalitati quilibet horum duorum intellectuum.

 Singulare autem vagum vel incertum, in primo intellectu, aptum est
quantum ad sensum ut sit in esse singulare quodlibet eius generis et eius

---

38 est unum] *inv.* P 38 ex¹] et D 41 participant] participaret P 44 mortale]
om. V 53 generis] incertitudinis *add.* D

---

39 vel] و (et) A 39 si ... sit] وكذلك (et similiter) A 40 sive] و (et) A 40 erit]
فيكون (erit ergo) A 41 communis] منقسم (divisibilis) A 41 quae] من (qui) A
41 quasi adunans] قد إنضم (iam adunaretur) A 42 intellectum] in intellectu
42 sed] et 42 illis] utroque 43 vel incertum] *om.* A 46 singularis] الشخصية
(singularitatis) A 46 unum] coniunctum 46 naturae specialis = At] طبيعة
النوعية (naturae specialitatis) A 48 aliud] alius *sc. intellectus* 51 eius] تلك (illi) A
52 vel incertum] *om* A 53 et] أو (vel) A 53 eius²] *om.* A

---

42 diversitati: *ar. al-ṣinfiyya*, «classification», «catégorisation».
44 animal ... mortale: voir notamment BOÈCE, *In Isagogen Porphyrii commenta*, éd. S.
BRANDT, Vienne, 1906, p. 60, 6-10.
48 aliud: *ar. al-ākhar*, «l'autre (sens)»; ce pronom a comme antécédent non exprimé
intellectus (maʿnā); voir *bi-ʾl-maʿnā al-awwal*, in intellectu primo, lignes 37-38 et 52.
49 sed: *ar. illā annahu*, «sauf que».
49 intellectum: *ar. al-dhihn*, «l'esprit», voir A.-M. GOICHON, *Lexique*, n° 263, p. 132-134.
49-50 adunetur ei: l'arabe ajoute «*li-shakk al-dhihn*», «à cause du doute de l'esprit».
50 inanimalitatis: *ar. (maʿnā) al-jamādiyya*, «(la notion) de la privation de vie», propre
au règne minéral.
53 sensum: *ar. al-dhihn*, «l'esprit».

unius speciei. Et in intellectu secundo, non est aptum sensui ut sit
55 quodlibet singulare ipsius speciei, quia non erit nisi hoc singulare
signatum et sit tamen aptum, quantum ad sensum, aptitudine incertitudinis et utriuslibet, ut assignetur animalitati signatae tantum absque
inanimalitate, aut inanimalitati signatae tantum absque animalitate,
signatione quantum ad se, postquam eius iudicium est quod in se non
60 potest esse aptum ad utrumlibet, sed unum tantum signatum.

Intelleximus etiam comparationes inter causas et causata et comparationes inter partes simplices et compositas et, cum fuerint causae
intellectae in esse causatorum sicut partes eorum, sicut ligna et eorum
figura quantum ad lectum, erit comparatio eorum ad causata sicut
65 comparatio simplicium ad composita; sed cum fuerint causae remotae a
causatis, sicut carpentarius a lecto, erit ibi alia consideratio; et utraeque
comparationes habent comparationem quantum ad sensum et quantum
ad intellectum et quantum ad naturam.

---

54 in] *cfr* in primo *lin. 52 om.* VDP   54 sit] *om.* V   55 quia] quod P   56 sit
tamen] transit D *inv.* P   56 incertitudinis] dubitationis *scrib. sed videtur exp.* D
57 et utriuslibet] utriusque P   58 aut inanimalitati ... animalitate] *i. m.* V²   59 ad
se] ad sensum se D   66 sicut] sic D

---

55 ipsius] ذلك (illius) A   55 quia] بل (sed) A   55 singulare] unum   57 et
utriuslibet] *om.* A   57 signatae] مثلا (verbi gratia) *add.* A   58 inanimalitate] معينة
(signata) *add.* A   58 signatae] *om.* A   59 postquam ... est] post iudicium eius
60 sed] هو (est) *add.* A   60 unum] أحدهما (unum duorum) A   60 tantum] *om.* A
60 signatum] هذا (hoc) *add.* A   فهذا (ergo hoc) *add.* At   61 comparationes[1]] comparationem   61 comparationes[2]] comparationem   62 compositas] composita   63 eorum[2]]
om. A   64 eorum] duorum

---

54 sensui: *ar. al-dhihn*, «l'esprit».
56 sensum: voir ligne 53.
57 utriuslibet: *ar. tajwīz*, «admettre»; peut-être le latin résulte-t-il d'une inversion des
consonnes de la racine *j w z*, par exemple d'une leçon *tazwīj*, (racine *z w j*) «réunir deux
choses».
61 intelleximus: ce verbe ne correspond pas à ce que porte ici, sans variante attestée, le
texte arabe selon l'édition du Caire, à savoir, *hāhunā*, «il y a ici», «il existe ici»; le latin
pourrait s'expliquer par une forme telle que *yūhimunā* (voir dans l'édition de Téhéran la
forme *yūmihunā*, avec inversion des consonnes *h* et *m*), donnant le sens de «nous suggère»,
«nous fait penser à».
63 sicut: *ar mithl ḥāl*, «comme c'est le cas (pour le bois)».

Sed comparatio quantum ad sensum inter causas et causata haec est
70 quod, quando causae sunt remotae, si fuerint causae et causata sensibilia, non erit ibi magna prioritas vel posterioritas aliorum ad alia
sensibilis. Et si fuerint non sensibilia, nulla illorum habebunt comparationem quantum ad sensum. Similiter etiam est iudicium de imaginatione.

75 Sed, quantum ad intellectum, fortassis causa potest cognosci priusquam causatum et ratio procedit a causa ad causatum, sicuti cum homo
videt lunam coniunctam stellae cuius gradus est in dracone et sol fuerit
ei oppositus per diametrum, iudicabit ratio quod eclipsis erit. Similiter
cum scierit quod materia est mota ad putrescendum, cognoscet quod
80 febris erit. Fortassis autem aliquando cognoscet causatum priusquam   A 12
causam et procedet de causato ad causam; aliquando autem per
causatum sciet causam, nunc significatione, nunc sensu. Fortasse quandoque sciet prius·causatum et ex eo perveniet ad causam et iterum ex ea
causa ad aliud causatum. Sed iam declaravimus has omnes considera-
85 tiones in doctrina nostra qua docuimus artem probandi.

Sed comparatio harum causarum remotarum a suis causatis haec est
quod, secundum comparationem eorum quantum ad naturam, quod-

---

69 causas] causam V   69 et] *om.* P   71-72 aliorum ad alia sensibilis] *om.* D
72 fuerint] fiunt P   77 coniunctam] iniunctam D   78-79 similiter ... scierit] *i. m.* V²
79 scierit] scierint P   81 causam] et procedit de causato ad causam *add.* D
87 eorum] earum P   87 naturam] et *add.* P

---

69 quantum ... inter] و ‫مابين الحس‬ (inter sensum et) A   71 ibi] *om.* A   71 vel]
و (et) A   71-72 aliorum ... sensibilis] ‫لأحدهما على الآخر حسا‬ (uni duorum ad
alterum quantum ad sensum) A   72 nulla ... habebunt] nullum duorum habebit
76 ratio] *om.* A   80 aliquando] *om.* A   82 sensu] sensus   82 fortasse] ‫وربما‬
(fortasse autem) A   82 quandoque] *om.* A   83 ea] *om.* A   84 omnes] *om.* A
85 qua docuimus artem] de arte   86-87 haec ... naturam] secundum comparationem
eorum quantum ad naturam haec est quod

---

75   potest cognosci: *ar.* al-ʿaql ... waṣalat ilayhi, «(la cause) parvient à la raison».
78   oppositus per diametrum: *ar.* littéralement, «à l'autre extrémité (fī ʾl-ṭaraf al-ākhar)
du diamètre (min al-quṭr)».
80   cognoscet causatum: *ar.* al-ʿaql ... waṣala ilayhi, «(l'effet) parvient à la raison (avant
la cause)».
81-82   per ... causam: *ar.* waṣala ilayhi al-maʿlūl qabla ʾl-ʿilla, «l'effet lui parviendra
avant la cause».
85   doctrina nostra ... probandi: voir p. 6, lignes 21-22.

cumque eorum fuerit causa finalis, ipsum est notius quantum ad
naturam. Et quodcumque illorum fuerit causa efficiens, non quod esse
90 illius est ut sit causa efficiens eius quod facit ipsum, erit notius quam
causatum quantum ad naturam. Et cuius esse fuerit quantum ad
naturam, non propter seipsum, sed ut faciat quod habet esse per illud
donec factum sit finis eius, non solum in faciendo, sed etiam in esse, si
fuerit in natura res huiusmodi, non erit illud notius quam causatum,
95 immo causatum notius erit illo quantum ad naturam.

Sed comparatio partium compositorum ad ea quae sunt composita ex
illis haec est quod compositum notius est quantum ad sensum, quia
sensus prius sentit et comprehendit totum, deinde discernit, et quando
comprehenderit totum, apprehendit illud intentione communiore quod
00 est corpus aut quod est animal, deinde discernit illud.

Sed quantum ad intellectum, simplex est antequam compositum, quia
non scitur natura compositi, nisi priusquam cognoscimus simplicia eius.
Et qui non cognoverit eius simplicia, fortassis tamen iam cognovit illud
per aliquod accidens suorum accidentium aut per genus suorum gene-
5 rum, et tamen non pervenit ad esse illius, tamquam si novisset corpus
rotundum aut grave aut his similia et non novisset esse suae substantiae.

---

88 eorum] illorum P   88-89 finalis ... causa] *om. hom.* P   89-91 et quodcumque
... naturam] *i. m.* V² 90 erit] est D P   91 quantum²] *om.* P   93 sit] fuerit
D   98 et²] *om.* P   99 comprehenderit] comprehendit P   3 qui] quod D
3 tamen] *om.* D   6 his] *om.* P

---

88 finalis] غاية (finis) A   89 efficiens] فاعلا وكان (et fuerit efficiens) *add.* A

93 eius] qui sit eius   93 esse] ذاته (essentiae eius) *add.*A   93-94 si fuerit] كان إن

ما (si id quod fuerit) A   95 quantum ad = At] في (in) A   95 naturam] natura

99 communiore] أي (scilicet) *add.* A   2 priusquam] بعد (postquam) A   2 cog-

noscimus] cognita sunt   3 qui non cognoverit] si non cognoscuntur   3 fortassis]

om. A   3 cognovit] cognitum est   4 aliquod] *om.* A   4 per²] *om.* A   5 tamen]

om. A   5 esse] ذاته (essentiam) A   5 novisset] مثلا (verbi gratia) *add.*

A   6 esse] ماهية (quidditatem) A

---

88   causa: l'arabe ajoute *ʿalā annahu*, «en tant que».
89   causa: l'arabe ajoute *ʿalā annahu*, «en tant que».
89   quod: *ar. ʿalā annahu*, «en tant que».

Sed quantum ad naturam, compositum est quod appetitur in pluribus rebus, et partes appetuntur ut fiat ex eis perfectio compositi. Sed quod
10 est notius quantum ad intellectum, ex rebus communibus et propriis et ex rebus simplicibus et compositis, sunt communia et simplicia, sed quantum ad naturam, propria specialia et ea quae sunt composita. Sed tamen, sicut natura in dando esse incipit a communibus et simplicibus et de illis facit esse partes speciales et composita, similiter disciplina a
15 communibus et simplicibus, et ex illis sapiens sumit scientiam specialium et compositorum; et de utraque illarum cessat inquisitio prima quando inveniuntur specialia et composita.

---

10 est notius] *inv.* P   10-12 intellectum ... quantum ad] *om. hom.* P   12 propria specialia] *corr.* propria et specialis VP propriam specialis D   15 ex] de P   17 et] *om.* P

---

8 appetitur] فيها (ab ea *sc.* natura) *add.* A   9 ex eis = Asām] فيها (in eis) A

12 naturam] هو (sunt) *add.* A   14 composita] compositorum   14 disciplina] يبتدئ (incipit) *add.* A   15 sapiens] *om.* A   15 sumit scientiam] يوجد العلم (habet esse scientia) A

---

9 perfectio: *ar. qiwām,* «la structure».

CAPITULUM DE DISPONENDIS PRINCIPIIS NATURALIUM
                  SECUNDUM LEGEM PRAEPONENDI ET CONSTITUENDI

   Deinceps, postquam res naturales habent principia, enumerabo et
ordinabo illa sicut exigit ordo illorum, et demonstrabo quid sunt.
5   Et dicam quod corpus naturale est substantia in qua possibile est
intelligi lineam unam, et aliam lineam secantem illam super rectos
angulos, et tertiam aliam intersecantem ambas illas super rectos angu-   146 rb
los, et ex hoc quod est huiusmodi, est forma qua corpus est corpus. Et
corpus non est corpus ex eo quod habet tres dimensiones designatas,
10 quia corpus habet esse corpus constitutum, quamvis mutentur dimensiones quae sunt in eo in effectu, quia cera aut pars aquae aliquando
habet dimensiones in effectu, scilicet longitudinem, latitudinem et
spissitudinem, definitas suis terminis, sed, quando commutatur figura,
corrumpitur unaquaeque illarum dimensionum designatarum et succe-
15 dunt loco illarum aliae dimensiones et extensiones, et corpus remanet in

---

4 illa] et ponam illa *add.* D   6 lineam²] extensionem *add.* D   7 aliam] *om.* P
8-9 est corpus² ... est corpus²] *i. m.* V²   9 et corpus¹] *om. hom.* P   9 habet] *om.* P
9 dimensiones] divisiones extensiones D   10 dimensiones] extensiones et divisiones D
12 dimensiones] divisiones D   12 latitudinem] *sup. lin.* V *om.* P   14 dimensionum]
divisionum D   15 dimensiones] divisiones D

---

1 disponendis] enumerandis   2 legem] viam   3 postquam] *om.* A   3 principia] و
(et) *add.* A   3 enumerabo] enumerabimus   4 ordinabo] ordinabimus   4 demon-
strabo] نعطي (indicabimus) A   5 et] ف (ergo) A   5 dicam] dicemus   6 intelligi]
poni   7 aliam] lineam   7 ambas] جميعا (simul) *add.* A *non add.* Asā
8 corpus¹] *om.* A *non om.* Asām   10 corpus constitutum] et constituitur corpus
12 habet] تحصل فيها (habent esse in eis) A   12 scilicet] *om.* A   13 sed] ثم
(deinde) A   14 unaquaeque] من أعيان (ex singularibus) *add.* A   14 succedunt]
habent esse   15 loco illarum] *om.* A

---

2   praeponendi et constituendi: *ar.*, «(par le moyen) du postulat (*al-muṣādara*) et de la
prise de position (*al-waḍ^c*)»; voir A.-M. GOICHON, *Lexique*, n° 357, p. 177.

sua corporeitate nec permutatum nec corruptum. Forma autem quam
assignavimus, scilicet quod ipsum est eiusmodi in quo possibile est
intelligi has dimensiones, nec est permutata nec corrupta. Sed iam de
his alias innuimus, et cognovisti quod hae dimensiones designatae sunt
20 quantitas extremorum eius quae adveniunt ei et permutantur, sed forma
suae substantiae non permutatur, et haec quantitas sequitur permutationem accidentium in eo aut formarum, sicut aqua cum calescit
augetur capacitas.

Sed hoc corpus naturale unde est corpus naturale habet principia, sed
25 unde est generatum et corruptibile et omnino permutabile habet etiam
amplius supra principia. Sed principia quibus apprehenditur eius corporeitas quaedam sunt partes esse eius et intra essentiam eius et haec
digniora sunt apud eos vocari principia. Haec autem duo sunt, quorum
unum sic est corpori sicut materies lecto, aliud vero sicut forma lectitas
30 abstracta a lecto. Et quod est in eo tamquam materies in lecto vocatur

---

17 quod] nec *add.* P   18 intelligi] in eo *add.* D   18 dimensiones] divisiones extensiones D   19 his] hoc P   19 alias] *om.* P   19 dimensiones] divisiones D
26 supra] quattuor *scrib. et* sua *add. supra lin. al. man.*D sua P   27 et ... eius] *om. hom.* D
27 intra] de *add. supra lin.* V de intra P   27 essentiam] essentia P   27 haec] magis
add. V   29 unum] vero *add.* P

---

17 assignavimus] لَه (ei) *add.* A   17 in quo] ut in eo   19 innuimus] لك (tibi)
add. A *non add.* Am   20 forma] eius *add.* A   21 suae substantiae] وجوهره
(et substantia eius) A   21 quantitas] ربما (fortasse) *add.* A   25 et¹] *om.* A *non*
om. Adț   25 etiam] *om.* A   26 apprehenditur] تحصل (acquiritur) A   27 intra
essentiam] حاصلة في ذاته (acquiruntur in essentia eius) A   29 corpori] in eo
29 sicut²] قائم منه مقام (sic est in eo ut) A   29-30 forma...abstracta] صورة
السريرية وشكلها (forma lectitatis et figura eius) A

---

27 quaedam ... essentiam eius: *ar.*, «certains principes font partie de l'existence du corps
et se réalisent (*ḥāṣila*) dans son essence»; dans l'édition de Venise 1508, folio 14 rb, on lit
comme traduction de *ḥāṣila*: «*demonstrant* essentiam»; cette traduction est citée par A.–M.
GOICHON, *Lexique*, article *ḥāṣil*, n° 163, p. 77-78, qui la qualifie de «bizarre traduction» et
rend le terme arabe par «(les principes du corps qui sont) *mis en acte* en lui-même»; le
verbe *demonstrant* semble issu de la préposition *intra*, leçon de la plupart des manuscrits
latins, notée avec signe d'abréviation et parfois mal interprétée, et de la préposition *de*
notée *supra lineam* dans certains manuscrits.

A 14 hyle, subiectum, materia, origo et elementum, sed diversis respectibus, et quod est in eo sicut forma lectitas in lecto vocatur forma.

Sed, postquam forma corporeitatis aut est prior ceteris formis quae sunt naturalium et generibus et speciebus eorum, aut simul iuncta cum
35 illis ita quod non possunt separari ab ea, tunc hoc quod est corpori quod est materies lecto, ipsum etiam est aliis quae habent has formas in hoc ordine, quia omnia habent esse cum corporeitate. Et hoc est substantia quod, cum consideratum fuerit in se non relatum ad alia, invenietur in se vacuum ab hac forma in actu, et erit eius aptitudo
40 recipiendi has formas et cohaerendi eis.

Sed ex aptitudine naturae suae absolutae universalis est quasi genus duarum specierum quarum uniuscuiusque proprium est recipere quasdam formas tantum et non alias, post corporeitatem, sed ex aptitudine suae propriae naturae est communis omnibus, et ipsum totum est
45 potens recipere omnes has formas, quasdam simul, quasdam vero vicissim tantum. Et habebit in natura sua comparationem aliquam cum formis ut sit receptibile illarum, et erit haec comparatio quasi esset in illa pictura vel umbra vel imaginatio formarum et erit forma ipsa perficiens hanc substantiam in actu.

---

34 aut] *om.* VD   37 est] *om.* D   39 actu] actu effectu D   46 tantum] contra D   47 haec] forma *add.* D

---

31 hyle] و (et) *add.* A   31 subiectum] و (et) *add.* A   31 materia] و (et) *add.* A
31 sed] *om.* A   32 lectitas] lectitatis   32 in lecto] *om.* A   33 sed postquam = Aṭ]
فإذن (igitur) A   35 ita] *om.* A   36 materies] كالخشب (ut materies) A
39 hac forma = Am] هذه الصور (his formis) A   39 eius aptitudo] ex eius
aptitudine   40 recipiendi] recipere   40 has formas = Asā] هذه الصورة (hanc
formam) A   40 et] أُو (vel) A   40 cohaerendi] cohaerere   45 simul] ومتعاقبة
(et vicissim) *add.* Aṭ تتعاقب (quae succedunt sibi) *add.* A   46 et habebit] فيكون
(et erit) A   46 comparationem aliquam] comparatio aliqua   48 vel¹] و
(et) A   48 vel²] *om.* A   48 imaginatio] imaginationis   48 formarum = Adṭm]
الصورة (formae) A

---

37   habent esse: *ar.*, «(toutes ces choses) sont fixées (*mutaqarrirat*) dans l'existence (*al-wujūd*)».
42   specierum: l'arabe ajoute «(à savoir, la forme de corporéité) antérieure et la (forme de corporéité) jointe».

50 Ponatur ergo naturalis quod corpus, ex eo quod est corpus, habet
principium quod est hyle et principium quod est forma, sive forma
corporalis communis, sive forma specialis aliqua ex formis corporum,
sive forma accidentalis, cum acceperis corpus secundum quod est album
vel forte vel sanum. Et ponat iterum quia hoc quod est hyle non
55 denudatur a formis ut existat per se ullo modo, quia non habet in se
esse in effectu, nisi fuerit in ea forma per quam habeat esse in actu et sit
sine forma quae discedit ab ea, sed discessio eius non fit nisi successione
alterius quae excuset eam et existat vice eius, alioquin, corrumperetur
hyle in actu.
60 Et haec hyle, secundum hoc quod est in potentia receptibilis formae
aut formarum, vocatur hyle et, secundum hoc quod est in actu susti-
nens formam, vocatur subiectum. Non autem hic accipimus subiectum
sicut in logica quando definiebatur substantia, quia hyle non est   A 15
subiectum ex hoc intellectu ullo modo et, secundum hoc quod est
65 communis omnibus formatis, vocatur materia vel massa et, secundum

---

50 ergo] masculi idest artifici *add. i. m.* D masculi naturalis P   53 secundum] et secundum V   55 non] nunc *add.* D   56 esse²] per illam *add.* D   57 nisi] sine D
62 vocatur subiectum] *i. m.* V²   64 subiectum] subiecta V

---

50 naturalis] *om.* A *non om.* Asãm   50 corpus²] *om.* A *non om.* Aṭ   51 princi-
pium¹] *om.* A *non om.* Aṭ   52 communis] مطلقة (absoluta) A   53 album]
كالأبيض (sicut album) A   54 et ponat] وليوضع له (et ponatur ab eo) A   54 ite-
rum] *om.* A   55 in se] *om.* A   56 in ea] *om.* A   57 sine] *om.* A   57 sed]
talis ut   57 successione] صورة (formae) *add.* A   62 vocatur] في هذا الموضع
(ibi) *add.* A   63 sicut] أخذناه (accepimus illud) A   63 quando...substantia] جزء
رسم الجوهر (ut partem descriptionis substantiae) A   65 formatis] للصور (formis) A
65 vel] و (et) A

---

50 ponatur ... naturalis: lu comme génitif masculin, *naturalis*, peut correspondre à l'une
des variantes arabes citées dans l'édition du Caire: «qu'il appartienne donc au physicien
d'admettre ...».
56-59 et sit ... in actu: ar. littéralement, «et si la forme qui la (*sc.* la hylè) quitte n'était
pas telle que sa disparition s'accompagne de la réalisation (*ḥuṣūl*) d'une autre forme qui se
substitue (*tanūb*) à la précédente et prend sa place, alors il y aurait disparition (*la-fasada*)
en elle (*minhā*) de la hylè en acte».
63 in logica: voir ARISTOTE, *Catégories*, 2 a 11-2 b 8; A.-M. GOICHON, articles *mawḍūʿ*,
«sujet», n° 780, p. 438-439, et *jawhar*, «substance», n° 115, p. 51.

hoc quod omnia resolvuntur in illa et est ipsa pars simplex receptibilis formae totius compositi, vocatur elementum.

Similiter etiam quicquid est sicut illud et secundum hoc quod ab illa incipit compositio, vocatur origo; similiter etiam quicquid est aliud
70 quod est sicut illa: fortasse enim, quando incipitur ab ea, vocatur origo, quando autem incipitur a composito et pervenitur ad illam, vocatur elementum quia elementum est simplicior pars compositi. Et haec sunt principia quae sunt de esse corporis.

Sed corpus habet alia principia: efficiens et finale. Efficiens autem est
75 quod imprimit formam quae est in corporibus in materia eorum et perficit materiam per formam, et ex utrisque constituit compositum quod agit per formam et patitur per materiam. Finalis est propter quam impressae sunt formae in materiis et, quia noster sermo est hic de principiis communibus, tunc erit efficiens, sicut hic accipimus, com-
80 mune, et finis qui hic intenditur, communis.

Commune autem hic intelligitur duobus modis.

Uno enim modo, efficiens communis est ille qui facit primum opus ex quo cetera opera habent ordinem, sicut ille qui attribuit primae mate- riae primam formam corporalem, si est ibi res quae sic est sicut scies
85 suo loco, et hic est qui dat originem primam ex qua completur

---

66 in illa] *om.* D   70 vocatur] *om.* V   71 illam] aliam V   75 in¹] *om.* P
76 constituit] constituit perficit D   77 est] *sup. lin.* V   77 propter] per P   79 acci-
pimus] efficimus D   80 communis] illi *add.* D   83 ordinem] discedunt consequenter
add. i. m. D et descendunt consequenter *add.* P   85 originem] radicem *add.* D
85 ex qua] vel deinde ex qua P

---

66 omnia] *om.* A   69 compositio] في هذا المعنى بعينه (secundum illum ipsum

intellectum) *add.* A   69 aliud] *om.* A   74 alia] *om.* A   77 formam] suam *add.* A

77 materiam] suam *add.* A   77 finalis] و (autem) *add.* A   82 enim] *om.* A

82 modo] *om.* A   82 communis...qui] est communis secundum quod   84 scies]

sciemus   85 hic] *om.* A   85 ex qua] ثم من بعد ذلك (deinde post hoc) A

---

74 efficiens et finale: en arabe, ces deux termes s'accordent avec le pluriel *mabādiʾ*
(principia).
77 finalis: cet adjectif féminin implique que l'on sous-entend *causa*, peut-être par suite
d'une confusion entre *ghāya* (*causa finalis*) et *ghāʾiyya* (*finalia sc. principia*).
82 efficiens communis est ille: le latin est ici au masculin singulier comme l'arabe *al-fāʿil*.

generatio quaecumque est post eam. Et erit finis communis finis qui
146 va intenditur in omnibus naturalibus, si est ibi qui sic est sicut scies suo
loco, et hic est unus modus.

Alius autem modus est communis qui participatur ad modum univer-
90 salis, sicut efficiens commune est id quod praedicatur de omnibus
factoribus particularibus rerum particularium, et finis universalis est ille
qui praedicatur de omnibus particularibus finibus rerum particularium.

Et differentia quae est inter duos modos haec est scilicet quod   A 16
commune, secundum primum intellectum, est in esse essentia una
95 numero, et innuit intellectus quod ipsa est et non competit ei ut dicatur
de pluribus. Commune autem, secundo modo, non habet in esse
essentiam unam, immo est res intellecta complectens essentias multas
convenientes in intellectu secundum quod sunt efficientes aut finales;
ergo hoc commune dicetur de multis.

00 Sed principium efficiens commune omni secundum modum primum,
si res naturales habent principium huiusmodi, non erit naturale, quia
omne naturale est post hoc principium, et ipsum habet ad omnia
relationem eo quod est principium eorum, non quod sit naturale quia,
si principium esset naturale, tunc esset principium sui ipsius, quod est
5 impossibile. Aut primum principium efficiens esset aliud praeter hoc, et

---

87 est²] *om.* D   93 duos] *om.* D   93 scilicet] secundum D   95 innuit] eam *add.*
DP   98 convenientes] quantum *add.* D   1 res] *om.* P   2 est] *i. m.* V   3-4 quia
si principium esset naturale] *i. m.* V² *om. hom.* D   4 esset²] erit D   5 impossibile]
inconveniens *add.* D

---

86 generatio] ما (rei) *add.* A   86 finis²] *om.* A   87 ibi] غاية (finis) *add.* A
87 qui sic est = Adsāṭ] لذلك (illis *sc. omnibus naturalibus*) A   87 scies] sciemus
88 unus] *om.* A   89 communis] *om.* A   89 qui] quod id quod   91 univer-
salis] communis   93 scilicet] *om.* A   95 et¹] de qua   96 secundo modo] secundum intellectum secundum   96 habet] يكون (est) A   00 sed] ف (ergo) A
1 principium] فاعلي (efficiens) *add.* A   3 non] *om.* A *non om.* Asāmṭ   5 primum]
om. A

86-87 qui intenditur ... sic est: *ar.*, «(la fin est commune) parce que vers elle tendent (*yaʾum-
muhā*) toutes les choses de la nature, s'il existe une telle fin (*in kānat ghāya ka-dhālik*)».
95 et non competit ei: *ar.* littéralement, «sans que (*min ghayr an*) l'intellect permette
(*yujawwiz*) ...».

hoc est impossibile et, quandoquidem hoc sic est, naturalis non habet
ullo modo tractare de eo, quia non commiscetur cum naturalibus ullo
modo. Fortasse autem principium erit hoc naturalibus et non naturalibus, et eius causalitas habebit communius esse quam causalitas eius
10 quod proprie est causa rerum naturalium et rerum quae habent relationem ad res naturales, si est ibi res quae sic est. Concedo autem posse
esse quod universitatis rerum naturalium sit ipse principium efficiens
omnia naturalia praeter se, non principium efficiens naturalia absolute.

De principio autem efficiente communi in secundo modo non est
15 mirum si tractat naturalis secundum suam dispositionem. Modus autem
tractandi de eo hic est ut sciat dispositionem omnis eius quod est
principium efficiens aliquod rerum naturalium, et quomodo debeat esse
[in] eius potentia et quomodo debeat esse relatio eius ad suum causatum, prope et longe et aequidistantia et oppositio et cetera, et quod
20 probet. Cumque fecerit hoc, sciet naturam communis factoris naturalium hoc modo, postquam sciverit dispositionem quae propria est ei
quod est naturale efficiens naturalium et, hoc modo, cognoscet dispositionem principii communis.

7-8 tractare de eo ... ullo modo] *om. hom.* P   12 universitatis] collectioni *add.* D
16 eius] *om.* D   16 quod est] *i. m.* V² 17 esse] esse in VD in esse P   19 prope]
proprie D   21 hoc modo] *om.* P   21 propria] proprie P   22 cognoscet] cognos-
ceret P

---

8 hoc] *om.* A   8 et] لموجودات (entibus) *add.* A   9 habebit...esse] erit communior
quantum ad esse   10 relationem] خاصة (propriam) *add.* A   12 universitatis]
in universitate   12 ipse] ما هو (id quod est ipsum) A   13 efficiens] لجميع
(omnia) *add.* A   17 debeat esse] sit   18 debeat esse] sit   19 et²] et in   19 et
oppositio] والملاقاة (et contactu) A   19 quod] ut   20 probet] عليه (illud) *add.* A
20 hoc] فقد (tunc iam) *add.* A   20 communis] العام المشترك (universalis et
communis) A   21 postquam] إذ (quia) A   22 naturale] *om.* A   22 hoc modo]
على هذا القياس (respectu illius) A   23 communis] الغائي (finalis) A

---

12 ipse: *ar. mā huwa,* «(il se peut qu'il y ait ...) quelque chose qui soit (un principe
efficient)»; le masculin *ipse* peut s'expliquer si le traducteur latin a lu *fāᶜil*, considéré
comme nom masculin, au lieu de *fāᶜilī*, adjectif de relation, leçon de l'édition du Caire;
voir *ille*, note 82.

Sed quia haec principia sunt quattuor, de illis adhuc sigillatim
25 tractabimus inquantum sunt subiecta naturali, et probatum est in
philosophia prima.

Sed corpus, ex hoc quod est mutabile et ex hoc quod est perfectibile
aut coepit esse aut generatum, habet insuper aliud principium quia, ex   A 17
hoc quod est mutabile, aliud est quam ex hoc quod est perfectibile et ex
30 hoc quod coepit esse aut est generatum, aliud est quam ex hoc quod est
haec duo quia, quod intelligitur ex hoc quod est mutabile, hoc est
scilicet quia erat alicuius proprietatis habitae, qua destructa, successit
alia. Est ergo ibi res firma quae est mutabilis, sed affectio quae habebat
esse, privatur, et quae aberat, coepit esse.
35 Iam ergo omnino declaratum est quia, ex hoc quod est mutabile,
habet aptitudinem recipiendi id quod remotum est ab illo, scilicet rem
receptibilem eius quod mutatum est de illo, et eius <in> quod
permutavit illud, et forma habita et privatio eius erat cum forma
permutata, sicut pannus qui permutatur de albedine in nigredinem:
40 nigredo privatur cum albedo incipit esse.

---

28 aut¹] et ex hoc P   29-30 ex² hoc¹] unde *add.* D   30 est¹] *om.* V   30 quod²]
unde *add.* D   31 quod²] unum *add.* D   32 scilicet] secundum D   32 destructa]
corrupta est et *add.* D   33 firma] stabilis *add. i. m.* V² stabilis forma D stabilis P
33 sed] et DP   36 scilicet] *om.* DP   39 de] ex D

---

24 haec...de illis] principia sunt haec quattuor de quibus   25 inquantum...subiecta]
فهو موضوع (hoc est subiectum) A   25 et] quod   27 et] أو (vel) A   27 ex
hoc quod est²] *om.* A   28 coepit esse] aliquid quod coepit esse   28 aliud] *om.* A
29 et] المفهوم (quod intelligitur) *add.* A   30 aut] و (et) A   30 quam] المفهوم
(quod intelligitur) *add.* A   31 duo] جميعا (simul) *add.* A   32 successit] له (ei)
add. A   33 alia] alia proprietas   33 affectio] dispositio   34 et] حالة (dispositio)
add. A   34 coepit esse] فوجدت (habet esse) A   35 iam] *om.* A   35 omnino]
om. A   35 quia] لابد له (necesse est ut habeat) *add.* A   36 habet aptitudinem...scilicet] *om.* A   37 eius¹...illo] eius de quo mutatum est   37-38 eius²...
illud] eius ad quod permutatum est   39 permutata] الزائلة (remota) A   39 permutatur ... nigredinem] اسود والبياض والسواد (nigrescit et albedo et nigredo) A
40 nigredo] وقد (autem iam) *add.* A   40 incipit esse] كان موجودا (habet esse) A

24-25 adhuc ... tractabimus: *ar.* littéralement, «l'exposé (*al-kalām*) en sera poursuivi en
détail (*sa-yufaṣṣal*) plus loin (*baʿdu*)».
34 privatur: *ar.* ʿadima, «est anéantie».

Quod autem intelligitur ex hoc quod est perfectibile, hoc est quia in eo contingit res quae non erat in eo absque remotione alicuius ab eo, ut quiescens cum movetur, quia, dum quiescebat, non erat nisi privator motus qui est in illo possibilitate et potentia; postquam autem motum
45 est, non est ab eo aliquid remotum nisi privatio tantum, sicut tabula munda quando scribitur in ea. Sed perfectibili necesse est ut habeat essentiam quae fuit prius imperfecta et postea completa est, et rem quae accessit ei et privationem quae praecessit, quia privatione opus est propter quam res sit mutabilis aut perfectibilis. Si enim non esset ibi
50 privatio, non posset esse perfectibile aut mutabile, immo perfectio et forma essent in eo semper. Ergo mutabile et perfectibile necesse est ut habeat antea privationem quousque certificetur quod sit mutabile vel perfectibile.

Privatio autem non habet opus, inquantum est privatio, ut sit ibi
55 perfectio et permutatio. Remota enim privatione necesse est ut removeatur mutabile et perfectibile, secundum hoc quod est mutabile et perfectibile; remoto autem mutabili et perfectibili non est necesse ut removeatur privatio. Ergo privatio secundum hoc prius est. Ergo est principium quia, si quicquid est necessarium ut habeat esse quale-
60 cumque ad hoc ut aliud habeat esse, sed non e converso, tunc erit principium. Aut si hoc non sufficit quod res sit principium, nec est principium quicquid necessarium est ut habeat esse qualecumque, nisi

---

41 quod] unde *add.* D   41-42 in eo] *om.* V   42 in eo^2] *om.* DP   43 dum] cum P
43 erat] *om.* D   43 nisi] *sup. lin. post* privator D   44 potentia] potentiam V
44 postquam autem] sed postquam autem D   46 sed] et DP   52 quousque]
quousque donec D   52 certificetur] efficiatur D   56 hoc] *om.* D   59 ut} quod
add. D   60 ut] ex eo *add.* D   61-62 nec est principium] *om. hom.* V   62 ut]
quod D

43-44 privator motus] عادما للحركة (privatum motu) A   45 sicut] ومثل (et
sicut) A   46 quando ... ea] in qua scribitur   47 prius] *om.* A   48 praecessit] eam
add. A   51-52 ut ... privationem] أن يكون قبله عدم (ut sit ante illud privatio) A
55 et] أو (vel) A   55 remota...necesse est] remotio privationis facit necessarium
57 remoto...necesse] remotio autem mutabilis et perfectibilis non facit necessarium
59 quia] *om.* A   60 sed] *om.* A   60 tunc] *om.* A   61 aut] و (et) A   61 quod] ut
62 principium^2] للأمر (rei) *add.* A   62 nisi] بل (immo) A

48-49   privatione opus ... quam: *ar.*, «la privation est une condition (*shart*) pour que ...».

quod necessarium est ut habeat esse a re quae est ei principium, sine
prioritate et posterioritate, tunc privatio non erit principium. Sed non
65 est utile ut contendamus de nomine; unde mutemus nomen principii et
dicamus «quod opus est sine conversione».

Invenimus ergo receptibile mutationis et perfectionis et invenimus
privationem et invenimus formam: quae omnia opus sunt ut corpus sit
146 vb mutabile et perfectibile, et hoc clarescet nobis cum parva inspectione.
70 Sed quod intelligitur ex hoc quod corpus est generatum aut coepit esse
facit necessarium affirmare rem quae fit et privationem praecedere.

Sed res generata et quae coepit <esse>, si habet necesse quod
praecedat suum initium et suam generationem esse substantiae quod
habebat coniunctionem cum privatione formae generati, postea divisit   A 18
75 se et corrupta est ab ea privatio, haec est res quae tam cito non clarescit
sicut illud. Immo prius debet poni naturali positione et sufficere inductione et probari in philosophia <prima>. Et fortasse poterit ars
topicorum satisfacere voluntati discipuli et faciet eum quiescere; sed
doctrina probationis non miscetur cum arte topicae disputationis.

---

64 posterioritate] et *add. supra lin.* V   65 unde] et unde D   65 mutemus] mittemus
dub. D   67 invenimus[1]] inveniemus D   67 invenimus[2]] inveniemus D   68 inveni-
mus] inveniemus D   69 clarescet] declarescet P   70 hoc] unde *add.* D   73 praece-
dat] procedat P   75 ea] eo D   78 satisfacere] *supra. lin.* V[3] tibi sufficere satisfacere
et (et *supra lin. al. man*) prodesse D

---

65 utile] لنا (nobis) *add.* A   65-66 mutemus...dicamus] أ المبدا بدل فلنستعمل

(utamur loco principii) A   70 aut] و (et) A   70 coepit esse] aliquid quod coepit

esse   71 necessarium] nobis *add.* A   71 rem quae fit] rem fieri   72 res generata

et quae] hoc generatum et hoc quod   74 formae generati] الكائنة الصورة (for-

mae generatae) A   74-75 divisit se] فارقه (separatur ab ea) A   75 non] لنا ييسر

(facile nobis) *add.* A   76 sicut illud] *om.* A   76 prius] *om.* A   76 debet poni]

debemus ponere illud   76 sufficere] نقنعه (satisfacere ei) A   77 probari] probare

illud   78 voluntati] نفس (animae) A   79 arte] *om.* A   79 topicae disputa-

tionis] topica disputatione

---

72   si: *ar. hal*, «(savoir) si».
75   ab ea: *ar.* littéralement, «(la privation a disparu) de la forme (*ʿanhā*)».
76   inductione: *ar. istiqrāʾ*, «investigation», «examen».
77-78   fortasse poterit ... quiescere: *ar.* littéralement, «et peut-être l'art de la dialectique
(*ṣināʿat al-jadal*), pour être profitable (*fī ifādat*) à l'âme du disciple, lui fournit-elle (*aqāmat
... ilayhi*) une certaine forme de quiétude valable (*ṭarafan ṣāliḥan min al-sukūn*)».

80 Ergo corpus habet de principiis quae non separantur ab eo nec etiam ab eo quod venit in illud post essentiam, et ipsa sunt quae nos proprie designamus nomine principiorum. Sed ex hoc quod est corpus absolute, hyle est et forma corporalis signata quam comitantur quantitates accidentales aut forma specialis quae eam perficit. Sed ex hoc quod est

85 permutabile aut perfectibile aut generatum, addimus ei comparationem privationis quae habet convenientiam cum sua hyle antequam existeret, et erit hoc principium sicut dictum est. Sed si acceperimus secundum quod est commune permutabili, perfectibili et generato, erunt principia hyle et affectio et privatio; si vero secundum quod proprium est

90 permutabili, erunt principia hyle et contrarietas, quia ad medium non mutatur nec de medio nisi ex hoc quod est in eo aliqua contrarietas.

Et videtur esse differentia inter contrarietatem et affectionem et privationem quam tu iam didicisti. Et substantiae, ex hoc quod est substantia, affectio eius est forma, et iam fecimus te scire differentiam

95 quae est inter formam et affectionem. Sed mutabilium et perfectibilium non in substantialitate, affectio eorum est accidens, sed iam usus fuit ut in hoc loco omnis affectio vocetur forma. Ergo vocemus nos omnem affectionem formam, scilicet ut, propter omne quod fit in receptibili, receptibile fiat designatum proprietate. Et hyle differt ab unaquaque

00 istarum, quia invenitur cum unaquaque illarum aliquo modo. Et forma

---

83 hyle est] *inv.* DP   84 eam] ea V   84 quod] unde *add.* D   86 privationis] privationi D   86 quae habet] quae habet habentis D   86 existeret] existet D 88 est commune] *inv.* D   89 secundum quod] *i. m.* V² *om.* DP   91 mutatur] permutatur P   91 nisi] unde *add.* D   92 differentia] quia differentia est D   93 et substantiae] sed et substantia P   93 substantiae] substantia D   93 quod] unde *add.* D   97 vocemus] notemus *add.* D   98 fit] sit P   99 proprietate] alicuius proprietatis P *add. i. m.* D

---

81 venit] est   81 post] per A   85 addimus ei comparationem] additur ei comparatio 87 hoc] *om.* A   87 secundum] *om.* A   88 permutabili] ‏و‎ (et) *add.* A   89 si vero] si vero consideramus   93 didicisti] ‏وﯾﺤﺼﻞ ﻟﻚ ﺑﻤﺎ ﻋﻠﻤﺖ‎ (et acquiritur tibi per id quod scis) *add.* A   94 eius] *om.* A *non om.* Asām   95 quae est] *om.* A 95 affectionem] ‏اﻟﻌﺮض‎ (accidens) A   96 affectio eorum est] ‏ﻓﻬﯿﺌﺎﺗﻬﺎ‎ (affectiones eorum sunt) A   98-99 ut propter...fiat] omne quod fit in receptibili propter quod fiat 00 aliquo modo] ‏ﺑﺤﺎﻟﻬﺎ‎ (sua dispositione) A

differt a privatione, quia forma est essentia per seipsam, scilicet est
additum esse super esse quod habet hyle.

Privatio vero non addit esse super esse quod habet hyle; sed comitatur eam ad modum comparationis eius ad hanc formam, cum non
5 habuerit esse nisi in potentia ad recipiendum illam. Et haec privatio non
est privatio absolute, sed privatio habens aliquem modum essendi, quia
est privatio rei cum praeparatione et aptitudine ad illam in materia
designata. Homo enim non fit homo ex <omni> non-humanitate, sed
ex inhumanitate receptibili humanitatis, et generatio fit per formam,
10 non per privationem, et corruptio fit per privationem, non per formam.

Et dicitur quod res fit ex hyle et privatione et non dicitur quod fiat ex   A 19
forma, sicut dicitur quod lectus fit ex hyle et ex privatione et non dicitur
quod fiat ex forma quia, quod dicitur lectus fieri ex hyle et privatione,
intelligitur scilicet ex lignis et ex non-lecto, et in multis locis certum est
15 dici quod fit ex hyle et in multis non est certum, semper autem dicitur
quia fit ex privatione. Non enim dicitur quod ex homine fiat scriptor,
sed dicitur quod homo fit scriptor, et dicitur quod ex spermate fit
homo, et dicitur quod ex lignis fit lectus. Causa autem eius quod dicitur
ex spermate, hoc scilicet est quia exspoliatur forma spermalitatis, quia
20 praepositio *ex* habet hic intellectum de *post*, sicut significat in locutioni-
bus eorum <fieri> ex privatione, sicut cum dicitur quia ex non-

---

6 est] *om.* V   6 sed] *om.* P   9 ex] *om.* D   11 et¹] esse P   14 et¹] et quia est D
14 et ex non] et non ex P   14 in] *om.* V   17 quod homo ... et dicitur] *i. m.* V²
21 sicut] ut *add.* D *om.* P

---

1 scilicet] *om.* A   1-2 est² ... esse¹] cuius esse est additum   3 privatio...addit] privationis vero non additur   5 nisi in potentia] وكانت القوة (et est potentia) A
9 inhumanitate] في (in) *add.* A   9 fit] *om.* A   10 fit] *om.* A   11 et¹] قد
(aliquando) *add.* A   11 et²] عن (ex) *add.* A   12-14 et ex privatione...intelligitur]
om. A   14 et¹] كان يقال (dicitur fieri) *add.* A   15 multis] منها (eorum) *add.* A
18 quod dicitur] *om.* A   19 ex] في (de) A   21 eorum] كان (fit) *add.* A

---

2 additum ... hyle: *ar.,* «(la forme est, de soi, une essence) dont l'être dépasse l'être
(*zā'idat al-wujūd ʿalā 'l-wujūd*) qui est celui de la hylè».
3 privatio ... super esse: *ar.,* «l'être de la privation ne dépasse pas l'être (*lā yazīd
wujūdan ʿalā 'l-wujūd*) ... ».

homine fit homo, idest post non-humanitatem. Sed *ex* materialiter, ut cum dicitur ex lignis fit lectus, <est> quia ligna, etsi non fiant absque forma ligneitatis, fiunt tamen iam absque forma quadam quia, nisi
25 mutentur ligna secundum aliquem modorum et aliquam figurarum eradendo et dolando, non fiet ex eis lectus nec figurabitur eius figura: ergo assimilantur spermati aliquo modo, eo quod unumquodque eorum mutatum est a sua dispositione, et dicunt ibi etiam praepositionem *ex*.

Ergo in his duobus modis subiectorum et materierum *ex* dicitur ex
30 intellectu *post* et in uno modo subiectorum dicitur praepositio *ex* et *de* ex alio sensu, verbi gratia quia, quando aliqua fiunt subiecta alicui formarum et fiunt subiecta illi commixtione aut compositione, aliquando dicitur aliquid generari ex illis et significat tunc praepositio *ex* aut *de* hoc scilicet quod generatum constitutum est ex illis sicut ex galla
35 et atramento fit encaustum.

Et videtur adhuc etiam quod in primo modo dicitur praepositio *ex* intellectu composito ex *post* et ex hoc intellectu, sicut in spermate vel

---

24 iam] cum ipso *add. supra lin.* V   26 eradendo] radendo DP   26 fiet] fieret *scrib. sed in* fiet *videtur corr.* V   27 eo] *om.* D   30 et²] *om.* P   31 fiunt] fuerit DP
32 subiecta illi] *inv.* P   34 scilicet] secundum D   34 quod] significatum *add.* D
34 ex¹] ex ab D   35 encaustum] *hic et passim* incaustrum VDP   36 modo] loco P
36 praepositio *ex*] *inverti* ex praepositio VDP

---

22 sed...materialiter] وأما في الخشب (sed de lignis) A   23 dicitur] أيضا (etiam)
add. A   23 quia] *om.* A *non om.* Abkh   24 ligneitatis] lignorum   27 eorum] قد
(iam) *add.* A   28 sua] *om.* A   30 et²] لفظة (praepositio) *add.* A   31 verbi
gratia] وبيان ذلك (et hoc manifestum est) A   31 fiunt subiecta] subiecta sunt
32 et] إنما (tantum) A   32 aut] و (et) A   33 aliquid generari] الكائن يكون
(quod generatum generatur) A   33 tunc] *om.* A   34 aut] وبلفظة (et praepositio) A   34 sicut] كقولنا (sicut dicimus quod) A   37 post] البعدية (posterioritas) A
37 ex²] *om.* A   37 sicut] فإن (nam) A   37 in] عن (ex) A   37 vel] و
(et) A

---

35 encaustum: *ar.* midād, «encre»; voir J. J. WITKAM, article *midād* dans *Encyclopédie de l'Islam*, Tome VI, 1990, p. 1024-1025.
37-39 sicut ... aliquid: *ar.* littéralement, «en effet (*fa-inna*) du sperme et du matériau est engendré (*kāna ʿanhā*) ce qui est engendré (*mā kāna*) au sens où cela est engendré (*bi-maʿnā annahu kāna*) après que les deux se soient trouvés dans un certain état (*baʿda an kānat ʿalā ḥālin*), ensuite des deux s'est séparé quelque chose (*thumma istalla minhumā shayʾ*)».

materie, cum sit ex illis quod fit ex hoc intellectu scilicet quia quod est
prius erat in dispositione aliqua, deinde mutatum est ex ea aliquid, et
40 constitutum est ex eo generatum quod dicitur fuisse ex illis. Ergo quod
fuerit quasi sperma vel atramentum, non dicitur quod fiat ex eo res
generata nec dicitur quod sperma fiat homo nec atramentum encaustum
sicut dicitur quod homo fit scriptor, nisi aliquo modo transumptionis
aut modo quo dicitur «aliquid alteratum est» idest corruptum.
45   Et de eo quod est sicut materies, aliquando dicuntur hi duo modi
quia dicitur quod ex materie fit lectus et quod materies fit lectus, quia
materies, inquantum est materies, non corrumpitur ad modum corruptionis spermatis. Unde assimilatur homini secundum hoc quod percipit
scientiam scribendi, sed quia, si non amiserit figuram non recipiet
50 figuram lecti, inde assimilatur spermati secundum quod mutatur ad
humanitatem. Et secundum hoc quod non convenit ut dicatur de illo
ex, sed, cum adiungitur ei privatio, affirmatur, sicut cum dicitur «ex
homine non-scriptore fit scriptor» et ipsa privatio non convenit ei ullo
modo nisi ut dicatur cum praepositione ex. Non enim dicitur quod non-
55 scriptor est scriptor, quia tunc esset scriptor non-scriptor. Certum est
autem quod, si non intelligitur ex non-scriptore ipsemet non-scriptor,
sed subiectum de quo praedicatur non-scriptor, fortasse tunc dicetur
illud, sed praepositio ex potest dici de eo semper, quamvis non omnino
hoc affirmo nec cetera huiusmodi, quia fortasse linguae diversificantur

147 ra

A 20

---

38 sit] fit P   39 deinde] et deinde DP   43 fit scriptor] *inv.* V   44 corruptum]
corruptum est DP   45 de eo] doceo *scrib. sed* ex eo *add. i. m.* V   45 dicuntur] de eo
add. D   46 quod[1]] *om. et spatium duarum litt. reliquit* D   46 ex materie ... quod[2]]
om. hom. P   46 et quod materies fit lectus] *i. m.* V[2]   47 inquantum] unde D
47 inquantum est materies] *om. hom.* VP   49 figuram] figura D   53 non-scriptore]
inscriptore P   53 ei] *om.* D   54 cum] *om.* D   55 non-scriptor] *i. m.* V[2]

---

38 cum sit] fit   38 hoc] *om.* A   38 scilicet quia] *om.* A   38-39 quod est prius]
أنه كان بعد أن (quod hoc fit postquam) A   39 erat] كانت (erant *sc. sperma*
et materies) A   39 mutatum est] remotum est   39 ex ea] منهما (ex eis duobus) A
41 vel] و (et) A   41 dicitur] فيه (de eo) *add.* A   41 ex eo] *om.* A   42 nec[2]]
أو (vel) A   44 aut] و (et) A   44 aliquid] صار أي (factum est idest) *add.* A صار
أن (factum est ut) *add.* A   44 idest corruptum] *om.* A   48 percipit] recipit
52 sed] ف (tunc) A   52 affirmatur] convenit   56 autem] *om.* A

---

42 encaustum: *ar. ḥibr*, synonyme de *midād*; voir note 35.

60 in usu dicendi haec et non dicendi, immo dico quod, cum intellexerint
de praepositione *ex* duos modos quos diximus, recipientur ubi recipimus et non recipientur ubi non recipimus

Dicunt autem in hoc loco hyle affici desiderio formae, et hyle
assimilant feminae, formam autem assimilant masculo, et hoc est quod
65 ego non intelligo. Et desiderium animale nemo est qui non removeat ab
hyle; desiderium autem vehemens naturale quo trahitur res, sicut lapis
deorsum, ut perficiatur post imperfectionem quam habebat sui loci
naturalis, illud etiam desiderium longe est ab ea.

Posset autem hoc concedi quod hyle est desiderans formam, si ipsa
70 esset vacua ab omnibus formis, aut esset affecta fastidio formae quae
adiuncta est ei, aut si non esset contenta formis quae perficiunt eam et
faciunt eam esse speciem, aut si posset ipsa moveri per se ad suscipien-
dum formam, sicut lapis ad consequendum locum, [aut] etiamsi esset in
ea virtus movens. Sed non est vacua ab omnibus formis nec convenit ei
75 fastidire formam habitam ut studeat eam excutere et abicere a se quia,
si propter acquisitionem alterius formae venit fastidium habitae formae
idcirco quod habet eam, tunc debet ut non desideret eam; si autem

---

60 haec ... dicendi] *i. m.* V² 64 masculo] masculino V 65 et] quia D 65 ani-
male] animalis VP 66 vehemens] *cfr lin. 83 om.* VP coactum D 66 lapis] desiderium *add.* D 69 quod] *om.* V 70 aut] enim *add.* DP 71-72 et faciunt eam] *i. m.*
V² *om. hom.* P 75 abicere] ei esse P 77-78 si autem fastidit eam] *i. m.* V²

---

63 autem] قد (aliquando) *add.* A 63 in...loco] في مثل هذا الموضع (in loco

huiusmodi) A 69 ipsa] هناك (ibi) A 70 vacua] vacuum 71 ei] *om.* A

71-72 et...esse] in 72 aut] و (et) A 73 aut] *om.* A 76 propter...venit]

acquisitio huius formae facit debere esse 76 alterius] هذه (huius) A 76 habitae

formae] *om.* A 77 habet eam] habetur ea 77 tunc] *om.* A

---

60 in usu dicendi: *ar. fī ibāḥat hādhihi ʾl-istiʿmālāt* «(les langues diffèrent) par la
tolérance de ces emplois».
60 non dicendi: *ar. wa-khaṭarihā*, «et par le risque de ces emplois».
65 nemo ... removeat: *ar.* littéralement, «il n'y a pas de divergence dans le refus (*lā
yakhtalif fī salb*)».
66 quo ... res: *ar.* littéralement, «qui se développe (*inbiʿāthuhu*) à la manière d'une
poussée irrésistible (*insiyāq*)».
71 si ... contenta: *ar.* littéralement, «s'il y avait perte de satisfaction de ce qui est réalisé
quant aux formes (*law kāna ... fiqdān al-qanāʿa bi-mā yaḥṣul min al-ṣuwar*)».
76-77 fastidium ... eam: *ar.* littéralement, «le dégoût (*malāl*) de sa réalisation même (*li-
nafs ḥuṣūlihā*)».

fastidit eam propter longaevitatem temporis, tunc desiderium accidet illi
post tempus et non erit de sua substantia, sed erit hic causa quae hoc
80 facit debere. Sed non conceditur ut sit non contenta eo quod habet,
quasi desideret ut coniungantur contraria in se, quia hoc est inconveniens; et inconveniens est fortasse quod putatur desiderare desiderio
animalis, quia desiderium vehemens non est nisi ad finem in natura
perficiente, et fines naturales non sunt inconvenientes. Cum hoc igitur,
85 quomodo conceditur quod hyle moveatur ad formam, cum forma non
adveniat ei nisi ex causa quae prius removet eius formam quae erat,   A 21
non quia ipsa acquirat eam sibi suo motu; et etiamsi non acciperent hoc
desiderium esse formarum constituentium quae sunt primae constitutionis, sed secundarum constituentium quae consequuntur, acceptio huius
90 desiderii adhuc esset difficilis, nedum cum attribuerint ei desiderium
formarum constituentium.

Unde, propter haec omnia, difficilis est mihi intellectus huius verbi,

---

78 longaevitatem] longinquitatem P   78 accidet] accidit P   82 et] quia V
83 quia] et V   85 conceditur] exceditur P   87 formam] causam *scrib. et* formam
sup. lin. add. D   87 et] *om.* P   87 acciperent] acceperat P ponent *add.* D   89 sed]
desiderium *add.* D   89 consequuntur] sequuntur P   90 cum] *om.* D   92 haec] est
add. D

---

78 fastidit eam] fit   79 et non erit] لا أمرا (non ut aliquid) A   80 concedi-
tur] أيضا (etiam) *add.* A   80 habet] habet esse   81 quasi] بل (immo) A
83 quia] وأما (et quantum ad) A   84 inconvenientes] و (et) *add.* A   85 forma] الطارئة
(externa) *add.* A   86 prius] *om.* A   87 acquirat eam sibi = Asātm] تكسبها
(acquirat eam) A   88 constitutionis] كمالات (perfectiones) A   89 constituen-
tium] الكمالات (perfectionum) A   90 adhuc] *om.* A   90 desiderium] ذلك شوقا
(illud ut desiderium) A   91 formarum constituentium] الصورة المقومة (formae consti-
tuentis) A

---

89   quae consequuntur: *ar. al-lāhiqa*, «(les perfections) adjointes»; voir A.-M. GOICHON,
Lexique, article *lāhiq*, «adjoint», «conséquent», «dérivé», n° 645, p. 363.
89   acceptio: *ar. taṣawwur maʿnā*, «concevoir le sens (de ce désir)».

quia magis videtur hoc esse dictio figurate loquentium quam philosophorum. Fortasse alius poterit hoc intelligere recto intellectu, unde in
95 hoc convertantur ad illum. Sed, si esset loco hyle simpliciter aliqua hyle
iam constituta a forma naturali et contingeret ex ipsa forma naturali
quae est in ea motus ad perfectiones illius formae, sicut terra in
descensu et ignis in ascensu, fortassis haec locutio adhuc esset possibilis,
quamvis illud desiderium non attribueretur nisi formae agenti; sed in
00 hyle simpliciter desiderium non intelligo.

---

93 hoc] haec P   96 contingeret] continget P   97 perfectiones] perfectionis D

---

93 quia] الذي (qui) A   93 hoc] *om.* A   93 quam] بكلام (dictio) *add.* A
93 philosophorum] و (et) *add.* A   94 hoc] هذا الكلام (hanc dictionem) A
96 iam] *om.* A   96 constituta] perfecta   96 et] حتى (ita ut) A   96 ipsa]
om. A   97 ea] لها (et habet) *add.* A *non add.* Am   98 fortassis] ف (tunc) A
98 adhuc] *om.* A   99 non] *om.* A   99 nisi] *om.* A   99 sed] هذا (hoc) *add.* A
99-00 in hyle] *om.* A   00 desiderium] *om.* A

---

93 dictio figurate loquentium: *ar. kalām al-ṣūfiyya*, «le langage des mystiques»; pour
situer brièvement l'importance de la «mystique musulmane» ou «science du *taṣawwuf*»
parmi les disciplines et courants de pensée qui se sont développés en Islam, voir
L. GARDET, *L'Islam, religion et communauté*. Paris, 1967, p. 229-242; voir aussi D. GUTAS,
Avicenna and Sufism, dans *Encyclopaedia Iranica*, article *Avicenna*, Volume III, 1,
Londres-New York, 1987, p. 79-80.
94 alius: *ar. ghayrī*, «un autre que moi».
95 convertantur: *ar. fal-yurjaᶜ*, «qu'on s'adresse (à lui)».
97 motus: *ar. inbiᶜāth*, «une aspiration».

III

CAPITULUM QUALITER HAEC PRINCIPIA SUNT COMMUNIA

Quoniam nostra speculatio fuit hic de communibus principiis, debemus considerare in his principiis tria communia secundum quem duorum praedictorum modorum sint communia. Postmodum autem decla-
5 rabitur quod corporum quaedam sunt receptibilia generationis et corruptionis, hoc est quia quaedam sunt quorum hyle renovat formam et amittit formam, et quaedam sunt quae non sunt receptibilia generationis et corruptionis, sed esse eorum est perpetuum.   A 22

Et quandoquidem hoc sic est, non erit <eis> hyle communis
10 secundum primum duorum praedictorum modorum, quia non potest hyle, cum sit una, ut aliquando recipiat formam generatorum et corruptibilium, et aliquando recipiat formam eius quod non corrumpitur in sua natura nec habet generationem materialem, quia hoc esset impossibile.
15 Sed fortassis conceditur quod sit hyle communis aliquibus corporibus, idest corporibus generatis corruptibilibus quorum alia generantur
147 rb ex aliis et corrumpuntur alia <in alia>, sicut declarabitur ex dispositione quattuor quae vocantur elementa.

---

4 autem] *om.* P   6 quia] *om.* P   6 renovat] removeat D   7 sunt[1]] *om.* P
9 communis] communi P   10 primum] *om.* D   10 duorum ... modorum] modum
duorum praedictorum D   11 recipiat] unam *add.* D   13 materialem] naturalem D
17 corrumpuntur] *corr.* corrumpunt VDP

---

2 hic] إنّما (tantum) A   3 in his ... communia] in his tribus principiis communibus
4 postmodum] *om.* A   4 declarabitur] لنا (nobis) *add.* A   10-11 non potest ...ut]
non est hyle una talis ut   11 et] *om.* A   15 aliquibus corporibus] *om.* A   16 idest]
لمثل (huiusmodi) A   17 in alia = A.tm] من بعض (ex aliis) A

---

8 est perpetuum: *ar. bi-ʾl-ibdāᶜ*, «par création absolue»; sur la distinction entre la
création (absolue) des cieux et de la terre et la création (*khalq*) de l'homme, voir
L. GARDET, article *ibdāᶜ*, «création absolue, innovation primordiale», dans *Encyclopédie
de l'Islam*, Tome III, 1968, p. 685-686.

Fortassis autem ponitur materia subiecti formae quae non corrumpi-
20 tur, et subiecti formae quae corrumpitur, materia una in se apta
recipere omnem formam; sed ei quod non corrumpitur contingit illud
quia adiunctum est formae quae non habet contrariam; ergo causa
quod non generatur et non corrumpitur erit ex parte suae formae quae
prohibet eius materiam ab eo quod est in natura eius, non ex parte
25 materiae oboedientialis.

Cum ergo sic fuerit (immo postquam sic est, sicut postea apparebit),
tunc erit hyle communis secundum hunc modum, et hyle communis
secundum hunc modum, etsi sit communis omnibus naturalibus aut
generatis et corruptibilibus ex illis, est tamen de numero perpetuorum,
30 eo quod non est ex re quae mutetur in aliud. Si enim ita esset, opus
haberet alia hyle et illa alia esset prior ea et communis.

Sed si naturalia habent principium formale commune secundum
primum modum, non invenitur in formis quod putemus sic esse nisi
corporeitatem, quia, si permutatio corporum in generatione et corrup-
35 tione non fit nisi post formam corporeitatis, verbi gratia sic ut, < si >
forma corporeitatis quae est in aqua, quando mutatur in aerem,

---

19 subiecti] subiecta P   20 formae] *sup. lin.* V   20 una] *sup. lin.* P   22 quia]
quod P   22 formae] *om.* D   24 materiam] materia V   27-28 et hyle ... modum]
om. hom. P   29 est tamen] *inv.* P   30 est] esse P   30 mutetur] mutatur P
31 illa] ille P   34 permutatio] generatio permutatio D   35-36 verbi ... corporeitatis]
om. hom. P

---

19 materia] طبيعة (natura) A   20 materia] طبيعة (natura) A   21 non] *om.* A *non*

om. At   21-22 contingit ... formae] iam contigit adiunctam esse formam   24 non

= Asām] إلّا (nisi) A   26 immo ... sic est] وبعيد أن يكون كذلك (et longe est ut

sit sic) A   29 et] *om.* A   30 eo quod] و (et) A   30 mutetur] تفسد (corrumpa-

tur) A   31 alia²] *om.* A   33 invenitur] eis *sc. naturalibus add.* A   34 corporeita-

tem = Asām] الصورة الجسيمة (formam corporeitatis) A   35 verbi gratia sic ut] sic

ut verbi gratia

---

19 fortassis autem; *ar. allāhumma*, «à moins que, mon Dieu, (il ne faille poser)».
26 postquam: le latin correspondrait à *baʿda an*; le texte arabe porte *baʿīd an*, «il s'en
faut de beaucoup que».
29 est ... perpetuorum: *ar. mutaʿalliq bi-ʾl-ibdāʿ*, «(s'il en est ainsi ... la hylè) se
rattachera à la création absolue»; voir note 8.
32 si: *ar. hal*, «(mais) quant à savoir si».
33 non invenitur ... sic esse: *ar.*, «il n'existe pas pour eux, parmi les formes, quelque
chose qu'on puisse estimer tel».

remanet sicut erat in aqua, tunc erit principium corporum formale
commune illis omnibus numero secundum hunc modum quia, post hoc
principium, adhuc erunt illis principia formalia quorum unumquodque
40 erit proprium uniuscuiusque illorum.

Sed si res non ita est sed, cum corrumpitur aqueitas, corrumpitur
corporeitas quae erat in hyle eius propter consortium corruptionis
aqueitatis et generata est corporeitas alia numero, similis illi in specie,   A 23
tunc non habebunt corpora quale hoc est principium formale
45 commune; postea autem apparebit loco suo veritas horum duorum
modorum. Si haberent corpora principium formale huiusmodi, cum
quaedam ex eis aut aliquod habeant formam quae non separatur, tunc
illud principium formale esset semper coniunctum suae materiae et non
esset ex illis quae generantur et corrumpuntur, sed de perpetuis.
50 Sed de privatione, ex sua dispositione claret quod ex omnibus
privationibus non conceditur esse aliqua communis secundum primum
modum, quia haec privatio est privatio alterius rei quae potest generari

---

38 numero] *om.* V   38 quia] et DP   39 quorum] unquam *add. sed videtur del.* P
41 aqueitas corrumpitur] *i.m.* V² 42 corporeitas] *non om. sed i m. add.* V² 44 hoc
est] *inv.* P   45 loco] *om.* D   46 modorum] *om.* D   46-48 huiusmodi ... formale]
i. m. V²   47 habeant] haberent P   52 est privatio] *om. hom.* D

---

37 erit] بعد للأجسام (corporibus adhuc) *add.* A   37 corporum] *om.* A   38 om-

nibus] *om.* A   39 principium] *om.* A   39 adhuc] *om.* A *non om.* Aṭ   39 illis] *om.*

A *non om.* Aṭ   42 quae...hyle] quam habebat hyle   42 propter consortium corrup-

tionis] في فساد (cum corruptione) A   43 alia] مخالفة (diversa) *add.* A *non add.*

Abdsām   43 illi] *om.* A   44 est] *om.* A   45 apparebit] لك (tibi) *add.* A

45 horum] *om.* A   45-46 duorum modorum] duarum rerum   46 si] ولو (et si) A

46 cum] أو (aut) A   47 eis] eis corporibus   47 aliquod] aliquod corpus

48 suae] *om.* A   49 de perpetuis] يتعلق أيضا بالإبداع (esset etiam de numero

perpetuorum) A   50-51 ex² ... privationibus] ex toto eius *sc. privationis*   51 aliqua]

aliqua privatio   51 secundum] بهذا (hunc) *add.* A   52 alterius] *om.* A

---

49 de perpetuis: voir note 8.
50 de privatione: voir S. VAN DEN BERGH, article ʿadam, στέρησις, privatio, dans
Encyclopédie de l'Islam, Tome I, 1960, p. 183; on y rappelle non seulement le sens de ce
mot dans la philosophie aristotélicienne, mais aussi l'intérêt des discussions soulevées par
le problème de l'existence du néant chez les Stoïciens et chez les théologiens de l'Islam.

et, quia potest generari, non est longe quin generetur. Ergo tunc non
remanebit ipsa privatio; nec ergo tunc erit communis.

55 Sed commune, secundo modo ex duobus, potest inveniri in unaquaque maneria horum principiorum secundum quod sit commune
< ... > omnibus generatis et mutabilibus, quia omnia conveniunt in
hoc quod unumquodque eorum habet formam et materiam et privationem. Et hoc commune dicunt quod non generatur nec corrumpitur
60 propter hoc quod universalia non dicuntur generari nec corrumpi.

Sed universalia dicuntur nec generari nec corrumpi duobus modis.

Intellectus unius modi quod universale non generatur nec corrumpitur est hic scilicet quia non fuit hora in mundo quae esset prima in qua
habuit esse primum singulare aut prima singularia in qua [non] praedi-
65 caretur de illis aliquod universale, et fuit hora ante illud in qua nullum
eorum habuit esse, et in corruptione contrarium. Ergo huiusmodi sunt
aliqui qui dicunt quod haec principia communia nec generantur nec
corrumpuntur, et isti fuerunt homines qui dicerent quod in mundo
semper est generatio et corruptio et motus, quamdiu mundus esse
70 habuerit.

Secundi autem modi hic est scilicet ut considerentur quid sunt, sicut

---

53 et quia ... generari] *om. hom.* DP   56 secundum] scilicet DP   57 generatis et]
om. P   61 sed universalia ... corrumpi] *om. hom.* P   62 unius modi] *inv.* DP
62 nec corrumpitur] *om.* P   63 quae esset] *om.* VP   66 et] *om.* P   67 aliqui] alii
V aliquod P   67 qui] quod P   67 generantur] generatur V

---

54 ipsa] haec   55 duobus] المعنيين (intellectibus) *add.* A   55-56 potest...commune]
om. A *non om.* At   57 omnibus] فإن المبادئ الثلاثة توجد مشتركة (nam tria
principia inveniuntur communia) A   58 formam et materiam] materiam et formam
60 propter hoc quod] على نحو ما (secundum modum quo) A   62 intellectus...
modi] intelligimus secundum unum modorum   63 prima] prima hora   64 aut] عدة
(multa) *add.* A   64-65 in qua...de illis] de quibus praedicaretur   65 aliquod] ذلك
(illud) A   65 ante illud] قبله (ante illam *sc. horam*) A   66 huiusmodi] من الناس
(hominum) *add.* A   68 dicerent] يوجبون (dicerent necessarium esse) A   71 hic]
om. A   71 scilicet] *om.* A   71 considerentur] consideretur   71 quid sunt]
ماهية ما (aliqua essentia) A

---

64 primum ... singularia: *ar.* littéralement, «le premier élément d'un singulier (*awwalu
shakhṣ*) ou plusieurs premiers éléments de singuliers (*ʿiddat awāʾil ashkhāṣ*)».

quid est homo, et ut consideretur an homo, ex hoc quod est homo,
generatur et corrumpitur, et invenietur quod intellectus quo est genera-
tus et intellectus quo est corruptus non est intellectus quo homo est
75 homo, immo est quiddam quod comitatur eum, et non est de substantia
eius. Ergo sic dicuntur haec principia communia iuxta secundum
modum ex duobus modis praedictae communitatis.

Et nostra speculatio de principiis est hic hoc modo. Non enim
loquimur hic de primo modo, sed, cum accesserimus ad singularia quae   A 24
80 habent esse ex illis, inveniemus materias quae generantur et corrumpuntur, sicut ligna ad lectum et gallae ad encaustum, et hyle primae de qua
innuimus quod non generatur nec corrumpitur, esse eius est perpetuum.

Sed formarum aliae sunt quae generantur et corrumpuntur et ipsae
sunt quae sunt in generatis et corruptibilibus, et aliae sunt quae nec
85 generantur nec corrumpuntur et ipsae sunt quae habent esse in sempi-
ternis. Aliquando autem dicuntur nec generari nec corrumpi alia
ratione, quia fortasse dicitur quod formae quae sunt in generatis et
corruptibilibus nec generantur nec corrumpuntur hac ratione scilicet
quia non sunt compositae ex materia et forma ut generentur et corrum-
90 pantur. Volunt etenim generationem esse adventum formae ad subiectum et esse generatum quod compositum est ex illis, et corruptionem,
quae est ei opposita.

---

78 hic] haec P   81 hyle] ille D   82 innuimus] invenimus DP   90 etenim] et
eam P

---

72 homo¹ = At] هو (ipse) A   73 et¹] لا (non) add. A non add. At   75 immo]
لأنه (quia) A   75 et] om. A   76 ergo = Ad] و (et) A   79 loquimur hic] est haec
dictio nostra   80 inveniemus] فههنا (hic erunt) A   80 materias] materiae
81 gallae] والزاج (et atramenta) add. A non add. Asām   87 et] om. A   88 scilicet]
om. A   89 compositae] om. A   90 generationem] حينئذ (tunc) add. A

---

75 homo: l'arabe ajoute «car ces deux sens sont niés (fa-yuslabān) de l'essence de
l'homme en tant qu'il est homme».
75-76 non est ... eius: ar. laysa dākhilan fīhī, «ce n'est pas (quelque chose) qui est au-
dedans de lui».
81 encaustum: ar. al-ḥibr, «l'encre», voir ch. 2, p. 30-31, notes 35 et 42.
82 esse eius est perpetuum: ar. littéralement, «(quant à la matière première) elle dépend
seulement, pour se réaliser, de la création absolue (innamā hiya mutaʿalliqat al-ḥuṣūl bi-ʾl-
ibdāʿ)».
91 et esse generatum: ar. wa-yakūn al-kāʾin, «et l'être engendré est alors (le composé des
deux)».

Sed ‹ si › privationis generatio (si ipsa habet generationem) haec est
scilicet ut sit postquam non fuit, et esse eius et accessus non est esse
95 quod habeat esse in se, sed est esse per accidens, quia privatio est
privatio rei designatae in re designata in qua est illa in potentia: ergo
habet aliquem modum generationis etiam accidentaliter et corruptionis
accidentaliter. Ergo generatio eius est cum separatur forma a materia et
fit privatio hoc modo.
00 Sed corruptio eius est cum recipitur forma, et tunc privatio quae est   147 va
huiusmodi non habet esse, et ita haec privatio est privatio accidentaliter, sicut esse eius est accidentaliter quod est corruptio formae et eius
privatio est esse formae, sed perfectio formae et esse non est [nisi] ex
comparatione privationis quae contingit ei aliquo respectu, constitutio
5 autem huius privationis et esse est ex comparatione ipsius ad hanc
formam. Ergo privatio privationis est respectus aliquis qui contingit
formae ex respectibus relativis, ex quibus fortassis aliquis accidit rei
aliquando usque in infinitum, et potentia privationis est hoc ordine,
quia potentia vera est in comparatione effectus et perfectionis, et non
10 est perfectio in privatione; ergo non habet verum effectum.

---

95 quod habeat ... est esse] *om. hom.* P   95 per] quia V   95 quia] *i. m.* VD
97 habet] *post* modum] P   97 etiam] ergo P   1 et] quia V   1 est privatio] *om.*
hom. D   1 privatio²] *om.* P   5 huius] *om.* VP   5 hanc] *om.* VP

---

94 scilicet] *om.* A   94 et¹] ـف (tunc) A   94 et²] *om.* A *non om.* Adsām   94 esse²]

eius *add.* A   95 esse²] eius *add.* A   85 privatio] *om.* A   96 illa in potentia] قوّته

(illius potentia) A   98 separatur] تفسد (corrumpitur) A   1 ita] *om.* A

1 privatio est privatio] لهذا العدم عدم (huic privationi est privatio) A   2 sicut esse...

est¹] كما له وجودا (sicut ei est esse) A   2 quod ... formae] *om.* A   3 esse¹] *om.* A

3 formae¹] forma   3 perfectio] قوام (constitutio) A   3 esse²] eius *add.* A   3 nisi]

om. A   4 privationis] ad eam *sc. privationem*   4 quae] بل ذلك (immo hoc) A

5 esse] eius *add.* A   5 ipsius] *om.* A   7 ex quibus... accidit] التى ربما عرضت (qui

fortassis accidunt) A   8 aliquando] *om.* A

---

94 esse ... accessus: *ar. ḥuṣūl wujūdihi*, «la réalisation en acte de son être».
94-95 esse² ... esse¹: *ar.* littéralement, «(n'est pas) l'être (*wujūd*) de ce qui a (*mā lahu*)
une essence (*dhāt*) réalisée en acte (*ḥāṣila*)».

Debes etiam scire adhuc haec tria principia communia quo modo
secundum comparationem eorum conveniant unicuique illorum quae
continentur sub eis, quia piget nos quod dicunt scilicet quod nomen
uniuscuiusque illorum est translativum; quia, si ita fuerit, labor philo-
15 sophorum erit irritus qui imposuerunt multis principiis tria nomina,
quorum unumquodque contineat multitudinem aliquam principiorum
et tria nomina contineant omnia principia, quia satis poteramus excusari in hoc ut inter nos conveniremus in nominibus et univocaremur in   A 25
eis. Et, si hoc faceremus aut non faceremus, sed reciperemus quod
20 fecerunt ipsi, non essent in manibus nostris nisi tria nomina et ignorare-
mus intellectus principiorum ullo modo; unde male fecit qui hoc
tantum contentus esse voluit.

Non possumus etiam dicere quod unumquodque eorum praedicetur
de contentis suis univoce pure, cum cadant sub unoquoque illorum
25 diversi modi diversae praedicationis qui diversificantur in intellectu
principalitatis secundum prioritatem et posterioritatem. Sed potest,
immo debet, ut significatio eorum sit significatio quasi aequivoca, sicut
significatio esse et principii et unius. Iam vero didicisti differentiam
inter univoca et aequivoca et quasi aequivoca in logica.

---

11 adhuc] quod *add.* P   14 quia si ita] ita quod si P   18 nominibus] omnibus DV et
uni *add.* P   20 ignoraremus] non sciremus D   28 differentiam] differentia V

---

11 debes] debemus   13 scilicet] *om.* A   17 principia] *om.* A   21 principiorum]
شيء (rei) *add.* A   22 tantum] *om.* A   24 pure] فكيف (et quomodo possibile esset)
add. A   25 diversae praedicationis] مقولات شتى (diversarum praedicationum) A
26 posterioritatem] وبالأخرى (et cetera) *add.* A   26 sed potest] *om.* A   28 didicisti]
عرفقنا (notum fecimus) A

11-13 quo modo ... eis: *ar.* littéralement, «en quel sens il y a en eux quelque chose de
commun (*yakūn mushtarikan fīhā*) par rapport à (*bi-ʾl-qiyās ilā*) ce qu'englobe chacun
d'eux (*mā taḥta kull wāḥid*) quant à ce qu'il y a en lui de commun (*mimmā fīhi takūn al-
shirka*)».
14 labor: *ar. saʿy*, «course», «effort».
14 philosophorum: *ar. al-jamāʿa*, «le groupe», «l'ensemble».
15 irritus: *ar. maqṣūr*, «sans effet» ou «limité à».
15 imposuerunt: *ar.*, «(l'effort des philosophes se limitera) à créer (des noms)».
17-18 satis ... nominibus: *ar.* littéralement, «il était suffisant (*qad kāna yakfī*) que ce qui
est important sur cette question (*an yakūn al-muhimm fīhi*) fût de ...».
29 univoca ... in logica: voir ARISTOTE, *Catégories*, 1 a, 1-15; ce qui est dit ici univoque
(*al-mutawāṭiʾ*) et équivoque (*al-muttafiq*) peut correspondre aux définitions de ce qui est

30   Ergo quicquid dicitur esse hyle habet naturam quae generaliter
intelligitur quod est res quae solet recipere aliam rem in sua essentia
quam prius non habebat, et hoc est unde est quicquid est, et est hoc in
illa non accidentaliter; et aliquando est simplex, aliquando composita
post simplicem, sicut materies lecti.

35   Et receptum aliquando est forma substantialis, aliquando est affectio
accidentalis, et quicquid dicitur esse forma, hoc est affectio recepta in
hac re praedicta ex quibus fit aliqua rerum hoc modo compositionis.

Et quicquid dicitur privatio est non esse id quod vocamus formam in
suo susceptibili.

40   Et tota nostra speculatio de forma et de eius principalitate ad id
perducitur scilicet quod est principium ex intellectu quod est una ex
duabus partibus generati, non quod sit efficiens. Si autem conceditur
quod forma sit efficiens, <cum> iam declaravimus quod naturalis non
habet tractare de principio efficiente et principio finali communi secun-
45 dum modum primum omnibus naturalibus: ergo debemus tractare de
principio efficiente communi naturalibus quae sunt post eum. Quandoquidem iam explicavimus de principiis quae magis debent vocari principia, idest constituentia generatum sive corpus naturale, debemus ergo
tractare de principiis quae magis digna sunt vocari causae, et ex illis
50 notum faciemus principium efficiens commune naturalibus, quod est
natura.

---

32 est²] *om.* P   32 unde est ... et est hoc] *i. m.* V²   40 de²] *om.* P

---

33 simplex] و (et) *add.* A   33 aliquando] كَانَ (est) *add.* A   35 substantialis] أو (vel)
add. A   35 aliquando est²] *om.* A   36-37 in hac] لمثل (in huiusmodi) A
40 forma] ههنا (hic) *add.* A   40 et²] اعتبارنا (nostra consideratio) *add.* A
41 scilicet] *om.* A   41 ex intellectu quod] بأنه (ex hoc quod) A   44 efficiente]
المشترك (communi) *add.* Aṭ *non add.* A   44 communi = Aṭ] المشتركين (communibus) A   46 eum] و (et) *add.* A *non add.* Adsām   47 explicavimus] فرغ
(completur *sc. tractatus*) A

συνώνυμον et ὁμώνυμον dans la phrase d'Aristote ouvrant les *Catégories*; par contre, ce
qui est dit chez Aristote παρώνυμον correspondrait à l'arabe *al-mushtaqq* et au latin
demonstrativum; *quasi aequivocum* (*al-mushakkak*) est défini par Avicenne dans son traité
des *Catégories* (*al-maqūlāt*), édition du Caire, 1959, I, 2, p. 11, 3-7, d'une manière qui
permet de le traduire par «analogique».
38 non esse id: *ar.* littéralement, «le non-être (*lā wujūd*) de cette sorte de chose (*mithli
hādhā 'l-shay'*)».
38-39 in suo susceptibili: *ar.* littéralement, «dans ce qui est apte (*fīmā min sha' nihi*) à ce
que cette chose lui advienne (*an yaḥṣul lahu*)».

CAPITULUM DE IMPROBATIONE EORUM QUAE DIXERUNT PARMENIDES ET MELISSUS DE PRINCIPIIS ESSENDI

Postquam autem ad hoc pervenimus, rogaverunt nos aliqui de sociis nostris ut loqueremur de sententiis quas adinvenerunt antiqui de princi-
5 piis naturalium. Iam enim fuit usus nominandi eas in ingressu scientiae naturalis et ut induceremus eas antequam proponeremus verbum de natura. Et ipsae sententiae sunt sicut sententia quae dicta est Melissi et Parmenidis, scilicet quod ens est unum non mobile (dixit enim Melissus quod est infinitum, sed Parmenides, quod finitum), et sicut sententia
10 eius qui dixit quod ens unum infinitum receptibile motus aut est aer, aut aqua, aut cetera ex his, et sicut sententia eius qui posuit principium infinitum numero, scilicet quod, aut sunt atomi dispersae per inania, aut minima corpora similia ei quod generatur ex eis in aqueitate et carneitate et aeritate et ceteris, omnia commixta in omni, et ceterae

---

1 improbatione] probatione D   2 Melissus] Milesius VDP   4 loqueremur] loquemur D   5 naturalium] naturalibus V   6 eas ... proponeremus] *om.* V   7 et¹]
quia P   7 Melissi] Milesii VDP   8 scilicet] *om.* P   8 Melissus] Milesius VDP
9 infinitum] in infinitum D   9 et] quia V   13 aut minima] *i. m.* V²   13 ex] *om.* P

---

1 improbatione = At] تعقب (inquisitione) A   3 postquam = Am] إذ (quia) A

3 autem] قد (iam) *add.* A   3 pervenimus] فقد (ideo) *add.* A   4 sententiis]

المستفسدة (corruptis) *add.* A   5-6 iam ... eas] *om.* A   6 antequam proponeremus]

ante   7 ipsae] تلك (illae) A   7 sententia] *om.* A   8 scilicet] *om.* A   8 enim] ثم

(deinde) A   9 sed] sed dixit   10 quod ens] إنه (quod est) A   10 est] *om.* A

11 sicut] *om.* A   11-12 principium infinitum] المبادئ غير متناهية (principia

infinita) A   12 scilicet] *om.* A   12 quod] و (et) A   12 sunt] *om.* A   12 inania]

inane   13 in aqueitate] ut aquosa   14 carneitate] لحمية (carnea) Asâm *om.* A

14 aeritate] aerea

---

2 Parmenides et Melissus: voir dans ARISTOTE, *Physique*, I, 3, 186 a 4 — 187 a 11, la
critique des Éléates.
14 omnia ... omni: voir ARISTOTE, *Physique*, I, 3, 187 b 1, πᾶν ἐν παντὶ μεμῖχθαι.

15 sentcntiae quae enumerantur in libris Peripateticorum, et etiam quod loqueremur de eis secundum modum quo illi destruxerunt sententias eorum.

Sed dicemus quod sententias Melissi et Parmenidis nos non comprehendimus, nec possumus intelligere intentiones eorum, nec putamus eos
20 adeo fuisse imperitos sicut videtur in verbis eorum.

Ipsi enim etiam tractaverunt de naturalibus, et de multitudine principiorum eorum, sicut Parmenides concedit terram et ignem, et quod omnia generata componuntur ex illis. Unde videtur innuere quod ens ipsum est < ... > quod habet verum esse, sicut scies suo loco, et quod
A 27 25 est infinitum, non mobile, et quod est infinitae potentiae, et quod est finitum intellectu secundum quod finis est ad quem omnia perveniunt, et [in] hoc quod pervenitur ad illum putatur finitum secundum quod pervenitur ad illum.

Aut videtur quod intentio eorum sit alia, scilicet quia natura entis

---

15 et] quia V   15-16 et etiam ... loqueremur] *om.* D   18 Melissi] Milesii VDP
18 non] *om.* V   21 enim] *om.* P   23 innuere] invenire D   29 quia] quod P

---

15 etiam] *om.* A   16 de eis] *om.* A   18 sententias] مذهب (sententiam) A
19 intentiones eorum] غرضهما (intentionem eorum duorum) A   23 videtur]
كان وشيكا (paene videtur) A   24 ipsum est] الواجب الوجود (necessarium
esse) *add.* A   25 et²] أو (vel) A   26 secundum quod] secundum quem   26 omnia]
شئ (res) *add.* A   27 hoc ... illum] illud ad quod pervenitur   27 putatur] أنه (quod
est) *add.* A   27 illum] illud   29 alia] aliquid aliud   29-30 natura ... unde est] *om.* A

---

15 sentenciae ... Peripateticorum: voir dans ARISTOTE, *Physique*, I, 3, 187 a 12 — 188 a
18, la critique des «Dynamistes» et des «Mécanistes», puis celle de la théorie d'Anaxagore.
20 adeo ... eorum: *ar.* littéralement, «(nous ne pensons pas) qu'ils atteignent tous deux
(*yablughān*) ce degré (*hādhā ʾl-mablagh*) de stupidité et d'ignorance (*min al-safah wa-ʾl-
ghabāwa*) qu'indique (*yadull ʿalayhi*) l'apparence extérieure de leur discours (*ẓāhir kalāmi-
himā*)».
21-23 et de multitudine ... illis: *ar.*, «(ils ont traité de la physique) à la fois à propos (*wa-
ʿalā*) de la pluralité des principes, comme ce que dit Parménide de la terre et du feu, et à
propos (*wa-ʿalā*) de la composition des êtres contingents à partir de ces deux principes».
22 sicut Parmenides ... ignem: voir ARISTOTE *Physique*, I, 5, 188 a 20-22.
23-24 innuere ... ipsum est: *ar.* littéralement, «leur indication (*takūn ishāratuhumā*)
concernant l'étant (*ilā ʾl-mawjūd*) est une indication concernant l'être nécessairement
existant (*al-wājib al-wujūd*)».

30 unde est natura essendi sit una in intellectu, definitione aut descriptione,
47 vb et quod cetera entia sunt aliud a natura ipsius esse, quia sunt talia
quibus advenit esse et comitatur ea, sicut humanitas, quia humanitas
est ens et non est ipsum esse nec esse est definitio eius, sed esse est extra
definitionem eius, et advenit essentiae eius, sicut declaratum est alias.

35 Videtur ergo quod is qui dixit «finitum» voluit intelligere terminatum
esse in seipso, non naturas euntes in multitudinem in infinitum. Et qui
dixit «infinitum» intellexit ideo quod advenit rebus infinitis, et hoc non
erit tibi obscurum ex eis quae disces alias, quia homo, in eo quod est
homo, non est esse inquantum est ens, sed intellectus eius est extra

40 illum, et propter hoc est distributio uniuscuiusque rerum quae continentur in praedicamentis, eo quod unaquaeque illarum est subiectum entis,
et esse comitatur illam.

Aut si hoc noluerunt sed potius protervierunt, tunc non est mihi
posse adversandi eis, quia argumentatio qua improbetur eorum senten-
45 tia erit sine dubio composita ex propositionibus quas oportet <aut>
in se esse manifestiores conclusione —sed nihil invenio manifestius hac
conclusione—, aut ut sint concessae ab adversario —sed non possum

---

30 in] *om.* D 32 quia humanitas²] *om.* V 33 est¹] in V 33 nec esse] *om. hom.* P
33 est³] om. D 36 in³] *om.* P 38 eis] his D 39 esse] *corr.* ens VDP 40 quae]
om. P 41 esse] *corr.* ens VDP 43 noluerunt] voluerunt D 43 sed potius] *om.* P
46 in se esse] ut in se propositiones sint esse D 47 ut] non P

---

30 essendi = A] الموجود (entis) Asātm 30 una in intellectu] unus intellectus 30 aut =
Asātm] و (et) A 31 cetera entia] سائر الماهيات (ceterae quidditates) A 33 ens]
ماهية (quidditas) A 33 definitio] جزء (pars) A 34 essentiae eius] ei 35 dixit]
إنه (quod est) *add.* A 36 non] non esse 36 in infinitum] *om.* A 37 dixit] إنّ
(quod est) *add.* A 37 ideo] *om.* A 37 hoc] *om.* A 38 quia] scilicet quia
39 esse = A] الموجود (ens) Asātm 39 ens = Asātm] وجود (esse) A 40 propter
hoc] كذلك (similiter) A 40 distributio] حال (dispositio) Abkhṭm *om.* A 45 quas]
et eas propositiones

---

31 natura ... esse: *ar. nafs ṭabīʿat al-wujūd*, «la nature même de l'être».
33 definitio eius: *ar. juzʾ lahā*, «une de ses parties»; la graphie arabe de *juzʾ* (*pars*) et
celle de *ḥadd* (*definitio*) se ressemblent, ce qui favorise une confusion entre les deux termes,
d'autant plus que *juzʾ* est suivi de près par *ḥadd* (*definitio*), voir ligne 34.

scire quam ex ipsis propositionibus concedent quia, si ipsi concesserint
hoc absurdum, quis promittet quod ipsi audeant negare aliquam ex
50 propositionibus quae positae sunt in argumentatione contra illos. Et
etiam, quia invenio propositiones multas quibus opponitur illis, minus
notas quam sit conclusio propter quam volumus illas inducere, sicut
dicitur quia, si ens est substantia tantum, non erit finitum nec infinitum:
haec enim duo accessibilia sunt quantitati, et quantitas accessibilis
55 substantiae. Tunc ergo erit substantia ens et quantitas ens; ergo ens erit
A 28   plus quam duo. Sed cum attenderis, invenies finitati aut infinitati opus
esse ad certitudinem sui esse ut sit quantitas continua, scilicet mensura
certa. Sed multum opus est exponere quod quantitas certa non est
existens nisi in materia et in subiecto, quia hoc non est ens nisi in
60 subiecto, quia hoc non potest exponi per se, sed eget ad expositionem
sui non modico studio. Quomodo ergo accipiemus hoc pro propositione
ad concludendum quod patet per se, similiter etiam illud quod dixerunt
scilicet quod infinitum est definitum partibus suae definitionis et cetera?

---

48 concedent] concedunt P   49 negare] omnem propositionem add. D   50 argumen-
tatione] argumentationibus P   52 quam] corr. quas VDP   52 inducere] propter
illam add. D   54-55 accessibilis ... et quantitas] om. hom. V   58 quantitas] mensura
add. D   59 quia hoc] et quod DP   62 quod²] om. V

---

48 concedent] هذان (isti duo) add. A   49 promittet] mihi add. A   50-51 et etiam =
At] om. A   51 quia] على أني (tamen ego) A   52 volumus] يراد (volunt) A   54 accessibilia sunt] adveniunt   54 accessibilis] advenit   56 duo] كم وجوهر (quantitas
et substantia) add. A   56 sed] أنت (tu) add. A   56 aut] و (et) A   58 certa¹]
المشاهد (visibilis) A   58 sed] بنا (nobis) add. A   58 certa²] المشاهد (visibilis) A
58 non] om. A   59 nisi¹] om. A   59 in²] om. A   59 hoc] om. A   60 potest]
om. A   60 exponi] exponitur   63 scilicet] om. A   63 infinitum] المحدود (terminatum) A   63 definitum] متجزء (divisibile) A

---

48   concesserint: l'arabe ajoute irtikāb, «perpétrer», «commettre».
49   quis ... audeant: ar., «qui (man) me rassurera contre leur audace (de nier)»; le texte
de l'édition de Téhéran porte, au lieu de man, la négation mā et la phrase se traduit alors:
«leur audace (de nier ...) ne me rassure pas»; la traduction latine impliquerait une
négation: « ... non audeant».
51   quia: cfr quia, ligne 44; ce membre de phrase introduit la deuxième raison justifiant
«non est mihi posse ... », lignes 43-44.
55-56 tunc ergo ... duo: voir ARISTOTE, Physique, I, 2, 185 b 3-4.
63   infinitum ... definitum: cette phrase se situe dans un passage résumant des doctrines
réfutées par Aristote; les termes latins infinitum et definitum ne correspondent pas à
l'arabe; aucune correction ne s'impose puisque la doctrine citée est présentée comme
absurde.

Sed sententiarum ceterorum hominum inveniemus destructionem in
65 hoc loco aliqua facili significatione. Nos enim iam disposuimus verbum
de his quae postea sequuntur, per quod cognosces revelationem suae
fortitudinis cognitione sufficienti.

Et dicemus nunc quod his qui dixerunt principium unum esse possumus opponere duobus modis: uno, quia dixerunt principium unum
70 esse, altero, quia viderunt quod hoc principium erat aut aqua, aut aer.

Sed opponere illis qui dixerunt quod <hoc> principium est aut
aqua aut aer, ibi erit melius ubi loquemur de principiis generatorum
corruptibilium, non ubi loquimur de principiis communibus, quia illi
posuerunt illud principium generatis et corruptibilibus. Sed destructio
75 dictionis quod principium unum est, haec est quia eorum sententia
ponit omnes res convenire in substantia et differre in accidentibus, et
negant esse diversitatem in corporibus ex specificis differentiis, sed in
sequentibus declarabitur quod corpora differunt specificis differentiis.
Qui autem dicunt quod principia ex quibus generantur haec generata
80 infinita sunt, iam cognoscuntur ignorare generata, ideo quod dicunt
principia eorum infinita esse, unde non comprehendunt ea scientia nec
comprehendunt quod generatur ex eis. Postquam ergo non sunt in via

---

69 dixerunt] quod *add.* D   74 corruptibilibus] etiam *add.* D   77 esse] in *add.* V
81 eorum] earum P   81 ea scientia] eam scientiam P   81 nec] ergo *add.* DP

---

64 inveniemus] فلنشر (innuamus) A   65 enim] ثم (deinde) A   65 iam] *om.* A
66 sequuntur] نكتبه (scribemus) A   68 nunc] أما (sed) *add.* A   70 aut[1]] *om.* A
71 qui] من جهة أنهم (quia) A   71 aut] *om.* A   73 ubi loquimur] *om.* A
74 posuerunt] أيضا (etiam) *add.* A   74 principium] مبدأ (ut principium) *add.* A
74 et] *om.* A *non om.* Asātm   74 destructio] الدلالة على فساد (demonstratio corruptionis) A   75 dictionis] eorum *add.* A   76 et[1]] *om.* A   78 declarabitur] لنا
(nobis) *add.* A   80 dicunt] *om.* A   81 esse] sunt   82 postquam ergo = Asātm]
وإذ (sed quia) A   82 non sunt in via] لا سبيل (non est via) A

66-67 suae fortitudinis: *ar.* zayghihim, «leur déviation»; l'édition de Téhéran porte
zayfihim, «leur falsification».
68-69 possumus opponere: *ar.*, «la réfutation (al-naqḍ) s'adresse à eux (yatawajjah
ilayhim)».
81 ea: neutre pluriel, complément d'objet de *comprehendunt.*

sciendi generata, quomodo ergo scire poterunt quod principia eorum infinita sunt?

85 Sed opponere illis qui dixerunt principia illa infinita esse atomos dispersas per inania aut positas in commixtione, melius erit ibi ubi loquemur de principiis generatorum corruptibilium etiam.

Postquam autem pervenimus ad hunc finem, terminemus hoc capitulum; capitulum autem hoc incidens est in hoc nostro libro; unde, si quis

90 voluerit interserere, interserat; qui autem noluerit, non interserat.

---

86 positas] *corr.* posita VDP   87 loquemur] loquamur P   87 etiam] et V   89 capitulum] *om.* P

---

83 scire] علموا أيضا (scient etiam) A   83 poterunt] *om.* A   85 qui] من جهة (quia) A   86 erit] أن نشتغل به (tractare illud) *add.* A   89 hoc] *om.* A
90 noluerit] يشبته (inserere) *add.* A

---

85   qui dixerunt ... atomos: *ar.*, «parce qu'ils ont spécifié (*min jihat takhṣīṣihim*) que ces choses (*tilka 'l-umūr*) infinies sont des atomes».

V

Dicemus quod corporibus quae apud nos sunt adveniunt actiones et
motus, et invenimus quod quaedam eorum veniunt ex causis quae sunt
extra ea ex quibus fiunt in eis ipsae actiones et motus, sicut caliditas
5 aquae et ascensus lapidis, et invenimus quod quibusdam eorum adveniunt actiones et motus ex seipsis, non ex causa extrinseca, sicut aqua
calefacta, cum dimittitur, per se frigescit ex sua natura, et lapis in altum
proiectus, cum relinquitur, descendit ex sua natura.
Et fortassis nostra opinio de conversione seminum in alia et sperma-
10 tum in animalia erit secundum hanc opinionem, et invenimus etiam
quod animalia aguntur in omnes suos motus sua sponte, et non
videmus quod impellentem habeant extrinsecus qui agitet ea illis motibus. Per hoc ergo formabitur in nostris animabus opinio quod motus et
148 ra omnino omnes actiones et passiones quae eveniunt corporibus ali-
15 quando sunt ex causa extrinseca et peregrina, aliquando ex seipsis, non
ex causa extrinseca. Sed eorum quae sunt ex seipsis non ab extrinsecis,

---

1 quid sit] *om.* DP   2 sunt] *om.* V   3 eorum] earum D   5 invenimus] inveniemus D   7 cum] cessat *add. sed videtur del.* D   9 opinio] erit *add.* D   10 inveni-
mus] inveniemus DP   12 habeant] sunt P   14 omnino] cuivis accesserit *add.* P
14 actiones] *om.* P   14 eveniunt] veniunt P

---

1 quid sit] *om.* A   2 sunt] قد (aliquando) *add.* A   5 quibusdam ... adveniunt]
يصدر عنها (ex quibus proveniunt) A   7 per se] *om.* A   9 in alia] نباتا (in
plantas) A   9 spermatum] النطف في تكونها (de generatione spermatum) A
11 omnes] أنواع (diversos) A   13 per hoc] *om.* A   14 omnes] *om.* A   14 eve-
niunt] عن (ex) *add.* A   15 causa] *om.* A   16 sed] ثم (deinde) A

---

2 corporibus ... adveniunt: *ar.*, «des corps qui nous environnent peuvent provenir
(actions et mouvements)».
4 ex quibus ... in eis: *ar.*, «(causes) qui rendent nécessaires en eux (ces actions et
mouvements)».
6 ex seipsis ... extrinseca: *ar.* littéralement, «(provenant) directement (des corps) eux-
mêmes (*ṣudūran ʿan anfusihā*), sans que leur provenance à partir d'eux soit fondée (*min
ghayr an yastanid ṣudūruhā ʿanhā*) sur une cause externe».

nos in prima speculatione concedemus quod quaedam sunt instituta ad
unum aliquid et non declinant ab eo, et quaedam sunt instituta ad
multa et insuper ad varios modos. Et concedemus quod omnium horum
20 modorum alii adveniunt sponte, alii non sponte, sicut adventus laesionis ex cadente lapide et combustio ex igne urente, et hoc est quod
formatur in nostris animabus.

A 30   Post hoc autem, quis faciet scire quod haec corpora quorum non
invenimus motorem extrinsecus moveantur et agantur ex principio
25 extrinseco quod nos non comprehendimus neque sentimus, sed fortassis
aut remotum est et non sentitur, aut fortassis est sensibile in sua
essentia et non in actione, hoc est quia non est sensibilis habitudo, quae
est inter ipsum et patiens ab ipso, quae significet quod ex ea fiat ista
actio, sicut homo qui non vidit magnetem attrahentem ferrum sensibili-
30 ter nec cognovit intelligibiliter quod sit attrahens ferrum, quia difficilis
est haec comprehensio suae intelligentiae, cum viderit ferrum moveri ad
ipsum, non erit longe ipsum putare quod moveatur ex seipso < ... >.

---

17 concedemus] concedimus V excedemus P   22 formatur] describitur *add.* D
24 agantur] agant D   25 quod] *om.* P   25 fortassis] ut (aut ut P) angeli dicuntur
movere firmamentum *add. i. m.* V² *add.* P   26 aut¹] *om.* P   26 remotum] remotus P
26 in] ut P   26 sua] actione *add. sed videtur del.* D   27 essentia] ut firmamentum et
cetera *add. i. m.* V² *add.* P   27 in] *om.* D   28 ea] ista P   29 vidit] videt P

---

18 unum aliquid] طريقة واحدة (unam viam) A   18 eo] ea *sc. via* A   19 multa]
مفنن الطرائق (diversas vias) A   19 et¹] *om.* A   19 insuper] *om.* A   19 et²]
ومع ذلك (et insuper) A   19 concedemus] conceditur   19 horum] *om.* A   20 mo-
dorum] duorum modorum   20 alii¹] *om.* A   20 alii²] et adveniunt   20 sponte²]
بل (sed) *add.* A   23 quis] ما (quid) A   24 motorem] motores   24 extrinsecus]
إنّما (tantum) *add.* A   24 principio] محرك (motore) A مبدأ محرك (principio
movente) Aṭ   26 aut¹] *om.* A   26 et non sentitur] non sensibile   26 sua] *om.* A
27 et] *om.* A   27 non] non sensibile   29 actio] *om.* A   30 difficilis] كالمتعذرة
(quasi difficilis) A   31 suae] *om.* A   32 moveatur] إليه (ad illum *sc. magnetem*)
add. A

17-18 sunt instituta ... unum: *ar. yakūn lāziman ṭarīqa wāḥida*, «suivent nécessairement
une même voie».
18-19 sunt instituta ... modos: *ar.* littéralement, «se diversifient selon plusieurs voies
(*yakūn mufannan al-ṭarāʾiq*) et sont d'aspects différents (*mukhtalif al-wujūh*)».
31 suae intelligentiae: *ar. bi-ṭalab al-ʿaql*, «par la recherche intellectuelle».
32 ex seipso: l'arabe ajoute «cependant il est évident que le moteur ne peut être un corps
en tant que corps; il ne se meut que par une force qui est en lui».

Sed faciemus positionem quam concedat naturalis et probet divinus,
scilicet quod corpora quae moventur his motibus, quotienscumque
35 moventur, <moventur> ex viribus quae sunt in eis, quae sunt scilicet
principia suorum motuum et suarum actionum.

Illarum virium quaedam vis est quae mutat et convertit et venit ex ea
actio uno modo non sponte, et est quaedam alia similis sponte, et est
alia vis variorum motuum et actionum sine sponte, et est alia vis similis
40 sponte.

Similiter est divisio in quiete. Prima ergo divisionum est sicut vis
lapidis in suo descensu et quies eius in centro; et haec vis vocatur
natura. Secunda est sicut vis solis in circuitu suo apud sapientiores
philosophorum, et vocatur anima angelica. Tertia est sicut vis herba-
45 rum in nascendo et crescendo et quiescendo, quia ipsae moventur non
sponte et diversis motibus scilicet sursum erigendo, radicando, dilatando, elongando, et vocatur anima vegetabilis. Quarta est sicut vis
animalium, et vocatur anima sensibilis.

Et fortassis omnis vis ex qua venit <sua> actio non sponte, vocatur
50 natura. Unde anima vegetabilis natura vocatur. Et fortassis vocatur
natura omnis vis ex qua venit sua actio sine cogitatione et discretione

---

33 positionem] ponere V 34 scilicet] secundum D 35 scilicet] secundum D
37 quae] non *add.* D 38 est¹] ens *dub.* P 39 alia vis] *inv.* P 39 est] *om.* P
41 prima] primo D 45 et crescendo et quiescendo] *i. m.* V²

---

34 scilicet] *om.* A 34-35 quotienscumque moventur] إنّما تتحرّك (non moventur nisi A
35 scilicet] *om.* A 37 virium] *om.* A 37 mutat] تحرّك (movet) A 38 alia]
vis 39 similis] variorum motuum et actionum 41 est²] *om.* A 41-42 sicut
... lapidis] كما للحجر (sicut quod habet lapis) A 42 haec vis] *om.* A 43 natura =
Absā] طبيعية (naturalis) A 43 est ... solis] كما للشمس (sicut quod habet sol) A
44 sicut ... herbarum] كما للنباتات (sicut quod habent herbae) A 46 et] *om.* A
46 motibus] جهات (modis) A 46 scilicet] *om.* A 47-48 sicut ... animalium]
كما للحيوان (sicut quod habent animalia) A 51 omnis vis] كل ما (omne) A
51 ex qua] عنه (ex quo) A

---

33 divinus: ar. *al-ilāhī*, «le métaphysicien», distinct du *naturalis* ou «physicien», traite
de la *scientia divina*, selon le titre même que porte, dans le *Shifāʾ*, la *Métaphysique*
d'Avicenne, à savoir, *al-Ilāhiyyāt*.

sic ut aranca dicitur texere ex natura, sicut et similia ex animalibus, sed
natura ex qua corpora naturalia sunt naturalia, et quam volumus hic
inquirere, est natura secundum primum modum.

55   Mirum est autem illud quod dicunt scilicet quod, qui inquirit an ipsa
est, certe deridendus sit, sed puto hoc eos voluisse intelligere quod
A 31   naturalis, si inquirit an natura est, deridendus est ideo quia vult ex ipsa
sua arte probare principia eius. Si autem hoc noluerunt aut aliquid
aliud huiusmodi, sed voluerunt hoc scilicet quia esse huius virtutis
60   manifestum est per se, hoc ego non audiam nec dicam. Quomodo enim
hoc dicam, cum difficile sit invenire motorem uniuscuiusque rei motae,
cum iam etiam in hoc diu laboraverit ipse qui hanc sententiam dedit?
Quomodo ergo deridebitur qui motum videt et quaerit rationem an
habeat motorem, et quaerunt ab eo ut concedat esse motorem et quod
65   sit extra?

Sed verum est quia dictio de esse naturae principium est scientiae
naturalium, et naturalis non debet respondere neganti eam, sed eius
constitutio pertinet ad tractatores philosophiae primae; naturalis autem
debet scire certitudinem quid est.

---

52 ex²] et V   58 noluerunt] voluerunt D   58 aut] *om*. V   59 huiusmodi] simile
add. D   63 videt] vidit P   67 non] si P   68 constitutio] definitio *add. i. m.* V² vel
definitio *add. i. m.* D definitio vel constitutio P   69 quid] qua P

---

52 dicitur] *om*. A   52 texere] إنّما يشبك (non texat nisi) A   55 scilicet] *om*. A

57 si] qui   58 sua] *om*. A   59 scilicet] *om*. A   61 hoc dicam] *om*. A   62 hanc

sententiam] has sententias   62 dedit] nobis *add*. A   64 esse] *om*. A   64 quod]

يجعله (ponat quod) A   67 naturalium] naturalis   68 constitutio] إنّما (tantum)

add. A   68 tractatores] tractatorem   69 scire certitudinem = A t] تحقيق (certi-

ficare) A

---

52   sic ut: *ar. ḥattā*, «si bien que (l'araignée ne tisse sa toile que par nature)».
57   naturalis: au lieu du terme *al-ṭabīʿī* désignant habituellement le «physicien», l'arabe
utilise ici une périphrase «quelqu'un qui scrute (*fāḥiṣ*) la science naturelle (*ʿan al-ʿilm al-
ṭabīʿī*)».
58-59   aliquid aliud: *ar. taʾwīl ākhar*, «une autre explication».
61   difficile sit: *ar*., «il nous incombe (*yalzamunā*) le dur labeur (*kulfatan shāqqatan*) de».
61   invenire: *ar. athbata*, «établir l'existence».
64   et quaerunt ab eo: la traduction latine implique la répétition du mot *quomodo*: «(et
comment) peut-on lui demander»; en lieu et place des mots cités, l'arabe porte *faḍlanʿan*,
«sans compter que», «indépendamment du fait que», ce qui se rattache alors à «(celui qui
cherche à prouver pour chaque mouvement l'existence d'un moteur) indépendamment du
fait (qu'il concède l'existence d'un moteur)».

70 Sed iam definierunt naturam dicentes quod ipsa est *primum princi-*
pium motus rei in qua est et quietis eius per seipsam non per accidens,
non quia necesse est ut omni rei naturali simul sit principium utriusque,
scilicet motus et quietis, sed ut per se sit principium <rei> aut motus
si fuerit, aut quietis si fuerit.

75 Sed postea, visum fuit cuidam qui successit quod haec descriptio esset
imperfecta; unde et voluit ei addere dicens quia haec descriptio effectum
naturae significat, non substantiam; non enim significat nisi habitudinem eius ad id quod venit ex illa, et ideo oportet ut addatur eius
descriptioni et dicatur quod natura est virtus diffusa per corpora quae
80 attribuit eis formas et figuras, et est principium sic et sic.

Nos autem incipiemus declarare intentionem descriptionis positae ab
auctore primo, et postea redibimus ad refellendam huius garruli super-
fluam additionem huic descriptioni, demonstrantes quia quod dixit
pessimum est et falsum et non est opus eo nec etiam ad commutandum.

---

70 primum] *om.* P   74 aut quietis si fuerit] *i. m.* V²   84 falsum] conscio corruptum D
84 ad] *om.* P

---

70 dicentes] *om.* A   72 naturali] *om.* A   72-73 utriusque scilicet] *om.* A   73 ut] أنها

(ipsa *sc. natura*) *add.* A   73 sit] لكل أمر (cuiusque) A   73 aut] *om.* A   74 aut]

و (et) A   76 unde] *om.* A   76 addere] زيادة (aliquam additionem) *add.* A   76 haec

descriptio] إن هذا إنما (hoc tantum) A   78 ideo] *om.* A   79 natura est virtus dif-

fusa = Asām] للطبيعة قوة سارية (natura habet virtutem diffusam) A   80 eis] *om.* A

83 dixit] فعله (fecit) A   84 et¹⁻²] *om.* A   84 etiam] *om.* A

70-71   primum principium ... accidens: voir ARISTOTE, *Physique*, II, 1, 192 b 20-23: ὡς
οὔσης τῆς φύσεως ἀρχῆς τινὸς καὶ αἰτίας τοῦ κινεῖσθαι καὶ ἠρεμεῖν ἐν ᾧ ὑπάρχει
πρώτως καθ' αὑτὸ καὶ μὴ κατὰ συμβεβηκός. A. MANSION, *Introduction à la Physique
Aristotélicienne*, 2ᵉ édition, Louvain, 1945, p. 99, rend cette définition comme suit: «(la
nature) est un principe et une cause de mouvement et de repos pour la chose en laquelle
elle réside immédiatement (πρώτως) à titre d'attribut essentiel et non accidentel».
81   positae ab: *ar. al-ma'khūdh ʿan*, «empruntée au (premier maître)».
82   auctore primo: *ar. al-imām al-awwal*, «le premier guide», Aristote; voir note 70-71.
82-83   redibimus ... descriptioni: *ar.* littéralement, «nous commencerons l'examen (*nuq-
bil*) de la compétence (*ʿalā kifāyat*) de celui-là qui s'efforce (*hādhā 'l-mutakallif*) d'apporter
une addition (*li-ziyādat*) au labeur *sc.* du premier maître (*kulfatihi*)».
84   nec ... commutandum: *ar.*, «(on n'a pas besoin de cela) ni de son équivalent (*wa-lā
ilā badalihi*)».

85 Et dicemus quod intellectus huius quod dicitur *principium* motus, hic est scilicet principium efficiens ex quo venit motus in alium a se, scilicet corpus mobile.

Et quod dictum est *primum*, intelleximus propinquum, scilicet ut inter illud et mobile non sit medium. Fortassis anima enim principium est

90 aliquorum motuum corporum in quibus est, sed mediante alio. Iam enim opinati sunt aliqui hominum quod anima facit motum locorum, mediante natura, sed non video quod natura convertat motum membrorum contra seipsam, propter oboedientiam sui ad animam et, si sic natura converteret, non contingeret lassitudo quando compellit illam

95 anima ad id quod naturae non convenit, et officium animae non attraheret ad se officium naturae. Si autem voluit dicere quod anima

A 32 facit appetere et ex illo appetitu movetur, similiter etiam natura facit hoc, sicut postea declarabitur. Et fortassis iste appetitus non est motor, sed est res per quam movet motor. Et, si anima habuerit medium in

00 movendo, non erit ille inter motus locales, sed inter motus generationis et vegetationis. Unde, quia voluerunt quod definitio haec esset communis omnibus motibus, ideo addunt ei *primum*, quia anima aliquando est in re mobili et movet anima id in quo ipsa est motu vegetationis et

148 rb

---

85 intellectus] intentio *add.* D 88 intelleximus] intelligimus DP 88 scilicet] *om.* P 89 fortassis] *om.* D 89 anima] *om.* P 89 anima enim] *inv.* D 89 enim] etenim P 92 motum] motus P 93 et] quia P 1 voluerunt] noluerunt D 1 communis] communibus VD

---

86 motus] التحريك (motio) A 89 mobile] التحريك (motionem) A 92 convertat motum] تستحيل محركة (convertatur in motricem) A 93 contra seipsam] خلاف ما توجبه ذاتها (contra id quod ipsa facit necessario) A 93 sui] *om.* A 94 converteret] إستحالت (converteretur) A 96 dicere] بذلك (per hoc) *add.* A 97 illo] *om.* A 97 movetur] يحرك (movet) A 98 fortassis] *om.* A 00 ille] illud 00 motus تحريكات (motiones) A 00 inter motus[2]] في تحريك (in motione) A 2 omnibus motibus] لكل تحريك (omni motioni) A 2 ideo] *om.* A 3 anima] *om.* A 3 motu] تحريكها (motione sua) A

92-93 natura[2] ... animam: *ar.* littéralement, «(je ne vois pas) que la nature se transforme (*tastaḥīl*) en motrice (*muḥarrikatan*) des membres contre (*khilāf*) ce qu'exige nécessairement (*mā tujībuhu*) sa propre essence (*dhātuhā*) en obéissance à l'âme (*ṭāʿatan li-l-nafs*)».
96 attraheret ad se: *ar.* la-mā tajādhaba, «n'entrerait pas en conflit avec»; le latin rend un des sens de la forme arabe, le contexte en requiert un autre.
98 iste: *ar. mithlu hādhā*, «une (inclination) de ce genre».

alterationis, sed non primo, immo cum administratione naturarum et
5 qualitatum; et hoc declarabitur postea.

Sed quod dictum est *rei in qua est*, hoc dicitur ad differentiam
naturae ab artificiali et violento.

Sed quod dictum est *per se*, hoc iam intelligitur duobus modis: uno,
in comparatione eius ad rem mobilem, et altero, in comparatione eius
10 ad moventem. Et in primo modo, sic intelligitur quod natura movet per
seipsam, quando est in dispositione ut ipsa moveat, quia non est
possibile ut ipsa non moveat, nisi impediatur aliquo motu contrario,
sicut est motus cogens. Secundo autem modo, intelligitur quod natura
movet quicquid movet ipsius per essentiam, non extrinsecus.

15 Et quod dictum est *non per accidens*, intelligitur etiam duobus modis:
uno, in comparatione naturae, altero, in comparatione mobilis. In
comparatione autem naturae, sic quia natura est principium eius quod
movetur certe per se, non per accidens. Et motus accidentalis est sicut
motus quiescentis in navi, ex motu navis. Secundus autem modus est
20 quod, quando natura movet statuam, non movet nisi accidentaliter,
quia non movet essentialiter nisi aes, non autem statuam, quia statua
unde est statua, non movetur a natura sicut lapis; et ideo medicus non
erit natura cum ipse sibi medetur et physica movet quod in ipso est,

---

7 violento] vel impulsivo *add.* D   16 in comparatione ... altero] *i. m.* V²   18-20 est
sicut ... accidentaliter] *i. m.* V²   19 secundus] secundo D   22 medicus] vel physicus
add. D

5 declarabitur] لك (tibi) *add.* A   6 hoc dicitur] est   8 hoc] *om.* A   9 eius¹]
om. A   9 eius²] *om.* A   10 moventem] المتحرك (motum) A   12-13 contrario ...
cogens] مباينة للحركة القاسرة (qui est contrarius motui violento) A   15 acci-
dens] قد (aliquando) *add.* A   16 mobilis] ووجه حمله (modus autem intellectus eius)
add. A   17 autem] *om.* A   17 sic] *om.* A   17 quia] est quia   17-18 quod
movetur] cuius motus est   20 non] *om.* A   20 nisi] *om.* A   21 non¹] *om.* A
21 nisi] *om.* A   21 autem] *om.* A   22 medicus = Asām] الطب (physica) A   23 ipse]
medicus   23 physica ... est] وحرك الطب ما هو فيه (et movet physicam quae in
ipso est) A

---

10 in primo ... intelligitur: *ar.* littéralement, «et la manière (*wajh*) dont cela (*sc.* ces
mots) se rapporte (*ḥamlihi*) au premier sens est que ...».
11 moveat: l'arabe ajoute «non par un asservissement violent, *lā ʿan taskhīrin qāsirin*».
23 physica: *ar. al-ṭibb*, «la médecine», comme discipline, terme utilisé ici dans la
traduction latine sans doute pour distinguer l'art médical du remède (voir *medicina*, lignes
27 et 28).

quia est in eo non unde est infirmus, sed unde est medicus, quia, cum
25 medicus medetur sibi et curatur, non curatur unde est medicus, sed
unde medicatus, quia, unde est medicatus est alius, et unde medicus
alius, quia, unde est medicus, est efficiens medicinam et componens,
unde autem medicatus, est recipiens medicinam et infirmus.

Sed additio illa quam voluit addere ille qui voluit corrigere primos est
30 inanis, quia virtus quam posuit quasi genus in descriptione naturae,
haec est vis efficiens et, cum eam definierit, definiet quod est principium
motus unius in aliud unde est aliud. Et intellectus virtutis non est alius
nisi quia est principium motus qui est in re, et non est intellectus
penetrantis, sed quia est in re, et non est intellectus formantis aut   A 33
35 figurantis, sed potius ex intellectu moventis, et non est intellectus
custodiendi formas et figuras, sed ex intellectu quietandi illas. Et, si hic
homo diceret quod natura est principium existens in corporibus ad
movendum ea ad suos profectus et quietandum ea in eis, et quod est
primum principium motus rei in qua est et quietis eius per seipsam, non
40 *per accidens*, ipse non esset nisi iterans verba quibus opus non est.
Similiter, si commutaret aliquam partem suae locutionis per verbum
quod esset multivocum ad illam, repeteret verbum nec putaret se
repetisse. Et per hoc, corrector ille imperfectae descriptionis sicut

---

28 medicatus] medicatur D   28 est] eius V   31 eam] ea P   32 unde est aliud]
om. hom. P   32 alius] aliud P   34 est²] *om.* D   41 si commutaret] sicut
mutaret P

---

26 alius] شِيْ (aliquid) A   27 alius] شِيْ (aliud) A   27 et componens] عالم به
(quam cognoscit) A   28 et] ut   29-30 est inanis] فعل باطلا (fecit inane) A
32 alius] *om.* A   33 quia est] *om.* A   34 sed] إلا (nisi) A   34 aut] و (et) A
35 sed potius] إلا (nisi) A   35 ex] داخلا في (in) A   36 illas] *om.* A   38 suos
profectus] suas perfectiones   38 et²] *om.* A   40 verba] أشياء كثيرة (multas res) A
41 verbum] مفردا (unum) *add.* A   42 quod esset] *om.* A   42 illam] illam partem
42 verbum] أشياء كثيرة (multas res) A   42 putaret] sentiret   42-43 se repe-
tisse] *om.* A   43 per hoc] مع ذلك (cum hoc) A

---

29 ille qui ... corrigere: *ar.*, «un de ceux qui ont succédé (*ba⁽ḍ al-lāḥiqīn*) aux premiers
sc. Péripatéticiens».
41-42 verbum ... multivocum: *ar. lafẓan mufradan muwāṭiʾan*, «un mot incomplexe
applicable à plusieurs de manière univoque»; voir A.-M. GOICHON, *Lexique*, articles *lafẓ*,
n° 654, p. 374, et *muwāṭaʾa*, n° 781, p. 439.

existimat, putavit quod, cum dixit virtutem, iam significavit essentiam,
45 non relativam ad aliud, quod non utique fecit, quia quod intelligitur
virtus hoc est principium motus et quietis et nihil aliud, et virtus non
describitur nisi ex comparatione relationis; unde non recessit ab ea
quando dixit virtutem. Quicquid ergo hic homo dixit non fuit nisi
vanum et falsum.

50 Intellectus ergo eius quod dixit definitor primus, scilicet quod est
principium motus et quietis, non voluit dicere quod sit principium motus
localis tantum, ita quod non sit principium motus secundum qualitatem, sed voluit dicere quod, quicquid fuerit principium cuiuscumque
motus per seipsum, hoc est natura, sicut principium motus qui est in
55 quantitate et qui est in qualitate et qui est in loco et in ceteris, si fuerit
aliquis motus, sed postea declarabuntur maneriae motuum.

Sed principium motus quomodo est in quantitate, hoc est scilicet
dispositio naturae ex qua venit augmentum < rarefactionis et > dilatationis in spatio aut contractio constrictionis in spatio, quia hoc est
60 moveri de quantitate ad quantitatem. Et, si volueris intelligere crescere
ex natura tantum et extendere, et acceperis naturam ex intellectu unius
intentionum praedictarum tantum, fac.

Sed quomodo est principium motus in qualitate, hoc est scilicet sicut

---

45 non utique] *inv*. P   45 quia quod] quod quod D   46 est] *om*. V   52 ita] in P
54 hoc] haec *dub*. D   56 maneriae] modi *add*. D   60 ad quantitatem] *i. m*. V²
61 ex] et P   63 scilicet sicut] *inv*. V

---

44 existimat] قد (iam) *add*. A   45 quod¹] et   45 utique] *om*. A   46 motus] تحريك
(motionis) A   46 et²] *om*. A   48 non] *om*. A   48 nisi] *om*. A   49 et] *om*. A
50 scilicet] *om*. A   53 voluit ... quod] *om*. A   53 quicquid ... principium =
Asām] كان مبدأ (fuit principium) A   57 scilicet] *om*. A   59 contractio constric-
tionis] تكاثف وانقباض (condensatio et contractio) A   60 ad quantitatem] *om*. A
60 intelligere] ponere   61 tantum] *om*. A   61 extendere] إسم الطبيعة على ذلك
(nomen naturae ad hoc) *add*. A   62 tantum] *om*. A   63 scilicet] *om*. A

---

47   non ... ea: *ar*. littéralement, «ce qu'il a considéré comme juste (*mā ẓannahu ḥaqqan*)
n'implique pas qu'il ait échappé à cela (*lā yakūn min annahu qad haraba min dhālik*)».
59   constrictionis: *ar. takāthuf*, «épaissir», «devenir dense».
62   fac: cet impératif rend littéralement la tournure arabe, *in shi'ta ... fa-'f'al*, «si tu
veux, ... fais-le».

dispositio naturae aquae, cum acciderit ei ut recipiat qualitatcm extra-
65 neam quam non habet per naturam —frigiditatem etenim habet per
naturam,— unde cum coactio remota fuerit, natura sua convertet
aquam in suam qualitatem et quietabit eam in illa. Similiter corporum
cum corrumpuntur complexiones, postea nititur natura et revocat ea ad
complexionem convenientem.

70 Sed in loco, manifestum est quia hoc est sicut dispositio naturae
lapidis cum movet eum deorsum, et dispositio naturae ignis cum movet
eum sursum.

A 34 Sed quomodo est principium motus in substantiis, hoc est sicut
dispositio naturae cum movet et praeparat ad formam materiam cum
75 apparatu quantitatis et qualitatis, sicut scies postea. Sed formam ei
fortassis natura non attribuit, sed praeparatur ei et habet eam aliunde: 148 va
unde melius est ut cognoscatur hoc ex alia scientia.

Ergo haec est definitio naturae quae est ei generalis et dat unicuique
naturarum quae sunt sub ea intellectum eius.

---

68 corrumpuntur] eorum *add.* D   68 ea] eam V   70 quia] *om.* P   76 sed] et si P
76 praeparatur] materia scilicet *add. supra lin.* V *add. i. m.* D   77 est] *om.* D
78 est²] *om.* P   78 generalis] idest convertibilis *add.i. m.* V²

---

64 ei] aquae   65 frigiditatem etenim habet] ككون البرودة مقتضى (sicut frigiditas
habet) A   66 unde] فإن (quia) A   66 natura sua] ردته و (revocat eam et) *add.* A
67 aquam] eam   68 et] *om.* A   70 sicut] *om.* A *non om.* At   74 cum] التي (quae) A
74 movet ... formam] movet ad formam praeparans   74 materiam] *om.* A   75 pos-
tea] *om.* A   75 formam] حصول الصورة (accessionem formae) A   75 ei] *om.* A
78 ei] *om.* A   78 generalis] كالجنسية (sicut generalis) A كالجنس (sicut genus) At

---

65 quam ... naturam: *ar.*, «qui n'est pas une exigence de sa nature (*lam takun muqtaḍā
ṭabīᶜatihi*), comme le fait d'être froide est une exigence de sa nature (*ka-kawn al-burūda
muqtaḍā ṭabīᶜatihi*)».
76 praeparatur ei: *ar. takūn muhayyiʾatan lahā*, «(la nature) la prépare (*sc.* la venue de la
forme)»; en latin, la tournure passive implique, en raison du contexte, que l'on
comprenne: «elle (*sc.* la matière) est préparée pour elle (*sc.* pour la forme)».

CAPITULUM DE COMPARATIONE NATURAE
AD MATERIAM ET FORMAM ET AD MOTUM

Tu scis quod unumquodque corpus habet naturam, materiam et
formam et accidentia.

5 Natura eius est vis ex qua venit motus eius et permutatio quae sunt in
essentia eius, similiter quies eius et status. Forma eius est essentia eius
ex qua est id quod est, materia eius est id quod intelligitur subiectum
essentiae suae formae, accidentia sunt ea quae, quando materia eorum
fuit informata forma eorum et constituta fuerit eorum specialitas, aut
10 simul concreantur aut accidunt extrinsecus. Et fortassis natura rei
aliquando erit ipsa forma, aliquando non erit.

Sed in simplicibus, natura est ipsa forma, et natura aquae est ipsa
forma qua aqua est aqua, sed natura est, uno respectu, et forma, alio
respectu. Cum enim consideratur secundum actiones et motus quae
15 veniunt ex illa, vocatur natura, quando vero consideratur secundum
hoc quod constituit speciem aquae et non attenduntur motus et impres-

---

2 motum] modum P   7 intelligitur] intelligi V   8 essentiae] *corr.* est VD *om.* P
9 fuit] fuerit P   9 et constituta … eorum] *i. m.* V²   12 et] quia DP   15 vocatur]
i. m. V²

---

2 ad²] *om.* A   3 tu scis quod] *om.* A   3 naturam] و (et) *add.* A   4 accidentia] و
(et) *add.* A   5 et]أو (aut) A   5 permutatio] eius *add.* A   5 quae sunt] الذي
يتكون (quae generatur) A يكون الذي (quae est) Am   5 in] عن (ex) A   6 status]
eius *add.* A   6 forma eius] وصورته (et forma eius) A   7 est²] و (et) *add.* A
8 essentiae] و ماهيته (essentiae eius et) A   8 suae formae] *om.* A   8 eorum] eius
9 eorum¹] eius   9 eorum²] eius   9 aut] *om.* A   11 aliquando¹] *om.* A   12 et]
فإن (nam) A   13 forma¹] الماهية (essentia) A   13 aqua²] ما هو (id quod est) A
13 natura est] إنما تكون طبيعة (non est natura nisi) A   13 uno] *om.* A   13 alio]
om. A   16 et] وان (et si) A

---

14 consideratur: d'après le contexte, le sujet de ce verbe est soit *natura*, soit *forma*;
l'édition du Caire mentionne explicitement comme sujet *al-ḥarakāt*, «les mouvements», ce
qui ne convient pas au contexte.

siones quae veniunt ex ea, vocatur forma. Unde forma aquae fortassis
est vis quae ex materia aquae constituit speciem quae est aqua, et haec
est non sensibilis, ex qua veniunt passiones sensibiles, ut frigiditas
sensibilis et ponderositas quae est inclinatio in actu quae non est
corpori quando est in suo termino naturali. Ergo actio naturae sicuti in
substantia aquae est, aut respectu patientis ab ea, frigiditas, aut respectu agentis in illa, humiditas, aut respectu loci non proprii, motus,
aut comparatione loci proprii, quies, et haec frigiditas et humiditas sunt
accidentia quae comitantur naturam, cum non fuerit quod prohibeat.
Non autem omnia accidentia sequuntur formam in corpore, quia forma
aliquando est praeparans materiam ad patiendum a re extrinseca quae
accidit, sicut cum praeparat ad recipiendum accidentia artificialia et
multa ex accidentibus naturalibus.

Sed in corporibus compositis, natura est sicut aliquid formae, et non
est ipsa forma, quia corpora composita non sunt id quod sunt ex sola
virtute quae movet ea essentialiter alicubi, quamvis necessarium est ut,
quando fuerint quod sunt, sint in eis ipsae virtutes. Sed veluti ipsa
virtus sit pars suae formae et tamquam forma eorum sit coniuncta ex
multis intentionibus et adunata, sicut humanitas quae retinet in se vires
naturae et vires animae quia, quando coniunguntur aliquo modo
coniunctionis, haec omnia constituunt essentiam humanam. Sed quis sit
hic modus coniunctionis, melius est ut declaretur in philosophia prima.

---

20 inclinatio] sive descensus *add. i. m.* V² D   23 aut] in *add.* VD   24 haec] *om.* D
24 et humiditas] *i. m.* V²   28 recipiendum] accipiendum P   28 artificialia] *om.* D
33 fuerint] fiunt P   36 coniunguntur] haec omnia *add.* DP   37 haec omnia] *om.* DP

---

17 aquae] مثلا (verbi gratia) *add.* A   17 fortassis] *om.* A   18 ex materia] materiam
18 speciem] ut speciem   18 quae² est aqua] *om.* A   23 illa] له المشكل (figurantis illam) *add.* A   23 non proprii = Asām] القريب (proximi) A   23 motus]
التحريك (motio) A   25 comitantur] هذه (hanc) *add.* A   25 fuerit] هناك (ibi)
add. A   25 quod] aliquid quod   26 quia] بل (sed) A   27 re] سبب (causa) A
32-33 necessarium ... virtutes] necessaria est eis illa virtus ut sint quod sunt   33 quando]
om. A   33 ipsae virtutes] القوة تلك (illa virtus) A   35 quae] فإنها (nam) A   36 ani-
mae] والنطق والحيوانية النباتية (vegetabilis et animalis et ratio) *add.* A   36 quia] و
(et) A   38 hic modus] هذا نحو (modus huius) A

---

37   constituunt: *ar.* aᶜṭaṭ, «(toutes ces facultés) donnent (l'essence humaine)».

Si qui autem voluerint appellare naturam non id quod nos definimus,
40 sed id ex quo veniunt actiones rei quocumque modo, sive sit ille modus
quem nos de natura diximus, sive non sit, fortassis natura cuiuscumque
rei erit tunc forma eius. Sed ratio nostri propositi exigit ut nomen
naturae ei ponamus quod definimus.

Horum autem accidentium quaedam sunt quae accidunt extrinsecus,
45 quaedam sunt quae accidunt ex substantia rei. Sunt enim quaedam
quae consequuntur materiam, ut nigredo Aethiopis, et cicatrices vulnerum et extensio staturae. Sunt etiam quaedam quae consequuntur
formam, sicut spes et gaudium et potentia ridendi et cetera in hominibus, quia haec, quamvis ad esse suum necessario exigant ut materia
50 habeat esse, tamen origo eorum et principium ex forma est, quia etiam
invenies accidentia quae comitantur formam et oriuntur ex ea et
accidunt ei alio modo, et non egent participatione materiae. Et hoc scies
quando declarabitur tibi scientia de anima. Sunt iterum accidentia quae
egent materia et forma et oriuntur ex utraque earum, sicut dormitio et
55 vigilatio, quamvis ex illis quaedam sunt propinquiora formae ut vigila-   A 36
tio, quaedam vero propinquiora materiae ut dormitio. Quae vero
consequuntur ex parte materiae, aliquando remanent post formam,
sicut cicatrices vulnerum et nigredo Aethiopis post mortem.

Ergo natura vera est illa quam innuimus, et differentia inter ipsam et
60 formam est illa quam innuimus, et differentia inter ipsam et motum
multo manifestior est.

---

39 definimus] definivimus DP   40 quo] quocumque DP   43 definimus] definiveri-
mus V definivimus D   44-45 extrinsecus … accidunt] *i. m.* V²   45 quaedam sunt]
quae tamen P   45 ex substantia rei] *non om.* V *sed i. m. add.* V²   48 formam] id est
animam *add. i. m.* V² D   50 quia] et DP   50 etiam] *om.* P   51 ea] eo P
55 ut] aut P   59 innuimus] invenimus D   60 innuimus] invenimus D in *scrib. et
sequitur spatium trium litt.* P   60 motum] motus P

---

40 id] ما كل (omne) A   42 ratio] *om.* A   42 nostri propositi] nostrum propositum
42 exigit] ههنا (est hic) A   44 extrinsecus] و (et) *add.* A   50 etiam] *om.* A
51 et¹] *om.* A   51 et²] أو (aut) A   52 et¹] *om.* A   52 scies] *om.* A   54 earum]
جميعا (simul) *add.* A

---

39   si qui autem: *ar. allāhumma illā,* «à moins que, mon Dieu, …».
48   spes: *ar. al-dhakāʾ,* «la vivacité d'esprit».
53-54   quae egent … forma: *ar. mushtarika,* «(des accidents) qui participent (*sc.* à la
matière et à la forme)».
56-57   quae … consequuntur: *ar. al-aʿrāḍ al-lāḥiqa,* voir ch. 1, p. 5, note 11-13.

Hoc autem nomen naturae iam accipitur ex multis intellectibus, sed qui magis digni et proprii sunt, tres sunt. Dicitur enim natura principium quod praediximus, dicitur natura qua constituitur substantia
65 cuiuscumque rei, dicitur natura essentia cuiusque rei.

Qui autem dicunt naturam id quo constituitur substantia cuiusque   148 vb
rei, merito diversificantur in eo secundum diversitatem suarum sententiarum et intentionum quia, qui divertit ad dicendum quod pars quae dignior est ad constituendum omnes substantias illa est materia earum
70 et hyle, dicit quod natura cuiusque rei est materia eius. Qui autem dicit quod forma hoc magis meretur, ponit eam naturam rei.

Fortassis autem inter tractatores fuerunt aliqui qui putaverunt quod motus est primum principium quod acquirit substantiis suas perfectiones et constituerunt illum naturam cuiusque rei.
75 Qui vero dicit naturam cuiusque rei formam eius, ponit eam in simplicibus essentiam illorum, et in compositis eorum complexionem. Sed postea scies quid sit complexio, nunc tamen interim aliquid dicemus de ea: dicimus ergo quod complexio est qualitas veniens ex

---

65 dicitur ... rei] *om. hom.* D   66-68 naturam...divertit] *om.* D   67 eo] ea P
69 constituendum] construendum V   72 tractatores] tractores DP   74 cuiusque]
cuiuscumque D   77 sit] *om.* P   78 dicimus] dicemus P   78 quod] *om.* P

---

62 hoc] *om.* A   62 autem] sed   62 iam] aliquando   62 sed] *om.* A   63 qui]
om. A   63 digni] ما يذكر منها (praedici ex eis) *add.* A   63 et proprii] *om.* A
63 sunt[1] *om.* A   64 praediximus] و (et) *add.* A   65 rei[1] و (et) *add.* A   66 qui ...
dicunt] وإذا أريد (si autem volunt dicere) A   67 suarum] *om.* A   68-69 quae ...
substantias] quae dignior est in quaque substantia ad constituendum eam   69 materia]
elementum   69 earum] eius   70 hyle] eius *add.*A   70 materia] elementum   70-71 dicit[2]
quod] رأى أن يجعل (putat ponendum esse quod) A   73-74 suas ... constituerunt]
قواماتها فجعلوها (suas constitutiones et posuerunt illum) A   75 dicit] جعل
(posuit) A   76 essentiam illorum] البسيطة (simplicem) *add.* A   76 eorum] *om.* A
77 interim] *om.* A

---

68   qui divertit ad dicendum: *ar.*, «celui qui est d'avis (*man raʾā*) de considérer (*an yajʿal*)»; le latin semble reprendre ici par *divertit* le verbe *diversificari*: «celui qui prend un chemin différent pour dire que ...».
77 dicemus: *ar. nurshiduka*, «nous dirigerons (quelque peu) ton attention (vers la complexion)».

reciproca passione qualitatum contrariarum in corporibus sibi per-
80 mixtis.

Antiqui autem priores solebant nimis commendare et praeferre materiam et dicere quod ipsa erat natura. Ex quibus erat Antiphon quem
nominat doctor primus, de quo dicit quod constituerat et ratum habebat quod materia erat natura et illa constituebat substantias. Et dicebat
85 quod, si forma esset natura rei, lectus, cum putresceret, converteretur in
id quod faceret ramum et eius ramus fieret lectus. Sed non est ita, immo
redit in suam naturam lignealem et nascitur lignum, quasi hic homo
vidisset quod natura est materia et non omnis materia, sed materia
cuius essentia conservata est in unaquaque permutatione, et tamquam
90 non discerneret inter formam artificialem et naturalem. Sed non discernit inter id quod accidit et formam nec scivit quod constituens rem
necesse est ut sit de esse eius rei, quae non est necesse in privatione eius
ut permaneat cum fuerit privata quia, quid prodest nobis ut res sit   A 37
permanens in dispositionibus, et esse eius non sufficiat ad hoc ut res
95 habeat esse in actu, sicut hoc quod est hyle, quae non dat rei esse in
effectu, nisi hoc quod ei tribuit potentiam sui esse, sed forma est quae
ducit ad effectum? Nonne enim vides quod, cum ligna et lapides sive
lateres habuerint esse, domus erit in potentia, sed eius esse in effectu

---

83 doctor] doctorum VD   88 sed materia] *i. m.* V² 91 quod] qui P   94 perma-
nens] fixa *add.* D   95 hoc quod] haec quae P   96 effectu] etiam *add.* P   96 est]
tantum *add. i. m.* D *add.* P

---

79 reciproca passione] تفاعل (reciproca actione) A   82 dicere ... natura] tractare

de ea et facere eam esse naturam   83 constituerat et] *om.* A   85 putresceret]

و (et) *add.* A   86 ramum] وينبته (et faceret crescere illum) *add.* A   86 et] tunc

86 sed] أو (aut) A   87 suam] *om.* A   88 materia³] *om.* A   92 sit] لايكون

بد منه (sit necessario) A   92 eius] *om.* A   92 quae non est] ليس أنه الذي

(non est illud quod) A   92 eius²] rei   93 ut¹] أو (aut) A و (et) Asā   93 per-

maneat] quod est permanens   93 cum] الشئ (res) *add.* A   94 et esse] cum esse

96 nisi ... tribuit] بل إنما تفيد (sed non dat nisi) A   97 ducit] eam *add.* A

97 enim] *om.* A   97 lapîdes sive] *om.* A   98 domus erit = Asām] كان للبيت

(domus habebit) A   98 in potentia] كون بالقوة (esse in potentia) A

---

79 permixtis: *ar. mutajāwira*, «(des corps) adjacents».
82-83 Antiphon ... doctor primus: voir ARISTOTE, *Physique*, II, 1, 193 a 10-27.

habetur ex forma sua et, si possibile esset formam esse sine materia,
00 materia non esset necessaria? Quia hic homo ignoravit quod ligneitas
forma est quae servatur etiam tunc quando nascitur. Ergo, si quod
necessarium est intelligere esse naturam, hoc est quod dat rei substan-
tialitatem suam, tunc forma ad hoc dignior est.

Et, quoniam corpora simplicia sunt id quod sunt in actu ex suis
5 formis et non sunt id quod sunt ex suis materiis, alioquin non diversificarentur, tunc clarum est quia natura non est materia, sed in simplicibus est forma et ipsa in se est forma formarum, non materia materiarum. Sed in compositis non te latet quod natura definita sola non dat
eis essentias eorum, nisi cum adiuncta fuerit aliis additionibus quousque
10 ad vocetur forma eorum perfecta natura ad modum multivocorum, et
tunc de hoc et de primo dicetur natura communiter.

Sed motus, hoc est quod magis longe est ut sit natura rerum, quia ille
est, ut manifestabitur postea, qui advenit ex dispositione imperfectionis
et est peregrinus a substantia.

---

99 habetur] habet P   00 quia] et P   4-5 in actu ... id quod sunt] *i. m.* V²
7 non] est *add.* P   8 quod] quia P   9 additionibus] addictionibus V   9 quous-
que] donec quousque D   10 ad vocetur] avocetur V vocetur P

---

99 et] حتّى (ita ut) A   99 formam] eius *add.* A   00 quia] sed   00 ignoravit] أيضا
الإثبات (etiam) *add.* A   1 etiam tunc] *om.* A   1 nascitur] الإثبات (facit stabilire) A
(facit nasci) Aṭ   2 intelligere] ut intelligamus   4-5 ex suis formis = Aṭ] بصورتها
(ex sua forma) A   6 sed] وأنّها (et quod ipsa) A   8 sed = Aṭ] أو ما (aut quod est) A
9 eis] *om.* A   9 adiuncta fuerit aliis] *om.* A   10 forma ... perfecta] forma perfecta eorum   11 hoc = Aṭ] هذه (hac) A   13 postea] *om.* A   13 ex] في
(in) A

---

00 materia ... necessaria: *ar.* littéralement, «elle (la maison) pourrait se passer d'elle (la
matière)».
1-2 quod ... hoc est: *ar.* littéralement, «ce qui nous importe (*alladhī yahummunā*) dans la
considération (*fī murāʿāt*) des conditions (*sharāʾiṭ*) du fait que la chose est une nature
(*kawn al-shayʾ ṭabīʿa*), c'est que ...».
9-10 quousque ad: le latin correspondrait à l'arabe *ilā an*; le texte de l'édition du Caire
porte, sans variante attestée, *illā an*, «à moins que».
10 ad modum multivocorum: *ar.* ʿalā sabīl al-tarāduf, «par synonymie»; voir *nomen
multivocum* dans le *De Anima* d'Avicenne, éd. S. VAN RIET, I, 1, p. 35, 37.

CAPITULUM DE VERBIS DENOMINATIVIS A NATURA
ET DECLARATIONE SIGNIFICATIONUM SUARUM

Haec sunt verba quae ponunt et dicunt scilicet *natura* et *naturale* et
quod habet naturam et *quod est ex natura* et *naturaliter* et *quod currit*
5 *cursu naturali.*

Iam scisti *naturam.* Sed *naturale* est quicquid est comparatum
naturae, et comparatum naturae est aut in quo est natura, aut quod est
per naturam. Et in quo est natura hoc est quod formatur natura aut
cuius natura est ut pars suae formae; sed quod est per naturam, hoc est
10 scilicet impressiones et motus et quicquid est eiusdem generis cum illis,
ut locus et tempus et cetera alia.

Sed *quod habet naturam,* hoc est quod habet in se hoc principium, et
hoc est corpus mobile ex sua natura et quietum ex sua natura.

Sed *quod est ex natura,* hoc est cuius esse est in actu, aut sua
15 existentia in actu, ex natura, sive sit esse primum sicut individua
naturalia, sive sit esse secundum sicut species naturales.

---

1 denominativis] nominativis D   1 a natura] *om.* P   2 et] et de D   3 et¹] *om.* VD
13 est] *om.* D   13 et quietum ... natura] *om. hom.* P   14 sed quod est ex natura]
om. hom. D

---

3 haec] ههنا (hic) A   3 quae ponunt] تستعمل (quibus utuntur) A   3 scilicet] *om.* A

10 scilicet] *om.* A   12 hoc²] هذا مثل (huiusmodi) A   13 et ... natura²] *om.* A *non*

om. Asām   14 est²] كل (omne) *add.* A   14 in actu] من الطبيعة (a natura) *add.* A

15 sit] *om.* A   16 sit] *om.* A

---

2 declaratione ... suarum: *ar. bayān aḥkāmihā,* «l'élucidation de leur portée»; sur la
richesse de sens du terme *ḥukm,* singulier de *aḥkām,* voir A.-M. GOICHON et H. FLEISCH,
article *ḥukm,* dans *Encyclopédie de l'Islam,* Tome III, 1967, p. 568-570.
3 natura: *ar. al-ṭabīʿa;* sur ce terme avec le sens de nature, en général, mais aussi de
nature spécifique, de nature individuelle, de nature des choses, voir A.-M. GOICHON,
Lexique, article *ṭabīʿa,* n° 394, p. 200-201.
4 naturaliter: *ar. mā bi-ʾl-ṭabʿ,* voir A.-M. GOICHON, *Lexique,* article *ṭabʿ, nature* n° 393,
p. 199.
13 ex ... natura¹⁻²: *ar. bi-ṭibāʿihi,* voir A.-M. GOICHON, *Lexique,* article *ṭibāʿ, nature*
n° 395, p. 201.
15 existentia: *ar. qiwām,* «constitution», «structure».

Sed quod dicitur *naturaliter*, hoc est quod comitatur naturam quocumque modo sive sit quod ab ea exigitur sicut individua et species
substantiales, sive sint comitantia illam sicut accidentia comitantia aut
20 subsequentia.

Sed *quod currit cursu naturali*, hoc est sicut motus et quietes quas
facit natura per seipsam et per suam essentiam et non praeter solitum,
quia quod est praeter solitum aliquando est ex causa extranea, ali-   149 ra
quando est per seipsam ex causa recipienti actionem eius, haec est
25 materia, quia caput latum et digitus superfluus non sunt currentes cursu
naturali, sed sunt naturaliter et ex natura, quia causa eorum natura est,
sed non propter se, sed propter recipiens, hoc est quia materia est in tali
dispositione suae quantitatis et qualitatis suae, ut recipiat istud.

A 39   Et natura dicitur ad modum particularis et ad modum universalis.
30 Sed quae dicitur ad modum particularis, hoc est natura propria uniuscuiusque individui. Sed quae dicitur ad modum universalis, fortassis aut
erit universalis considerata ut species, aut erit universalis absolute, et
ambae non habent esse in signatis scilicet individuis, nec sunt essentiae
existentes nisi in intellectu: dico enim quod non habet esse nisi parti-
35 culare.

---

21 quietes] quiescere P   23 quia quod est praeter solitum] *i. m.* V²   23 quod est]
inv. D   24 seipsam] ipsam VD   24 actionem] actione P   25 quia] qua P
27 non] *om.* D   27 materia] natura materia D   27 est] *om.* D   28 qualitatis]
qualiter P   32 et] *om.* D   33 in signatis scilicet] *i. m.* V² *om.* P

---

17 dicitur] *om.* A   17 est] كل (omne) *add.* A   18 sive] *om.* A   19 aut] و (et) A
21-22 quas facit] توجبها (quas exigit) A   22 et¹ per ... essentiam] لذاتها (propter
essentiam) A   22 et²] *om.* A   23 extranea] و (et) *add.* A   24 eius] و (et) *add.* A
27 propter recipiens] لعارض و (propter accidens et) A   28 et] أو (vel) A   29 et²]
تقال (dicitur) *add.* A   31 quae] natura   31 aut] *om.* A   32 aut] وربما (et
fortassis) A   33 scilicet ... nec] *om.* A   33 sunt] quae sunt   34 dico enim
quod] بل (immo) A

---

18 quod ... exigitur: *ar.* littéralement, «en conformité (*ʿalā mushākalat*) avec le but (*al-
qaṣd*)».
22 non praeter solitum: *ar. lā khārija ʿan muqtaḍāhā*, «sans s'écarter de ce qui lui est
conforme».
23 quod est praeter solitum: *ar. al-khārij ʿan muqtaḍāhā*, «ce qui s'écarte de ce qui lui est
conforme».

Unum autem eorum est quod intelligimus scilicet de principio eiusmodi quod dat omnibus singularibus suae speciei esse illorum. Secundum autem est quod intelligimus de principio quod continet omnia
quaeque in suo ordine.

40 Et iam putaverunt aliqui quod unumquodque eorum est virtus
habens esse. Sed prima est diffusa in singularibus speciei, et altera est
diffusa in omnibus. Et quidam eorum putaverunt quod uniuscuiusque
horum suum esse et sua origo a primo principio est unum, sed dividitur
secundum divisionem totius et diversificatur in recipientibus.

45 Sed nihil horum debet audiri, quia non habent esse nisi vires diversae
quae sunt in recipientibus, et nunquam fuerunt unum quod postea
divideretur. Sed concedo quod habent comparationem ad unum, et illa
comparatio quam habent ad unum quod est principium non aufert
diversitatem earum quam habent ex rebus, nec facit eas comparatas
50 nudas vel abstractas in se esse, quia natura non habet esse ex hoc
intellectu, nec in essentia primi principii: inconveniens est enim ut
habeat in sua essentia aliquid quod sit extraneum a sua essentia, sicut
scies postea. Nec sunt unum in via veniendi ad res ad modum alicuius
fluentis antequam perveniant, nec habent esse unum aliquod in rebus
55 sine diversitate, sed natura cuiusque rei aliud est in specie et numero.

---

36 est] *om.* P   36 de] quod V   36 eiusmodi] *om.* D   41 in] *om.* P   41-42 est²
diffusa] est diffusa est V *inv.* P   43 primo] suo D   45 horum] *om.* P   49 earum]
eorum D   53 nec] haec P   54 unum] in P

---

36 intelligimus] تعقله (intelligis) A   36 scilicet] *om.* A   36 eiusmodi] *om.* A

37 omnibus singularibus] *om.* A   40 eorum] منهما (eorum duorum) A   41 et] وأما

(sed) A   47 sed] *om.* A   47 illa] *om.* A   48 quam habent] *om.* A   49 diversi-

tatem] الذاتي (essentialem) *add.* A   49 earum quam habent] *om.* A   49 eas] *om.* A

50 vel abstractas] *om.* A   52 habeat] يكون (sit) A   53 sunt unum] *om.* A

55 specie] أو بالنوع (vel in specie) *add.* A *non add.* At   55 et] أو (vel) A

36-37 principio ... illorum: *ar.* littéralement, «un principe qui impose (*mabdaʾ muqtaḍī*)
l'ordre nécessaire (*al-tadbīr al-wājib*) à la conservation (*fī istiḥfāẓ*), espèce par espèce
(*nawʿin nawʿin*)».
38-39 principio ... ordine: *ar.* littéralement, «un principe qui impose (*mabdaʾ muqtaḍī*)
l'ordre nécessaire (*al-tadbīr al-wājib*) à la conservation (*fī istiḥfāẓ*) de la totalité (*al-kull*)
selon sa structure organique (*ʿalā niẓāmihi*)».
42 in omnibus: *ar. fī ʾl-kull*, «dans la totalité».
54 antequam perveniant: *ar. lākinnahu baʿdu lam yaṣil*, «(comme s'il était un flux) mais
qui n'est pas encore arrivé»; le pluriel *perveniant* se rapporte grammaticalement à *vires
diversae*, ligne 45.

Nec etiam exemplum quod dant de apparitione solis est ita, quia a sole non discedit aliquid quod constituat unum aliquod nec corpus nec accidens, sed eius radius fit in recipiente et fit in unoquoque recipientium alius numero. Et ille radius non habet esse in non recipiente, nec
60 est aliquid quod sit ex collectione radii substantiae solis qui descendit a sole ad materias, et investit eas. Sed concedo quod, si non variaretur recipiens et esset unum, impressio esset una secundum illud tunc; sed certitudo huius declarabitur in alia scientia.

A 40 Tamen, si fuerit natura quae fit universalis hoc modo, non erit
65 universalis ideo quia est natura, sed aut quia est intellecta apud primos qui sunt principia a quibus descendit dispositio omnium, aut quia est natura alicuius primi corporis ex caelestibus corporibus, quibus mediantibus servatur ordo, et non erit omnino una natura quae sit una in essentia diffusa in alia corpora.

70 Sic autem debes intelligere naturam universalem et particularem.

Post hoc autem scire debes quia multa sunt extra cursum naturalem particularem quae non sunt extra cursum naturalem universalem, quia mors, quamvis non est ex lege naturae particularis quae est Socratis, est tamen ex lege naturae universalis, sed multis modis: tum scilicet ut
75 anima exuatur a corpore ad felicitatem beatorum, quae est causa

---

59 radius] alius P   60 a] de P   61 investit] vestit *scrib. et* vel tegit *add. supra lin.* V vel tegit *add. supra lin.* D   64 fit] sit D   65 primos] angelos *add. i. m.* D   66 qui] quae P   66 a] *om.* P   69 diffusa] penetus (penitus?) *scrib. et* diffusa *add. i. m.* D 71 sunt] *om.* P

---

58 radius] إِنَّمَا (tantum) *add.* A   60 aliquid = At] *om.* A   60 qui] قد (iam) *add.* A   61 sed] *om.* A   63 huius] كله (totius) *add.* A   63 declarabitur] لك (tibi) *add.* A   64 quae fit] *om.* A   65 universalis] *om.* A   65 ideo] *om.* A   65 aut] *om.* A   65 intellecta] أَمْر معقول (aliquid intellectum) A   66 qui sunt] *om.* A   66 principia] والمبادئ (et principia) A   68 quae sit] *om.* A   71 autem] *om.* A   71 scire debes] scies   74 sed] *om.* A   74 tum] أحدها (unum eorum) A 74 scilicet] *om.* A

---

65 primos: *ar. al-awā'il*, «les premiers» ou «les entités premières»; le contexte impose ce dernier sens.
73 ex lege: *ar. maqṣūd*, «un but».
73 Socratis: l'arabe ne mentionne ici, puiqu'il s'agit d'un simple exemple, que le nom de «Zaïd».
74 ex lege: voir ligne 73.
75-76 causa … homo: *ar.* littéralement, «car c'est elle, *sc.* l'âme, qui est visée (*al-maqṣūda*) et c'est pour elle qu'a été créé le corps humain (*al-badan*)».

propter quam creatus est homo, sed, si degeneraverit, hoc non sit causa
naturae, sed causa malae electionis, tum ut alii homines habeant esse
qui tantum debent habere esse quantum et hi qui modo sunt, quia si hi
semper viverent, ceteros non caperet locus nec sufficeret eis victus, nec
80 in potentia materiae esset sufficientia aliorum, cum et ipsis debeatur
esse quale est horum esse, et nec illi merentur privationem semper, nec
isti vitam semper. Ergo haec et cetera alia acquiruntur ex natura
universali. Similiter digitus superfluus acquisitus est ex natura universali
quae dat unicuique materiae quicquid formae praeparatum est ei, sine
85 superfluitate; si autem superfluitas fuerit in materia quae meretur
formam digitalem, non prohibet nec diminuit.

---

76 sit] fit P   77 tum] cum V   78 et hi¹] in his P   78 quia] sed P   80 materiae]
materia V   80 et] *om.* D   83 natura] materia D   83-85 universali² ... materia]
om. hom. D   84 ei] est *add.* P

---

77 tum] و (et) A   79 ceteros ... sufficeret eis] ceteris non sufficeret locus nec victus
79 nec] و (cum) A   80 aliorum] aliis   80 cum] *om.* A   81 merentur]
أُولى (merentur magis) A   81-82 nec isti] مِن هؤُلاءِ (magis quam isti) A   85 superfluitas ... materia] superflua fuerit materia   86 diminuit] negligit

---

78 hi qui modo sunt: *ar. hādhā ᵓl-shakhṣ,* «cet individu-ci».
80 sufficientia: *ar. faḍl,* «surabondance».
82 acquiruntur: *ar. maqāṣid,* «(sont) des buts (de la nature universelle)».
83 acquisitus est: *ar. maqṣūda,* «est visé (par la nature universelle)».
84 quae dat: *ar. yuqtaḍā an tuksiya,* «à laquelle il est imposé de revêtir (chaque matière
de la forme préparée pour elle)».

CAPITULUM DE QUIBUS DEBET INTENDERE SCIENTIA NATURALIS
ET IN QUIBUS CONVENIAT CUM ALIIS SCIENTIIS SI CONVENIT

Postquam iam scis naturam et scis ea quae sunt naturalia, tunc iam
declaratum est tibi apertissime de quibus tractat haec scientia naturalis.
5 Et quia quantitas definita est una ex his quae comitantur hoc corpus
naturale et ex suis accidentibus essentialibus, scilicet longitudine et   149 rb
latitudine et spissitudine, designatis, et figura est una ex his quae
comitantur quantitatem, tunc figura est una de comitantibus corpus
naturale.
10 Et quia geometrae subiectum est quantitas, tunc subiectum eius est
unum ex accidentibus huius corporis naturalis. Et quia accidentia de
quibus tractat geometra accidentia sunt huius accidentis, ergo, secundum hoc, geometria fit particularis aliquo modo apud scientiam naturalem, sed geometria pura non convenit cum scientia naturali in quaestio-
15 nibus.

---

1 debet] *om.* P   5 una] *om.* P   7 designatis] manifestis et propriis *add. i. m.* V²D
7-8 ex his ... figura est una] *om. hom.* P   8 quantitatem] mensuram *add.* D
10 quantitas] mensura *add.* D   11 quia] *om.* DP   12 sunt] *om.* P

---

4 haec] *om.* A   5 una] *om.* A   7 una] *om.* A   8 tunc] *om.* A   8 figura] أيضا

(etiam) *add.* A   8 una] *om.* A   8 comitantibus] عوارض (accidentibus) A

10 est²] *om.* A   11 unum] unum accidens   11 huius corporis] *om.* A *non om.* Aṭ

11 quia] *om.* A   12 geometra] *om.* A   14 scientia] *om.* A *non om.* Aṭ

1-2 de quibus ... convenit: *ar.* littéralement, «de la modalité (*fī kayfiyyat*) de la
recherche (*baḥth*) en science naturelle et de ses points communs (*wa-mushārakātihī*) avec
une autre science (*li-ʿilm ākhar*) si elle a un point commun (*in kānat lahu mushāraka*)». Sur
la classification des sciences chez Avicenne et l'influence de cette classification en Occident
latin, voir dans *Études sur Avicenne*, dirigées par J. JOLIVET et R. RASHED, Paris, 1984, les
articles de R. RASHED, *Mathématiques et Philosophie chez Avicenne*, p. 29-39; H. HUGONNARD-
ROCHE, *La classification des sciences de Gundissalinus et l'influence d'Avicenne*, p. 41-75, et
E. WÉBER, *La classification des sciences selon Avicenne à Paris vers 1250*, p. 77-101.
13   geometria: *ar.* ʿilm al-handasa; voir sous ce titre l'article de M. SOUISSI traitant de la
géométrie dans *Encyclopédie de l'Islam*, Supplément, 5-6, 1982, p. 411-415.
13   apud: *ar.* ʿinda, «par rapport à».

Sed scientia numeri est remotior a convenientia cum natura et est maioris simplicitatis.

Sed sunt aliae scientiae sub his, sicut scientia de ponderibus et scientia musicae et scientia de sphaeris mobilibus et scientia de aspecti-
20 bus et scientia de astrologia, et istae sunt propinquiores convenientiae scientiae naturali.

Sed scientia de sphaeris mobilibus simplicior est omnibus illis et eius subiectum est sphaera cum motu, et motus multam habet convenientiam cum quantitatibus propter suam continuationem, quamvis suam
25 continuationem non habeat ex sua essentia, sed ex causa continui cursus aut temporis, sicut postea declarabimus, et etiam in probationibus quas inducunt in scientia de sphaeris mobilibus non ponunt propositiones naturales ullo modo.

Scientiae vero musicae subiectum sunt toni et tempora et habet
30 principia a scientia naturalium et scientia numerorum.

Similiter scientiae de aspectibus et scientiae de ponderibus subiectum sunt quantitates comparatae ad aliquem situm visus et habent principia a naturalibus et a geometria.

Et hae omnes scientiae non conveniunt cum scientia naturali in   A 42
35 quaestionibus ullo modo, sed omnes tractant de his quae sunt sibi subiecta secundum quod habent quantitatem et secundum quod acci-

---

16 numeri] in unum D   16 convenientia] participatione *scrib.* sed convenientia *add.* *i. m.* D   18 his] eis P   20 convenientiae] convenientis comparationi D   21 naturali] naturalis VP   24 quantitatibus] multis *add.* D   24-25 quamvis ... continuationem] *om. hom.* P   26 in] *om.* V quia in *add.* DP   27 ponunt] in eis *add.* D 29 scientiae vero] sed scientiae vero D   29 sunt] est P   30 et] a *add.* P   31 similiter] et *add.* DP   31 scientiae] *i. m.* V²   34 conveniunt] participant *scrib. et* conveniunt *add. i. m.* D

---

16 cum natura] *om.* A   18 sunt] ههنا (hic sunt) A   20 istae] العلوم (scientiae) *add.* A   22 omnibus] *om.* A   25 habeat] est   26 declarabimus] نحن (nos) *add.* A   30 naturalium = Asām] الطبيعي (naturalis) A   30 et] مبادئ من (principia a) *add.* A   31 ponderibus] أيضا (etiam) *add.* A   34 omnes ... non] scientiae non omnes   35 quae ... sibi] التي لها (quas habent) A   36-37 accidunt eis] لها (habent) A

---

16 scientia numeri: voir plus loin, ligne 30.
30 scientia naturalium: *ar.* ᶜ*ilm al-ṭabīᶜiyyīn*, «la science des physiciens» selon les manuscrits arabes *sām*; ᶜ*ilm al-ṭabīᶜī*, «la science du physicien» selon l'édition du Caire.
30 scientia numerorum: *ar.* ᶜ*ilm al-ḥisāb*, «science du calcul», «arithmétique»; voir A.I. Sabra, article ᶜ*ilm al-ḥisāb*, dans *Encyclopédie de l'Islam*, Tome III, 1971, p. 1166-1170.

dunt eis coaccidentia quantitati nec, quia intelliguntur accidere quantitati, debent haec idcirco poni quantitas in corpore naturali in quo est
principium motus et quietis quia non est necesse.

40   Sed scientiae astrologiae subiectum est maxima pars subiecti scientiae
naturalium et principia eius sunt naturalia et geometrica. Sed naturalia
sunt sicut hoc quod dicitur quod motus corporum caelestium necesse
est ut sit semper unius modi et cetera similia his de quo multa dixerunt
in primo libro *Almagesti*. Sed geometrica non sunt occulta. Et differt ab
45 aliis scientiis in hoc quod participat cum scientia naturali in quaestionibus etiam. Ergo subiectum suarum quaestionum est aliquid de subiectis
quaestionum scientiae naturalis, et etiam praedicatum in illis est aliquod accidens ex accidentibus corporis naturalis quod est etiam praedicatum in quaestionibus scientiae naturalis, sicut <quod> terra est
50 sphaerica et caelum est sphaericum et similia his. Ergo haec scientia est
quasi sit mixta ex naturali et disciplinali, cum disciplinalis pura sit

---

41 geometrica] geometria P   44 sed geometrica] *om.* D   44 geometrica] geometria P
46 etiam] *om.* D   47 etiam] *om.* P

---

38 haec idcirco] *om.* A   38 quantitas] ut quantitas   39 quia] cui   40-41 scientiae naturalium] العلم الطبيعي (scientia naturalis) A   42 quod[1] dicitur] *om.* A
43 semper] محفوظة (conservatus) A   43 cetera] ما (quae sunt) A   44 libro] *om.* A
44 geometrica] فما (sunt aliqua quae) *add.* A   45 aliis scientiis] aliis illarum scientiarum   45 scientia] *om.* A   47 praedicatum] quod praedicatum est   48 quod[2]]
و (et) A   48 etiam] *om.* A

---

40   scientiae astrologiae: *ar.* ʿilm al-hayʾa, «science de l'apparence (des cieux) ou
astronomie»; voir D. PINGREE, article ʿilm al-hayʾa, dans *Encyclopédie de l'Islam*, Tome
III, 1971, p. 1163-1166.
40-41 scientiae[2] naturalium: *ar.* ʿilm al-ṭabīʿī, «la science du physicien» selon le
manuscrit arabe *m* et l'édition de Téhéran; al-ʿilm al-ṭabīʿī, «la science naturelle» selon
l'édition du Caire.
44   libro Almagesti: *ar.* al-Midjisṭi, voir M. PLESSNER, article Baṭlamiyūs (Ptolémée), dans
Encyclopédie de l'Islam, Tome I, 1960, p. 1133-1134. Avicenne lui-même rappelle dans son
autobiographie comment il a lu et étudié le livre I de l'*Almageste*, voir D. GUTAS,
Avicenna and the Aristotelian Tradition, p.26-27; la partie *Astronomie* du *Livre de science
d'Avicenne* est présentée par H. MASSÉ comme un résumé de l'*Almageste*, voir *Le livre de
science* (II, Science naturelle, Mathématiques), traduction M. ACHENA et H. MASSÉ,
deuxième édition, Paris, 1986, p. 7-12.
44   sed geometrica ... occulta: *ar.* littéralement, «quant à (ses principes) géométriques, ils
comptent parmi les choses bien connues».
50-66 Ergo ... commiscuit: voir ARISTOTE, *Physique*, II, 2, 193 b 22 -194 a 72.

abstracta, non in materia ullo modo, et haec quasi sit ponens hanc abstractam in materia designata.

Sed propositiones quibus probantur quaestiones quae sunt commu-
55 nes tractatoribus scientiae astrologiae et naturalis sunt diversae, quia propositiones disciplinalis sunt investigatrices speculativae vel geome-tricae, sed propositiones naturalis sumptae sunt ab eo propter cuius esse est natura corporis naturalis. Et aliquando commiscet naturalis et recipit propositiones disciplinales in suis probationibus, et e converso,
60 similiter commiscet disciplinalis et recipit propositiones naturales in suis probationibus. Et, cum audieris quod naturalis dicit quod, si terra non esset sphaerica, quod remanet de lunari eclipsi non esset arcuale, scias quia iam commiscuit. Et, cum audieris quod diciplinalis dicit quia ex corporibus illud est dignius quod est dignioris figurae, quae est rotunda,
65 et quod partes terrae moventur ad illud in directum et similia his, scias quia iam commiscuit.

Attende ergo quomodo disciplinalis et naturalis differunt in proba-tione huius scilicet quod aliquod ex corporibus simplicibus est sphaeri-cum, quia disciplinalis sumit ad declarationem huius quod invenit in
70 dispositione planetarum in ortu scilicet eorum et occasu et recessione ab hemisphaerio et accessione ad illud: non enim hoc esset possibile nisi   A 43
terra esset sphaerica; et naturalis dicit quod terra est corpus simplex, ergo figura eius naturalis, quam debet habere ex natura sua, est in toto

---

52 abstracta] nuda *add.* D   52 materia] natura P   52 hanc] *om.* P   56 geometricae] geometriae P   62 scias] scies P   65 quod] *om.* P   70 et¹] *om.* P   72 esset] erit P 73 ergo] nata *add.* D   73 natura sua] *inv.* P

---

55 scientiae] *om.* A   55-56 quia propositiones] propositiones autem   57-58 propter ...

est] مما توجبه (quod facit necessario esse) A   59 e converso] *om.* A   60 simi-

liter] *om.* A   62 quod remanet = At] فصل (quod dividitur) A   67 differunt =

At] يختلط (commiscentur) A   68 scilicet] *om.* A   68 aliquod] aliquod corpus

68 corporibus] *om.* A   69 quia disciplinalis] disciplinalis autem   70 scilicet]

om. A   73 ex] *om.* A *non om.* At   73 sua] *om.* A

---

56 investigatrices speculativae: *ar. raṣdiyya manāẓiriyya*, «(découlent) d'observations relevant de l'optique»; voir A.I. SABRA, *manāẓir* ou ʿilm al-manāẓir, «optique», dans *Encyclopédie de l'Islam*, Tome VI, 1987, p. 360-362.
71 hemisphaerio: *ar. ufuq*, «horizon», «champ de vision», «contrées éloignées».
73-74 in toto sibi consimilis: *ar. mutashābiha*, «homogène», «dont toutes les parties sont semblables entre elles»; d'après le texte arabe, ce mot se rapporte à *natura* et non à *figura*.

sibi consimilis, ergo est inconveniens ut sit in ea diversitas, et quod sit
75 in una eius parte angulus et in alia parte recta linea, aut quod in alia
parte eius sit aliquis modus curvitatis et in alia diversus ab ea. Primus
ergo inducit probationes sumptas ex comparatione oppositionum et
situum et distantiarum, ita ut non sit ei opus aliquo intellectu virtutis
naturalis ut per eam probet intentionem suam, et invenimus quod
80 secundus inducit probationes sumptas ab eo quod debet natura corporis naturalis unde est naturale. Ergo primus dixit quod est et non dixit
causam, et alius dixit causam et quare est.

Numeri autem ex hoc quod sunt numeri, aliquando inveniuntur in eis
quae sunt naturalia cum invenitur in eis unum et aliud unum. Et hoc   149 va
85 quod unumquodque eorum est unum non est hoc ex sua essentia, verbi
gratia, unde est aqua aut ignis aut terra aut arbor aut cetera, sed unitas
est quae comitatur illud extra essentiam eius. Et haec ratio illorum

---

74 et quod] quod V   75 eius parte] *inv.* P   76 eius sit] *inv.* P   76 diversus]
diversis V   77 ergo] *om.* P   77 inducit] ducit V   80 secundus] *i. m.* V²
81 primus dixit] *inv.* P   81 quod est] an est *add. i. m.* V²   82 causam¹] an est *add.*
i. m. V² scilicet an est *add.* D   82 causam²] scilicet an est *add.* P   83 numeri]
scripsit V *sed in* numeris *corr.*V² numeris DP   83 hoc] *om.* V   83 in eis] *corr.* ea *i m.*
V² ea DP   84 quae sunt naturalia...in] *i. m.* V²   85 hoc] ex hoc P   86 gratia]
unum *add.* P

---

74 ergo] *om.* A   74 et quod] ita ut   75 quod] *om.* A   76 primus] الأول فنجد
(invenimus ergo quod primus) A   77 inducit] قد أتى (iam inducit) A   79 suam]
om. A   80 inducit] قد أتى (iam inducit) A   80 probationes] propositiones   81 dixit¹]
أعطى قد يكون (dedit) A   81 dixit²] يعط (dedit) A   82 alius] الثاني
(secundus) A   82 dixit] *om.* A   84 cum] إذ (quia) A   85 eorum] eorum
duorum   85 ex] *om.* A   86 unde est] *om.* A   87 quae] أمر (aliquid quod) A
87 eius] *om.* A   87 haec] *om.* A

---

74   ea: d'après le texte arabe, ce pronom renvoie à *figura* et non à *natura*.
78   intellectu: ar. *taʿarruḍ* «(sans qu'il faille) porter son attention sur (une puissance
naturelle)».
79   ut ... probet: ar. *mūjibat*, «devant provoquer (en elles un sens)».
81   quod est: ces mots correspondant au grec τὸ ὅτι, affirmation de l'existence, rendent
adéquatement le terme abstrait *anniyya* formé à partir de la conjonction *anna*, «que»; une
transcription latine du terme *anniyya*, à savoir *anitas*, est utilisée dans la *Métaphysique*
d'Avicenne (*Liber de philosophia prima*, éd. S. VAN RIET, VIII, 4, p. 399 à 402), elle se lit
aussi dans l'autre recension, voir *Intr.*, p. 94*; les mots *an est*, accompagnant parfois *quod*
est, en sont l'équivalent sous forme interrogative et pourraient correspondre à *inniyya*,
leçon de l'édition du Caire.
87   ratio: ar. *al-iʿtibār*, «le fait de considérer».

duorum unorum unde sunt aliquo modo essendi simul est forma
dualitatis in illo esse, et similiter in ceteris numeris, et hic est numerus
90 numeratus qui similiter etiam invenitur in essentiis non naturalibus,
quae postea declarabuntur tibi habere essentiam et existentias. Ergo
numerus non continetur sub scientia naturali, quia non est pars eius nec
species sui subiecti, nec est proprium accidens eius, quia esse eius non
est necesse ut pendeat ex naturalibus neque ex non naturalibus (ratio
95 enim pendendi haec est ut proprium esse eius quod dicitur pendere sit
ex illo et debeat se ei); immo est oppositus unicuique illorum in
existentia et definitione, sed, si pendere ab aliquo necessarium est, tunc
ab esse communi, quia est ex illis quae comitantur illud. Ergo natura
numeri, unde est apta intelligi, haec est scilicet nuda vel abstracta et
00 omnino absque materia, et tractatus de ea, secundum hoc quod est
natura numeri et de eo quod accidit ei ex hac parte, est tractatus nudus
absque materia. Sed postea iam accidunt dispositiones de quibus tractet
arithmeticus: hae dispositiones non accidunt ei nisi quia iam debuit
suum pendere existentiae in materia, quamvis non debet suum pendere
5 cum illis materiae in definitione, nec materiae signatae. Ergo speculatio   A 44
de natura numeri erit, secundum quod est, speculatio disciplinalis.

---

88 duorum unorum] *inv.* P   89 et] quia V   89 est] *om.* D   91 et] *om.* P
92 pars] species P   97 si] et si D   99 unde] *om.* P   99 vel abstracta] *i. m.* VD
om. P   00 hoc] *om.* P   3 hae] et hae P   5 in definitione nec materiae] *i. m.* V
6 quod] unde *add.* D   6 speculatio] speculari *dub.* P

---

90 qui ... invenitur] وقد توجد (et aliquando inveniuntur) A   90 similiter etiam] *om.* A

90 in essentiis] in eis quae sunt *cfr lineae 83-84*   91 tibi] *om.* A   91 existentias]

قوام (existentiam) A   92 eius] *om.* A   92 nec] هو (est) *add.* A   94 pendeat]

لا (neque) *add.* A   95 haec] *om.* A   95-96 ut ... illo] ut esse eius sit proprium ei

ex quo dicitur pendere   96 et] *om.* A   97 sed ... est] sed pendet si necessarium est

97 ab aliquo] *om.* A   97 tunc] *om.* A   98 ab esse = Am] بالموجود (ab ente) A

99 haec] *om.* A   99 scilicet] *om.* A   99 vel abstracta] *om.* A   99 et] *om.* A   2 sed]

om. A   2 iam] aliquando   2 accidunt] ei *add.* A   4 existentiae in materia]

ex materia in existentia   5 cum illis] *om.* A   5 materiae[1]] ex materia   5 nec] تكن

مما يخصها (est aliquid quod appropriat eam) *add.* A   6 est] كذلك (ita) *add.* A

---

93 esse eius: *ar. huwiyyatuhu*, «son ipséité»; voir A.-M. GOICHON, *Lexique*, article
huwīya, substance-sujet, substance première, ipséité, n° 735, p. 411-413.
96 et debeat se ei: *ar. muqtaḍiyan iyyāhu*, «(ce dont on dit qu'il dépend) ... tout en le
rendant nécessaire».

Sed quantitates conveniunt cum pendentibus ex materia et differunt ab eis.

Sed convenientia earum cum pendentibus ex materia haec est quod
10 quantitates sunt de his quae intelliguntur subsistere in materia, procul dubio.

Sed differentia earum est multis modis. Uno, quia formarum naturalium quaedam est quae statim per se intelligitur non esse apta accidere cuilibet materiae, sicut forma quae est aquae qua est aqua: impossibilis
15 etenim est ut inveniatur in materia lapidis quamdiu fuerit in complexione illa, non sicut rotunditas quae potest esse in qualibet duarum materiarum et in quavis alia, sed sicut forma humanitatis et eius natura quam impossibile est esse in materia ligneali, et haec est locutio quam certissime intelligere non est difficile, quia ad manum sunt exempla eius.

20 Altero, quia sunt quaedam ex formis naturalibus quas non est impossibile accidere cuivis materiae, sicut est albedo et nigredo et alia huius generis. Intellectus etenim non curat quavis ponat eas in qualibet materia, sed ratio et diligens consideratio facit postea cognosci quod natura albedinis et nigredinis non potest accidere nisi complexioni et
25 praeparationi propriae. Quod enim aptum est nigredini secundum intellectum colorandi non tingendi, non est receptibile albedinis ea ratione, propter aliquid scilicet quod est in sua complexione et natura.

---

7 quantitates] quantitatis P   10 quantitates] mensurae *add.* D   12 earum] eorum DP
13 quaedam] est quaedam est D   21 cuivis] cuius P   22 quavis] quamvis V
24 accidere] accedere P   27 scilicet] *om.* DP

---

16 illa] sua   16-17 in ... materiarum] المادتين جميعا (in duabus materiis simul) A

17 alia] materia   17 sicut] و (et) A   18 locutio quam] أمر (aliquid quod) A   19 quia]

بل (sed) A   20 altero quia] و (et) A   20 ex ... naturalibus] ex eis   21 impos-

sibile] في بادي النظر (statim) *add.* A   21 alia] أشياء (res) A   22 quavis] *om.* A

22 ponat eas] poni eas   23 diligens] *om.* A   23 facit] يوجبان (faciunt necessario

... cognosci) A   24 potest accidere] accidit   26 non[1]] بمعنى (secundum intel-

lectum) *add.* A   27 scilicet] *om.* A

---

13   quae ... intelligitur: *ar.* littéralement, «qui, en ce qui la concerne (*min amrihi*),
apparaît (*yaẓhar*) d'emblée (*fī awwal al-amr*) ...».
19   certissime ... difficile: *ar.* littéralement, «pour s'en convaincre (*fī tahaqquqihi*), un
grand effort (*kathīr takalluf*) n'accompagne pas (*lā yalzam*) l'esprit (*al-dhihn*)».
19   exempla: le latin correspondrait à l'arabe *mithāl*, «exemple»; l'édition du Caire porte
manāl, «obtention», «acquisition».
27   natura: *ar. gharīza*, «disposition naturelle».

Sed, quamvis haec ita sint, tamen non potest aliqua illarum intelligi, nisi coniuncta cum alio ab ipsa, quod est superficies et quantitas quae
30 in intellectu diversa sunt a colore. Deinde etiam conveniunt hi duo praedicti modi in uno, scilicet quia intellectus non percipit aliquam illarum, nisi quia iam accesserat proprietas comparationis eius ad aliud, quae coniuncta est cum essentia eius sicut subiectum. Intellectus etenim, cum perceperit formam humanam, consequens est ut percipiat etiam
35 cum ea comparationem eius ad materiam propriam, quia non percipitur nisi sic. Similiter etiam albedinem cum perceperit intellectus, consequenter etiam percipiet latitudinem in qua est necessario, quia non vult intelligi albedo, nisi intelligatur cum quantitate. Et notum est quia albedo aliud est a quantitate, unde comparatio albedinis ad quantita-
40 tem similis est comparationi quam habet res ad id quod est subiectum eius.

Deinde quantitas differt ab his duobus modis in quibus conveniunt, quia intellectus percipit quantitatem nudam. Quomodo enim non perci-

---

29 nisi] intellectu *add.* D   30 in] *om.* P   30 diversa] divisa D   30 etiam] *om.* V
30-31 hi duo ... modi] *i. m.* V²   32 nisi quia iam] *i. m.* V²   33 quae ... eius]
i. m. V²   34 perceperit] conceperit P   35 comparationem eius] *om.* D   36 etiam]
om. P   36 perceperit] repraesentaverit *add.* D   36 consequenter] repraesentabit *add.* D
37 in qua est] repraesentabat et ex passione in qua D   38 intelligi albedo nisi] *om.* P
39 quantitatem] mensuram *add.* D   42 quantitas] mensura *add.* D   42 conveniunt]
hoc quod participant *add.* D   43 quantitatem] mensuram *add.* D   43 percipit]
percipitur P

---

28 haec] haec duo   28 potest ... intelligi] aliqua illarum intelligitur   28 illarum]
illarum duarum   28 intelligi] في الذهن (in intellectu) *add.* A   29 et] أو (vel) A
30 intellectu] المعقول (intellecto) A   30 deinde] قد (aliquando) *add.* A   31 per-
cipit] intelligit   32 illarum] illarum duarum   33 quae coniuncta est] يقارن (quod
coniunctum est) A   34 etiam] *om.* A   35 quia] quae   36 similiter] *om.* A
37 etiam] *om.* A   38 cum quantitate] quantitas   39 unde comparatio] ونجعل نسبة
(unde ponimus comparationem) A   40 similis est] ut similem   40 quam habet res]
rei   43 nudam] ut nudam   43 non percipit] non perciperet

---

39 albedo ... quantitate: *ar.*, «être blanc (*al-bayāḍiyya*) est autre chose qu'être quantitatif (*al-qadriyya*)».
39 albedinis: *ar.*, «être blanc».
39 quantitatem: *ar.*, «être quantitatif».

pit sic, cum intellectus multa egeat inquisitione in tractando, donec
45 pateat quod quantitas non invenitur nisi in materia?

Et differt a primo modo in uno quod est eius proprium, scilicet quia
intellectus, quando intelligit comparationem quantitatis ad materiam,
non est necessarium ut assignet ei materiam propriam.

A 45   Et differt a secundo modo in hoc quod, sicut intellectui non est
50 necessarium ad intelligendum quantitatem ut assignaret ei materiam
propriam, ita ratio et intellectus similiter non egent hoc, quia ratio, ad
intelligendam ipsam quantitatem, non eget ut eam intelligat in materia,
et ratio etiam non iudicat quod quantitas habeat propriam materiam
specialem designatam, quia quantitas non separatur ab aliqua materia-
55 rum. Ergo non est propria uni soli materiae, et tamen cum hoc etiam
non eget in intellectu et definitione materia.

Iam autem quidam putaverunt quod albedinis et nigredinis idem est
iudicium, sed non est ita, quia nec intellectus imaginans nec definitiones
nec descriptiones quas assignant eis, possunt efficere ut non egeant
60 materia, cum multum inquisierint et diligenter tractaverint. Sed non
denudantur a materia nisi alio intellectu, hoc est quia materia non est

---

44 intellectus] *om.* D   45 invenitur] venitur P   47 quantitatis] mensurae *add.* D
47 ad] *om.* P   48 propriam] vel designatam *add.* D   49 a] *om.* P   49 secundo
modo] divisione secunda *add.* D   49 in hoc] quia in hoc D   49 non] quamvis non D
50 necessarium] necessarii P   50 quantitatem] mensuram D   51 similiter] *om.* VP
51 egent] egerit P   52 ipsam] *om.* P   53 quantitas] *i. m.* V² mensura *add.* D
55 etiam] *om.* D   57 est] *om.* D   61 materia²] *corr.* forma PVD   61 est] *om.* D

---

44 sic] *om.* A   44 intellectus] ille   45 pateat] له (ei) *add.* A   49 sicut] وإن

(etiamsi) A   51-52 ad intelligendam ... quantitatem] ad ipsam intellectionem quantitatis

55 uni soli] *om.* A   55 etiam] *om.* A   57 quidam] *om.* A   58 iudicium]

أيضا (etiam) *add.* A   59 possunt efficere] efficiunt   60 materia] عن ذلك (illa

re) A   61 a materia] *om.* A

---

47   intelligit: *ar. takallafa*, «(lorsqu'il) s'efforce de comprendre».
49   intellectui: *ar. al-dhihn*, «l'esprit», «l'intuition intellectuelle».
51   ratio et intellectus: *ar. al-qiyās wa-ʾl-ʿaql*, «le raisonnement et l'intellect».
51   similiter non egent hoc: *ar. lā yaḍtarruhu ilayhā*, «ne l'y contraignent pas non plus
(*sc.* ne contraignent pas l'esprit, *dhihn*, à assigner à la quantité une matière propre)». Voir
A.-M. GOICHON, *Lexique*, articles *dhihn* (*esprit*), n° 263, p. 132-134, *qiyās* (*syllogisme,
raisonnement*), n° 611, p. 338-340 et *ʿaql* (*intelligence*), n° 439, p. 225-227.
51   ratio²: *ar. al-dhihn*, «l'esprit».
53   ratio: *ar. al-qiyās*, voir ligne 51.

149 vb pars existentiae earum, sicut est pars existentiae compositi, sed est pars
in earum definitione, et multa sunt pars definitionis alicuius quae non
sunt pars essentiae eius, cum in definitione eius aliquid fuerit quod
65 habet comparationem ad aliud quod est extra essentiam definiti. Iam
etiam declaratum est tibi hoc in libris probationis.

Ergo doctrina numeri et doctrina geometriae sunt duae doctrinae
quae non habent opus in suis probationibus attendere ad materiam
naturalem, aut ut assumant propositiones quae conveniant materiae
70 ullo modo. Sed doctrina sphaerae mobilis, et etiam plus quam illa,
doctrina musicae, et plus quam etiam illa, doctrina de aspectibus, et
plus quam omnes illae, doctrina astrologiae, assumunt materiam aut
aliquod suorum accidentium materiae, scilicet quia inquirunt dispositiones eius, unde necesse est ut assumant materiam, quia hae doctrinae,
75 aut tractant de numero rei, aut de quantitate aut de figura quae est in
re. Et numerus et quantitas et figura sunt accidentia rebus naturalibus,
et accidunt cum numero et quantitate consecutiones essentiales etiam
numeri et quantitatis.

---

63 et] *om.* P   64 in] *om.* P   65 est] *om.* P   67 doctrina[1]] ars *add. i. m.* D
67 doctrina[1] numeri et] *i. m.* V[2]   67 numeri] unum P   70 etiam] *om.* P   70 illa]
illam P   72 assumunt] assumant P   73 scilicet] *om.* D   75 tractant] tradunt P
75 quantitate] mensura *add.* D   76 et[2] quantitas] quantitatis et mensura D   77 et]
quia V   77 cum] quod accidit de dispositionibus naturae et mensurae unicuique rerum
naturalium *add.* D   77 quantitate] mensura *add.* D   78 quantitatis] *corr.* quantitates VP quantitates mensurae D

---

62 earum] earum duarum   63 in earum definitione] in earum duarum definitionibus
63 multa] multae rerum   63 quae] و (et) A   64 essentiae eius] من قوامه
(existentiae eius) A   65 essentiam definiti] وجود الشيئ (esse rei) A   66 tibi] *om.* A
66 hoc = Asā] هذا المعنى (hunc sensum) A   66 libris] كتاب (libro) A
69 ut assumant] assumere   69 conveniant] attendant   70 etiam] *om.* A   71 etiam]
om. A   72 omnes] *om.* A   73 suorum] *om.* A   74 materiam] eam   75 quae est]
om. A   76 accidentia] لجميع (omnibus) *add.* A

---

66 in libris probationis: voir, notamment, *Najāt*, p. 76-80 et P. VATTIER, *La Logique
d'Avicenne*, Traité II, *De la définition*, p. 232-245; voir aussi plus haut, ch. 1, p. 5, note 5 et
p. 6, note 21-22.
68 in suis probationibus: *ar.* littéralement, «dans leur élaboration (*fī iqāmatihimā*) des
démonstrations (*al-barāhīn*)».

Et, cum voiuerint ut tractemus de dispositionibus numeri et quantita-
80 tis quae accidunt unicuique rerum naturalium, consequitur omnino ut
necessario consideremus illam rem naturalem, quasi doctrina naturalis
sit composita et geometrica sit simplex, et nascuntur ex illis aliae
doctrinae quarum subiectum est unius doctrinae, et praedicata suarum
quaestionum in illis sunt alterius doctrinae.

A 46 85 Et quandoquidem in aliquibus scientiis quae comparantur disciplinali
opus habet intellectus respicere ad materiam propter comparationem
quae est inter illas et materialia, quanto magis ipsa scientia naturalis.
Ergo falsa est opinio illius qui putavit quod forma tantum est id quod
debet tractari in scientia naturali et nullo modo materia.

---

79 de] *sequitur spatium trium litt.* D   79 et] *om.* P   80 quae accidunt] *ante* dispositionibus D   82 geometrica] geometria P

---

79 tractemus] يبحث (inquiramus) A   80 omnino] *om.* A   82 sit[1] ... simplex] صناعة
بسيطة والصناعات التعليمية التي هى حساب صرف وهندسة صرفة صناعة
بسيطة (sit doctrina simplex et doctrinae disciplinales quae sunt arithmetica pura
et geometria pura sit doctrina simplex) A   82 illis] illis duabus   82 aliae] *om.* A

83 quarum subiectum] موضوعاتها (quarum subiecta) A   83 unius] *om.* A   83 sua-

rum] *om.* A   84 alterius] *om.* A   85 disciplinali] الرياضة (mathematicae) A

87 quae est] *om.* A   87 materialia] الطبيعيات (naturalia) A   87 quanto ... natu-

ralis] فكيف ظنك بالعلم الطبيعي نفسه (quid ergo putas de ipsa scientia natu-

rali) A   88 falsa est] ما أفسد (quam falsa est) A   88 tantum] *om.* A

CAPITULUM DE ASSIGNANDO
QUID EST DE QUO POTIUS DEBET INTENDERE NATURALIS
IN TRACTATU SUO

Iam neglexerunt omnino aliqui naturalium, de quibus erat Antiphon,
5 attendere formam rei et putaverunt quod materia sola est quam omnes
debent inquirere et cognoscere. Quae cum assecuta fuerit, cetera quae
consequuntur eam accidentia et cohaerentia sunt infinita quae non
comprehenduntur. Et videtur mihi quod haec materia cui obligaverunt
tractatum suum est materia corporea informata, non autem prima,
10 tamquam sint obliti primae. Fortassis enim aliqui eorum confirmabunt
hoc ex artibus artificialibus, facientque comparationem inter naturalia
et artificialia et dicent quod, qui extrahit ferrum, intentio eius est de
ferro habendo nec curat cuius formae sit, et qui descendit in profundum
maris, intentio eius est acquirendi pretiosum lapidem, sed non curat

---

1-3 capitulum ... suo] *om.* P   4 neglexerunt] intellexerunt D   4 omnino aliqui] *inv.* D
4 aliqui] quidam P   5 rei] contemptu libero *add.* D *om.* P   5 materia sola] *inv.* P
7 eam] ea P   8 comprehenduntur] comprehenditur P   8 mihi] modo D   10 aliqui]
alia P   10 eorum] *om.* P   10 confirmabunt] confirmaverunt D   11 hoc] *om.* P
12 extrahit] extrahet P   14 acquirendi] habendi *add.* D   14 sed] *om.* V

---

2 quid est] العلل (causas) A   2 de quo] de quibus   5 formam rei] أمر الصورة
(quaestionem de forma) A   5 sola] *om.* A   5 omnes] *om.* A   6 cetera] *om.* A
7 eam] ذلك (illud) A   8 mihi] *om.* A   8 obligaverunt] هؤلاء (illi) *add.* A
9 autem] *om.* A   10 aliqui eorum] هؤلاء (illi) A   11 hoc] *om.* A   11 natu-
ralia] الصناعة الطبيعية(doctrinam naturalem) A   12 artificialia] الصناعة المهنية
(doctrinam artificialem) A   13 cuius ... sit] de forma eius   14 acquirendi] de
acquirendo

4-5 neglexerunt ... formam rei: les mots *contemptu libero*, ajoutés ici par le manuscrit de
Dubrovnik pourraient rendre les mots arabes *rafḍan kulliyyan*: «(certains ont rejeté ...
rafaḍa) avec un mépris sans réserve»; en ce cas, les mots *contemptu libero* constitueraient
un essai de traduction plus précise de l'arabe que le seul adverbe *omnino*.

15 cuius formae sit. Et, quod magis detegit nobis infirmitatem huius
sententiae, hoc est scilicet quod privaremur cognitione proprietatum
rerum naturalium et specialitatum earum quae sunt formae earum, et
quod etiam auctor huius sententiae fieret sibi contrarius, quia, si
sufficeret ei cognitio materiae non formatae, tunc sufficeret ei ad
20 omnem scientiam cognitio rei in se non habentis esse in actu, sed sicut
est res quae est in potentia. Deinde, unde procedet ad cognoscendum,
postquam neglexerit formas et accidentia respuerit? Accidentia etenim
et formae sunt quae trahunt intellectus nostros ad apprehendendam
sapientiam. Sed et si forte non suffecerit sibi cognitio materiae non
A 47 25 formatae et contenderit cognoscere quod materia habet formam, sicut
formam aqueitatis et aeritatis et cetera, tunc ergo non praetermisit
attendere formas et hoc quod putavit scilicet quod, qui ferrum extrahit,
formam non attendit, est opinio falsa quia, omnis qui ferrum extrahit
non est subiectum sui artificii ferrum, sed finis sui artificii, quia subiec-
30 tum suae artis sunt corpora metallina quae intendit fodere et fundere et
hoc opus est forma sui artificii, et post, acquisitio ferri est finis sui
artificii, deinde fit etiam subiectum aliorum artificiorum quibus non
sufficit acquisitio ferri nisi ut laborent in dando formam et accidens.

---

15 infirmitatem] destructionem *scrib. sed* infirmitatem *add. i. m.* D   16 sententiae]
scientiae P   16 privaremur] privarentur P   17 earum²] eorum V   18 etiam] *om.* P
18 sententiae] est *add.* V scientiae P   20-21 sicut est] *inv.* D   24 et] *om.* DP
24 suffecerit] sufficerit V sufficeret DP   26 formam] forma V   26 praetermisit]
praemisit P   28 omnis] eius P   29 artificii¹] artifici P   29 sui artificii²] *om.* VP

---

15 cuius ... sit] de forma eius   15 magis] *om.* A   16 hoc ... scilicet] *om.* A   18 etiam]
om. A   18 huius] *om.* A   19 ei²] *om.* A   20 omnem] *om.* A   20 in se] *om.* A
21 quae est] *om.* A   21 cognoscendum] illud *add.* A   22 neglexerit] *om.* A
23-24 ad ... sapientiam] إلى إثباته (ad affirmandum illud) A   24 et] *om.* A   24 forte]
om. A   26 et¹] أو (vel) A   26 et²] أو (vel) A   27 formas] الصورة (formam) A   27 scilicet] *om.* A   28 non] مضطر (cogitur) *add.* A   28 attendit] attendere   28 omnis] *om.* A   29 sed] هو (est) *add.* A   30 suae artis] eius   31 opus]
eius *add.* A   32 deinde] و (cum) A   32 etiam] *om.* A   32 quibus] أربابها (quorum
artificibus) A

32-33 quibus ... laborent: *ar.* littéralement, «(alors que le fer est un sujet pour d'autres
métiers) dont les artisans (*arbābuhā*) ne sont pas dispensés, par le fait de trouver du fer (*lā
yughnīhim muṣādafat al-ḥadīd*), de le traiter (ʿ*an al-taṣarruf fīhi*)».

Et iam fuerunt etiam alii contrarii his ex tractatoribus scientiae
35 naturalis qui contempserunt materiam omnino, dicentes quia non fuit
necessarium ad esse, nisi ut appareret in ea forma cum suis impressioni-
bus, et quia primum opus non fuerit nisi forma, unde qui plene
habuerit cognitionem formae, non ei est opus attendere materiam, nisi
velit intendere ad rem quae non est opus.
40 Et isti fuerunt nimis praesumptuosi in hoc quod praetermiserunt
materiam, sicut illi fuerunt extra viam in praetermittendo formam et,
praeter hoc difficile quod dicunt in scientiis naturalibus, sicut innuimus
in capitulo praecedente, adhuc etiam [non] suffecit eis hoc quod postpo-
suerunt comparationes quae sunt inter formas et materias, quia non
45 omnis forma convenit omni materiae, nec omnis materia est receptibilis
omnis formae. Quia formae speciales naturales, ad acquisitionem suarum essentiarum, habent opus ut habeant materias speciales propriatas

---

34 ex] et P   34 tractatoribus] tractoribus P   36 necessarium] opus *add.* V opus *scrib.*
sed necessarium *add. supra lin.* D   37 et] *om.* P   38 cognitionem] cognitio scientiam D   38 ei est] *inv.* D   38 ei est opus] est opus ei P   39 intendere] intrare DP
39 ad rem] *om.* P   40 nimis] *om.* P   40 praetermiserunt] praetermiserint V
43 etiam] enim P   43 non] *delevi*   43 suffecit] sufficit D

---

34 etiam] *om.* A   34 alii] طائفة أخرى (alia secta) A   34 contrarii] contraria
35 naturalis] naturae   35-36 non ... nisi] إنما قصدت في الوجود (non intendit
sc. natura in esse nisi) A   37 non] *om.* A   37 nisi] *om.* A   37 unde] وأن (et
quia) A   38 formae] فقد (iam) *add.* A   39 opus] ei *add.* A   40 isti] أيضا
(etiam) *add.* A   42 naturalibus = Asāṭm] الطبيعة (naturae) A   43 in ... praece-
dente] ante hoc capitulum   43 adhuc etiam] فقد (iam) A   43 postposuerunt]
يجهلوا (ignoraverunt) A   46 quia] بل (sed) A   46 formae = Asāṭm] الصورة
(forma) A   46 speciales naturales = Asāṭm] النوعية الطبيعية (specialis naturalis) A

---

37 primum opus: *ar.* al-maqṣūd al-awwal, «le but premier».
38-39 nisi ... opus: *ar.* littéralement, «sinon à la manière (*illā ʿalā sabīl*) d'une pénétra-
tion (*shurūʿ*) dans ce qui ne le concerne pas (*fī-mā lā yaʿnīhi*)».
45 convenit: *ar.* musāʿida, «(n') apporte (pas) son concours».
46-47 ad acquisitionem ... essentiarum: *ar.*, «pour se réaliser (*fī an taḥṣul*) comme
existantes (*mawjūdatan*) avec leurs caractères propres (*fī ʾl-tibāʿ*)».

formis quibus constitutum est esse earum ad hanc formam. Quam
multa enim accidentia sunt quae non veniunt ex forma, sed ex materia.

50   Et quandoquidem perfecta scientia et vera non est nisi comprehensio   150 ra
de eo quod est sicut est et quod comitatur illud, essentia autem formae
specialis eget materia propria et suum esse comitatur esse materiae
propriae, tunc, quomodo perficietur scientia nostra ex scientia formae
tantum, cum non fuerit haec dispositio cognita apud nos vere, et
55   quomodo erit haec dispositio certa apud nos, cum non attenderimus ad
materiam cum in materiis non est aliquid magis commune nec magis
remotum a forma quam materia prima? Sed ex cognitione naturae eius
et quod in potentia ipsa est omnia, inde acquiremus sapientiam quia
formae quae in huiusmodi materia existunt, aut est necessarium ut
60   removeantur quando mutantur aliae pro ipsis, aut est possibile et non
credibile.

A 48   Unde quae intentio est melior inter ea quae sciri debent, quam
intentio dispositionis rei in ipso suo esse, an sit firma an mutabilis? Sed
naturalis, in suis probationibus et in perfectione doctrinae suae, opus

---

48 quam] quia quam D   50 quandoquidem] non est nisi de eo *add.* D   50 perfecta
scientia] *inv.* D   50 non est nisi comprehensio] *inverti.* comprehensio non est nisi VDP
52 propria] signata *add.* D   52 esse] *om.* V   53 propriae] signatae *add.* D
53 nostra ex scientia] *i. m.* V²   55 certa] *om.* P   57 quam materia prima] *om.* D
59 existunt aut est] existunt noscendo naturam eius aut est desiderii D

---

48 quibus] لأجلها (propter quas) A   48 constitutum est] perfecta est   48 esse]
استعدادها (praeparatio) A   49 non ... sed ex materia] إنما بحسب مادتها
(non ... nisi secundum materiam eius) A   50 perfecta ... vera] perfecta et vera scientia
50 non] *om.* A   50 nisi] *om.* A   52 et] أو (vel) A   53 scientia] *om.* A   53 for-
mae] forma   54 tantum] *om.* A   54 et] أو (vel) A   55 cum] نحن (nos) *add.* A
56 cum] و (et) A   56 in materiis] فيها ... مادة (in materia) A   57 cognitione]
nostra *add.* A   58 inde] *om.* A   58 sapientiam] scientiam   59 formae]
الصورة (forma) A   59 existunt] est   60 removeantur] removeatur   60 ipsis]
ipsa   60 et] *om.* A   62 ea] هذه المعاني (eas intentiones) A   64 probationibus]
مفتقر (cogitur) *add.* A

---

54   haec dispositio: ar., *hādhā min ḥālihā,* «cet aspect de ce qui la (*sc.* la forme)
concerne».
55   haec dispositio: voir note 54.

65 habet ut retineat omnem comprehensionem materiae et formae simul:
    et forma confert sibi scientiam scilicet quid sit ipsa res in actu magis
    quam materia, et materia confert sibi scientiam potentiae essendi in
    pluribus dispositionibus et ex utrisque perficitur cognitio de substantia
    rei.

---

65 simul] utriusque *add.* D   66 et] quia DP   67 scientiam potentiae] *inv.* P
68 substantia] scientia subiecti D

---

66 et] لكن (tamen) A   66 scilicet] *om.* A   67 essendi] eius *sc. rei add.* A   68 utris-
que] جميعا (simul) *add.* A

---

66   ipsa res: *ar. huwiyyat al-shay*ᵓ, «l'ipséité de la chose», voir ch. 8, p. 75, note 93.

CAPITULUM DE ASSIGNANDA PROPRIETATE
UNIUSCUIUSQUE QUATTUOR CAUSARUM

Iam praemisimus in praedictis innuitiones significantes <corpori naturali> esse causam materialem et causam efficientem et causam
5 formalem et causam finalem. Nunc autem debemus cognoscere dispositiones harum causarum, per quas in subsequentibus habebimus facilitatem perveniendi ad cognitionem causatorum naturalium. Sed quod omne generatum et corruptibile et quod omne subiacens motui et omne compositum ex materia et forma habent causas inventas quae sunt hae
10 quattuor et non plures, in hoc non debet fatigari tractatus naturalis, quia hoc divini est. Sed certitudinem earum quid sunt et significationem suarum dispositionum ponere, hoc est a quo naturalis non potest excusari.

Dicemus igitur quod causae essentiales rerum naturalium sunt quat-
15 tuor: efficiens, materia, forma et finis.

Et *efficiens* in rebus naturalibus aliquando dicitur principium motus in alio a se secundum hoc quod est aliud. Sed intelligitur motus hic omnis exitus de potentia ad effectum per formam in materia. Et hoc

---

1 de] cuius P   1 proprietate] et *add.* P   8 omne] esse P   10 et] *om.* P   10 in hoc] hoc est in hoc D   12 ponere] *i. m.* V²   12 a] ex P   18 materia] materiam D

---

5 cognoscere] نعرف (facere cognoscere) A   6 in subsequentibus] *om.* A   8 et¹]
om. A   8 et²] أو (vel) A   8 quod] *om.* A   8 et³] أو (vel) A   8 omne³] ما هو
(quod est) *add.* A   9 quae sunt] وأنها (et quod sunt) A   10 et] *om.* A   10 plu-
res] غير (aliae) A   11 certitudinem ... sunt] certificare earum quidditates   17 intelligitur motus] intelligimus per motum   18 per formam] *om.* A

1-2   de ... causarum: *ar.* littéralement, «(chapitre) faisant connaître les catégories (*aṣnāf*)
de causes prises une à une (*ᶜillatin ᶜillatin*) parmi les quatre (*min al-arbaᶜ*)».
9   causas inventas: *ar. ᶜilalan mawjūdatan*, «des causes existantes».
10   naturalis: *ar. al-ṭabīᶜī*, «le physicien».
11   divini: *ar. al-ilāhī*, «le métaphysicien».
11-12   significationem ... ponere: *ar.* littéralement, «indiquer (*al-dalāla*) leurs fondements
(*ᶜalā uṣūlihā*) comme postulat (*waḍᶜan*)».

principium est causa convertendi in aliud et movendi de potentia ad
20 effectum. Sicut medicus, cum sanat seipsum, principium est motus in
alium unde est alius, quia ipse non movet nisi infirmum, et infirmus
aliud est a medico secundum hoc quod est infirmus. Et ipse non sanat
nisi secundum hoc quod est id quod est, scilicet unde est medicus. Sed
curatio eius et receptio sua curationis et eius motus ad illam, non est ex   A 49
25 hoc quod est id quod est, scilicet unde est medicus, sed ex parte qua est
infirmus.

Principium autem motus aut est praeparans aut est perficiens. Sed
praeparans est id quod praeparat materiam, sicut motus spermatis in
permutationibus praeparantibus. Et perficiens est id quod tribuit for-
30 mam < et videtur quod id quod tribuit formam > constituentem species
naturales [et] est extra naturalia, et non pertinet ad naturalem scire hoc
verissime, sed tantum ut ponat quod hic est praeparans et attribuens
formam, et non dubitet quin praeparator sit principium motus et quod
perficiens est etiam principium motus, quia ipsum est vere quod trahit
35 de potentia ad effectum.

Iam autem aliquando enumerantur consiliator et adiutor inter principia motus. Sed adiutor videtur esse pars principii motus, sicut si esset
principium motus exercitus rex et adiutor pars eius, sed differentia inter

---

19 convertendi] vel permutandi *add. i. m.* V² permutandi P   23 hoc] *om.* P   23 id
quod est²] *om. hom.* P   23 scilicet] *om.* D   24 et¹] *om.* P   25 qua] de qua P
29 permutationibus] conversionibus *scrib. et* permuta *add. i. m.* D   31 pertinet ad]
debet *scrib. et* pertinet ad *add. i. m.* D   31 naturalem] naturalis D   32 hic] *om.* P
33-34 et² quod ... motus] *om. hom.* P   36 iam autem] et aliquando *scrib. sed* iam
autem *add. i. m.* D   37 motus¹] *om.* D   37 videtur esse] *inv.* P

---

19 est] هو الذي يكون (est quod est) A   19 in] *om.* A   19 aliud] غيره (aliud a
se) A   19 movendi] illud *add.* A   20 sicut medicus] et medicus etiam   25 id quod
est ... unde est] *om.* A *non om.* A tm   28 motus] محرك (movens) A   28 spermatis]
sperma   32 sed ... ut] بعد أن (postquam) A   32 et] ههنا (hic est) *add.* A   38 pars
eius] *om.* A

---

27   praeparans: *ar. muhayyiʾ*, «qui influence», «qui dispose».
28   praeparans: voir note 27.
28   praeparat: *ar. yuṣliḥ*, «adapte».
38   exercitus: ceci pourrait traduire l'arabe *al-ḥamla*, «expédition militaire»; l'édition du
Caire porte sans variante *al-jumla*, «l'ensemble», «le tout»; cette totalité, qui est le
principe du mouvement, est formée elle-même de *al-aṣl*, «ce qui constitue le fondement»
du mouvement, et de *al-muʿīn*, «ce qui y contribue».
38   rex: *ar. aṣl*, «origine», «cause», «fondement»; une traduction littérale de ce terme, à

regem et adiutorem haec est, quia rex movet propter finem qui est suus,
40 et adiutor movet propter finem qui non est suus, sed propter alium
finem qui non est ipsi finis, sed regi, acquisitus ex motu, immo est finis
alius, ut gratitudo aut remuneratio aut honorificatio. Sed consiliator est
principium motus, aliquo mediante, quia est causa formae animalis
quae est principium motus primum ad rem volitam, et est principium
45 principii. Hoc ergo est principium efficiens respectu rerum naturalium.

Sed cum accipitur principium efficiens non in respectu rerum naturalium tantum, sed respectu ipsius esse, erit communioris intentionis
quam sit haec, et erit hoc: quicquid est causa essendi, sed remotum a
sua essentia, unde autem est remotum et unde non est illud esse propter
50 ipsum, causa est efficiens.

Dicamus autem nunc de *principio materiali* quia principia materialia
conveniunt in uno intellectu, hoc est quia illa in naturis suis sunt
acquisitiva rerum extranearum, et habent habitudinem ad compositum

---

39 regem] radicem *scrib. et* regem *add. supra lin.* D   39 rex] radix *scrib. et* rex *add.*
supra lin. D   39-40 qui est suus ... propter finem] *om. hom.* P   41 sed] scilicet D
43 animalis] *corr. in aliis* VDP   45 ergo est] *inv.* P   47 sed] in *add.* D   47 esse]
rerum *add.* P   47 erit] *om.* P   49 non] *om.* D   51 materialia] naturalia D
53 acquisitiva] acquisita P   53-54 ad compositum ... habitudinem] *i. m.* V²

---

39 haec] *om.* A   40 sed] أو للأصل (radicis vel) *add.* A   40 alium] *om.* A

41 ipsi finis] نفس غاية الأصل (ipse finis radicis) A   41 sed regi] *om.* A   44 pri-

mum] الأولى (primi) A   45 principium] *om.* A *non om.* At   47 tantum] *om.* A

48 sit] *om.* A   48 hoc] *om.* A   48 sed] *om.* A   48 remotum] aliquid remotum

49 autem] *om.* A   51 materiali] فنقول (et dicemus) *add.* A   52 hoc est = Am]

وهي (haec sunt) A

---

savoir *radix*, peut se lire dans le manuscrit de Dubrovnik (sigle D) et dans l'autre
recension (voir *Intr.*, p. 96*). Il n'est pas exclu que la traduction de *aṣl* par *rex* ait été
suggérée en latin par le contexte (voir *exercitus, al-ḥamla*); les manuscrits de l'autre
recension ayant ici *radix*, omettent *exercitus* sans traduire pour autant l'arabe *al-jumla*.
Cependant, *rex* pourrait peut-être remonter à une variante arabe, *al-aṣīl*; en effet, une
traduction persane moderne du texte arabe rend *aṣl* par *aṣīl*, «celui qui est d'origine
noble»; voir M. FARUGHĪ, *Shifâ. Fann-i-samâ-i ṭabî'î*, Téhéran, 1937, réimpression,
Téhéran, 1983, dans la bibliographie avicennienne établie par J. JANSSENS, *An annotated
Bibliography on Ibn Sînâ (1970-1989)*, Leuven, 1991, p. 7. Nous remercions ici M.J.Janssens
qui a traduit en français le passage de la traduction persane correspondant au texte arabe
de l'édition du Caire, p. 49, lignes 5-10, et à la traduction latine, p. 87-88, lignes 36 à 45.

ex ipsis et ex illis essentiis extraneis, et habent habitudinem ad ipsas
55 essentias, sicut corpus habet comparationem ad compositum, scilicet
album, et comparationem ad simplex, scilicet albedinem.

Et comparatio eius ad compositum semper est sicut comparatio
causae semper, quia est pars constitutionis compositi, et pars in seipsa
prior est toto, quia constituit essentiam eius.

60 Sed comparatio eius ad illam non intelligitur nisi tribus modis.

Uno scilicet, quod nec praecedit nec sequitur eam in esse, idest non
eget eo in constitutione < nec illud eget ea in constitutione >.

Et alio, quod materia eget tali quale hoc est in constitutione in   A 50
150 rb effectu, quod sit prius ea in esse essentiali, quasi esse suum non pendeat
65 ex materia sed ex aliis principiis, sed comitatur illum, cum inventum
fuerit, ut perficiat materiam eius et ducat ad effectum, sicut sunt multa
quorum constitutio est cum aliquo et comitatur illud post constitutionem suam ut constituat aliud. Sed fortasse constituet illud aliud disce-
dendo a sua essentia, et aliquando constituet aliud per commixtionem
70 suae essentiae, et huiusmodi vocatur forma et, aut habet partem in

---

54 ex ipsis] *om.* P   54-55 ex ipsis ... ad compositum] *om. hom. sed restituit post*
simplex *lin.* 56 D   55-56 scilicet album ... simplex] *iter. post restitutionem lin.* 54-55 D
59 toto] *corr.* tota VDP   59 quia] et D   59 essentiam] essentia DP   60 illam]
illa DP   61 scilicet] secundum D   63 quale] quali D   65 comitatur] comitantur P
67 comitatur] comitantur P   67 post] *om.* P   68 suam] illam suam D   70 et²]
om. P

---

54 extraneis] *om.* A   54 ad] تلك (illas) *add.* A   55 scilicet] إلى (ad) *add.* A
56 scilicet] إلى (ad) *add.* A   57 semper] *om.* A   57 sicut] *om.* A   59 quia] و (et) A
60 illam] تلك الأُمور (illas res) A   61 uno] *om.* A   62 eo] الأمر الآخر (alio) A
63 alio] secundo modo   65 sed¹] immo   66 perficiat] constituat   66 ducat]
eam *add.* A   67 cum aliquo] per aliquid   67 illud] illa *sc. multa*   68 suam]
eorum   68 sed] *om.* A   68 aliud²] *om.* A   69 constituet aliud] كان تقومها (fit
constitutio eorum) A   70 huiusmodi] الأمر (res) *add.* A   70 aut] *om.* A   70-71 in
perficiendo] في تقويم (in constituendo) A

---

60 illam: le latin semble renvoyer à *essentiam*, ligne 59; l'arabe porte ici le pluriel *tilka 'l-
umūr*, renvoyant à *tilka 'l-māhiyyāt nafsihā, ipsas essentias*, voir lignes 54-55.
61 eam: voir note 60.

perficiendo materiam constitutione suae essentiae, aut ipsum est constituens proximum. Et declaratio huius est in prima doctrina.

Tertius autem modus est ut materia sit constituta in sua essentia et
ducta ad actum et praecedat rem et constituat eam, et hoc est quod
75 vocamus accidens proprie, quamvis aliquando vocemus accidens omnes
affectiones.

Ergo erit primus modus secundum relationem essendi simul, et duo
alii modi, secundum relationem prioris et posterioris. Sed in primo
horum duorum prioritas est eius quod est in materia, et in secundo
80 eorum est prioritas materiae. Et modi primi non manifestatur esse sed,
si exemplum habet, sit anima et materia prima quando coniunguntur ad
constituendum hominem; sed de duobus aliis modis iam saepe diximus.

Sed materia cum generato ex ea cuius ipsa est pars esse habet et
alium modum respectus comparationis, et dignum est ut haec compara-
85 tio adaptetur formae. Et materia aliquando sufficit per se sola ut sit ipsa
pars materialis eius quod habet materiam et haec fit in aliqua maneria
rerum, et aliquando non sufficit nisi adiuncta fuerit ei alia materia, ex
qua et ex ipsa construetur quasi una materia ad perficiendam formam
rei, et hoc fit in alia maneria rerum, sicut herbae ad electuarium et sicut
90 humores ad corpus.

Et, cum fuerit materia ex qua res non provenit nisi alia materia fuerit
ei adiuncta, aliquando erit ex coniunctione tantum, sicut singularia
hominum in exercitu et domus in civitate, aliquando erit ex coniunctione et compositione simul tantum, sicut lateres et trabes domui,

---

72 huius est] eius P   80 est] *om.* P   81 sit] fit V   84 respectus] respectu P
85 et] quia DP   86 materialis] naturalis P   87-89 et aliquando ... et hoc fit] *om.*
hom. D   89 herbae] herba P

---

71 constitutione] بمقارنة (coniunctione) A   71 aut = Adsātm] و (et) A   71 est]
كل (totum) *add.* A   74 praecedat] ذلك (illam) *add.* A   74 eam] ذلك
الشئ (illam rem) A   74 hoc] هذا الشئ (haec res) A   75 accidens²] accidentia   75 omnes] هذه (has) A   77 erit] *om.* A   77 secundum] يوجب (facit
necessarium) A   78 secundum] *om.* A   78 prioris et posterioris] prioritatis et posterioritatis   80 sed] كأنه (est quasi) *add.* A   83 et] *om.* A   84 est] أيضا (etiam)
add. A   85 adaptetur formae] transmutetur ad formam   85 et] فإن (nam) A
86 fit] *om.* A   89 fit] *om.* A   89 alia] *om.* A   89 sicut²] *om.* A   91 materia²]
om. A

95 aliquando erit ex coniunctione et compositione et conversione, sicut
elementa generatis quibus elementorum non sufficit sola coniunctio nec
sola compositio contingendi se vel obviandi sibi et recipiendi figuram ut   A 51
ex hoc habeant esse generata, nisi et alia agant in alia et alia patiantur
ab aliis, quousque ex eis quiescentibus in coniunctione proveniat quali-
00 tas uniformis quae dicitur complexio. Et tunc coaptabitur formae
speciali et, propter hoc, est theriaca et quicquid est simile illi quia,
quamvis commixtae fuerint species eius et coniunctae et compositae,
non tamen adhuc erit theriaca nec habebit formam theriacitatis nisi
cum mora temporis quo aliae agant in alias qualitatibus suis et prove-
5 niat ex eis una qualitas tamquam consimilis illis omnibus, et sic
proveniet opus ex earum participatione. Et harum formae essentiales
sunt fixae et permanentes, sed accidentia earum, ex quibus patiuntur
passionem conversionis, mutantur et convertuntur conversione minu-
endi superabundantiam quae est in singulis eorum, quousque quiescat
10 in eis qualitas dominantium minus quam erat in dominanti.

Iam autem fuit usus ut dicatur habitudo propositionum ad conclusionem similis habitudini formarum ad materias, sed melius est ut forma
propositionum sit figura earum, et propositiones cum figura earum
assimilentur causae efficienti quia ipsae sunt efficientes conclusionem, et

---

99 quousque] donec *add.* D   1 est¹] *om.* D   1 est simile] *inv.* P   6 ex earum] ex
eorum *scrib. et iter.* P   9 quousque] donec *add.* D   10 dominanti] *corr.* dominanti-
bus VDP   11 propositionum] propositum VP   13 et propositiones ... earum] *om.*
hom. P   14 assimilentur] assimilantur V

---

96 quibus] فإن (quia) A   96 sola] ipsa   97 sola] ipsa   97 vel] و (et) A   98 nisi
et] بل بأن (sed ut) A   99 quousque] و (et) A   2 quamvis] *om.* A   3 tamen] *om.* A
5 ex eis] لها (in eis) A   6 opus ex ... participatione] عنها فعل المشاركة (ex eis
opus participationis) A   6 et] فإن (nam) A   6 formae = Asām] الصورة (forma) A
6-7 essentiales ... permanentes] essentialis est fixa et permanens   8 minuendi] بأن
ينتقص كل (minuendo omnem) A   12 melius] الأشبه (verisimilius) A   14 sunt]
كسبب (quasi causa) *add.* A *non add.* Asā   14 efficientes] فاعل (efficiens) A

---

99   ex eis ... coniunctione: *ar.*, «(et) que s'établisse fermement (*tastaqirr*) pour l'ensemble
(*li-l-jumla*) ... ».
2   species: *ar. akhlāṭuhu*, «ses ingrédients».
3-4   nisi ... quo: *ar.* littéralement, «jusqu'à ce qu'on laisse s'écouler pour les ingrédients
(*ilā an ya'tiya ʿalayhā*), un laps de temps tout au long duquel (*mudda fī mithlihā*) ... ».

15 conclusio, ex hoc quod est conclusio, est res praeter ipsas. Sed quia
adinvenerunt quod, quando maior terminus et minor conveniunt, provenit inde conclusio, et iam erant ante hoc in argumentatione, accidit
eis haec opinio quod in argumentatione est subiectum conclusionis,
adicientes etiam quod ipsa argumentatio est subiectum conclusionis.
20 Sed terminorum minoris et maioris natura est ut uterque sit subiectus
formarum quia sunt subiecti formae conclusionis, et non sunt tunc
terminus maior nec minor, sed sunt subiecti ut sint termini maior et
minor, nec sunt tunc subiecti conclusionis, quia unusquisque eorum,
quando fuerit aliquis modus habitudinis unius ad alium, tunc erit
25 terminus maior et terminus minor, et iste est modus secundum quem
comparantur ambo in effectu, habitudine propria ad medium, et habent
habitudinem ad conclusionem sicut ad id quod est in potentia. Sed,
quando fuerint alio modo, considerati erunt subiecti conclusionis in
actu, qui modus est ut unus coniungatur alii secundum habitudinem
30 praedicandi et subiciendi aut antecedendi et consequendi praeter habitudinem etiam quam prius habebant, ac per hoc, qui est in argumentatione terminus minor aut maior non est ipsemet qui est in potentia
terminus conclusionis, sed alius eiusdem speciei, quia non est possibile
ut dicatur quod rei uni numero accidat ut sit terminus maior aut minor

---

15 hoc] *om.* D   16 provenit] *i. m.* V² 17 erant] erat V   19 adicientes ... conclu-
sionis] *om. hom.* P   21 formarum ... subiecti] *om.* V   22 sint termini] termini sunt P
22-23 et minor] *om.* V   24 fuerit] *om.* P   26 et] *om.*V   28 quando] cum P
30 aut] *om.* P   31 habebant] habebat P

---

17 inde] *om.* A   18 eis] *om.* A   18 haec] *om.* A   20 natura est] طبيعتاهما (duae
naturae sunt) A   20 ut] *om.* A   20 uterque ... subiectus] موضوعتان (subiectae) A
21 subiecti] موضوعتان (subiectae) A   22 nec] الحد (terminus) *add.* A   22 sub-
iecti] موضوعتان (subiectae) A   22-23 termini ... minor] terminus maior et terminus
minor   23 subiecti] موضوعتين (subiectae) A   23 eorum] earum   24 unius]
om. A   24 tunc] *om.* A   28 considerati] *om.* A   29 actu] و (et) *add.* A   29 unus]
كل واحد منهما (unusquisque eorum) A   31 etiam] *om.* A   31 prius] *om.* A
32 est¹] أيضا (etiam) *add.* A   33 terminus] موضوع (subiectus) A   33 eius-
dem] eius   34 dicatur] dicamus   34 sit] موضوعا لكونه (subiecta ut sit) *add.* A
34 aut] وحدا (et terminus) A

---

19   adicientes etiam: *ar.*, «et cela a mené (à penser), *fa-yukhaṭṭī dhālik ilā an*».

35 et subiectus partis conclusionis, nec intelligo quomodo debeant poni   A 52
    propositiones subiectum conclusionis.
        Cum autem comparavimus inter materiam et id quod provenit ex ea,
    aliquando materia erit materia ad recipiendum generationem, < ... >
    et aliquando erit ad recipiendum compositionem et conversionem
40 simul. Et hoc est quod dicimus de causa materiali.
        Sed et *forma* dicitur essentia quae, quando fuerit habita in materia,
    constituet speciem, et dicitur forma ipsamet species, et dicitur forma
    figura et depictio, et dicitur forma dispositio congregationis, sicut forma
    exercitus et forma propositionum ordinatarum, et dicitur forma ordo
45 vivendi sicut lex, et dicitur forma omnis affectio quaecumque fuerit, et
    dicitur forma certitudo uniuscuiusque rei, sive sit substantia sive sit
    accidens. Sed differt a specie, quia haec aliquando dicitur genus genera-
    lissimum, aliquando dicitur haec forma intellectus abstractus a materia.
        Et forma quae accipitur pro uno ex principiis est secundum compara-
50 tionem eius quod est compositum ex ipsa et materia, quia est pars eius
    quod ipsa constituit in actu, qualecumque sit illud, et materia est pars

150 va (margin, line 45)

A 52 (margin, line 35)

---

35 et] aut P   38 generationem] *lacunam conieci ex ar.*   39 et aliquando erit ...
compositionem] *om.* D   48 abstractus] extractus P   50 et] *om.* P

---

35 subiectus partis] جزء لكونه موضوعا (subiecta ut sit pars) A   36 subiectum]
موضوعة (subiectae) A   37 comparavimus] فقط (tantum) *add.* A   37 inter]
om. A   38 generationem] وقد تكون لقبول الاستحالة وقد تكون لقبول
الاجتماع والتركيب (et aliquando erit ad recipiendum conversionem et aliquando erit
ad recipiendum coniunctionem et compositionem) *add.* A   41 et] *om.* A   41 forma]
فقد (aliquando) *add.* A   42 constituet] eam *add.* A   43 depictio] خاصة (proprie)
add. A   44 ordinatarum] المقترنة (coniunctarum) A   48 aliquando] وربما (aliquando autem) A   48 haec] *om.* A   48 intellectus abstractus] للمعقولات المفارقة
(intelligibilia separata) A   50 eius ... compositum] إلى المركب (ad id quod est compositum) A   50 et] من (ex) *add.* A   51 quod ... constituit] يوجبه (quod constituit necessario) A   51 ipsa] *om.* A

---

41 dicitur: *ar. yuqāl li*, «(la forme) se dit de»; dans chacune des occurrences du verbe
yuqāl correspondant à *dicitur* lignes 42 à 48, ce verbe est accompagné de la préposition *li*.
44-45 ordo vivendi sicut lex: *ar.*, «le système des prescriptions à observer, telle la Loi
religieuse, *al-niẓām al-mustaḥfaẓ ka-ʾl-sharīʿa*»; sur les notions de *sharʿ*, Loi divine, et de
sharīʿa, Loi religieuse, voir L. GARDET, *L'Islam*, p. 287-289.

quae non constituit in actu, quia esse materiae non sufficit ut sit res in
actu, sed ut sit in potentia. Ergo res non est id quod est ex sua materia,
sed ex esse formae fit res in actu. Sed constitutio materiae per formam
55 fit alio modo. Causa etenim formalis aliquando est respectu generis aut
speciei, et haec est forma quae constituit materiam, aliquando est
respectu alius modi, et haec est forma sine qua materia fit species, quia
ipsa superveniens, est sicut forma figurae ad lectum et albedo respectu
corporis albi.

60   Sed hic *finis* est intentio propter quam venit forma ad materiam et
haec est pars vera et pars quae putatur vera, et propter hunc finem est
motus qui provenit ab efficiente non accidentaliter, sed essentialiter. Et
efficiens contendit efficere quod est bonum respectu illius, et aliquando
erit vere, aliquando vero erit in opinione, quia ipse aut sic erit, aut sic
65 putabitur.

52-53 in² actu] *i. m.* V²   53 ut] res *add.* DP   55 causa] causae V   55-57 generis
... respectu] *om. hom.* VDP   57 fit] sit D   61 et¹] aut P   61 et pars quae ... vera]
om. hom. D   62 sed essentialiter] *i. m.* V²   64 vero] *om.* P   64 sic] *om.* P

---

52 constituit] يوجبه (constituit illud ncessario) A   53 sit] الشئ (res) *add.* A

55 fit] *om.* A   58 superveniens] عليه (ei) *add.* A   60 sed ... finis est] sed finis hic est

61 haec] *om.* A   61 pars¹ vera] الخير الحقيقي (bonum verum) A   61 et¹] أو

(vel) A   61 pars² quae] bonum quod   61 vera] *om.* A   61 et²] فإن (nam) A

61 propter ... est] *om.* A   62 motus] كل تحريك (omnis motio) A   62 qui] *om.* A

62 et] فإنه (quia) A   63 efficere] به (per illud) A

---

61   pars¹⁻²: *ar. al-khayr*, «le bien»; la graphie arabe de *al-khayr*, proche de celle de *al-
juz²*, *pars*, explique peut-être la traduction latine.
64   ipse: le latin renvoie ici à *finis*; le contexte arabe renvoie à *khayr, bonum*.

Efficiens, quodam respectu, est causa finis. Quomodo enim non erit sic, cum efficiens sit quod facit finem esse, et finis, alio respectu, est causa efficientis? Quomodo non erit sic, cum efficiens nil faciat nisi
5 propter eum et nisi propter eum non faceret aliquid? Ergo finis movet efficientem ut sit efficiens. Unde cum dicitur «quare exercitaris», et dico quia «ut saner», erit haec responsio sicut, si diceretur «quare sanus factus es», et dicerem «quia exercitavi me», esset responsio quia exercitatio est causa efficiens sanitatis et sanitas est causa finalis exerci-
10 tationis. Sed si ·diceretur «cur quaeris sanitatem», et dicerem «ut exerciter», non esset vera responsio nec probabilis; deinde cum quaeritur «cur quaeris exercitari», et respondeo quia «ut saner», erit responsio certa.

Efficiens autem non est causa efficiendi finem esse finem nec ut finis
15 habeat esse in se, immo est causa ut sit finis proprius, quia differentia est inter esse aliquid et esse, sicut iam didicisti. Et finis est causa propter quam efficiens habet esse efficiens. Ergo ipse est ei causa ut ille sit causa, et efficiens non est causa finis ut finis sit causa. Et hoc declarabitur in philosophia prima.

---

2 est] eius V   3 cum] *om.* P   4 quomodo] enim *add.* P   4 nisi] *om.* P   6 exercitaris] exercitavis P   7 si] sic P   10 si] *om.* DP   14 esse finem] *om.* D   14 ut] *om.* D

---

4 efficientis] و (et) *add.* A   5 et nisi propter eum] وإلا (alioquin) A   5 aliquid] *om.* A   6 dico] dicat   7 quia] *om.* A   8 dicerem] diceret   8 me] و (et) *add.* A   9 est²] *om.* A   10 sed] ثم (deinde) A   10 dicerem] diceretur   11 quaeritur] dicitur   12 respondeo] dicitur   12 quia] *om.* A   14-15 nec ... esse] nec causa quidditatis finis   15 sit] habeat esse   15 finis proprius] ماهية الغاية في الأعيان (quidditas finis in sensibilibus) A   16 iam] *om.* A   18 finis²] ipse

---

1 de comparationibus... inter se: *ar.*, «des relations réciproques (*fī munāsabāt*) des causes (*al-ᶜilal*)».
11 nec probabilis: *ar. ᶜan ṣādiq al-ikhtibār*, «découlant d'une véritable expérience».

20   Deinde efficiens et finis ambo sunt quasi duo principia non proxima
composito causato, quia efficiens, aut erit praeparator materiae, et tunc
erit causa faciendi esse materiam propinquam causati, non causa propinqua causati, aut erit attribuens formam, et tunc erit causa faciendi
esse formam propinquam; et finis est causa efficientis inquantum est
25 efficiens et est causa formae et materiae, mediante motu quo movet
efficiens compositum.

A 54   Sed principia propinqua rei sunt hyle et forma, et non est medium
inter illa et compositum, sed sunt duae causae eius quae sunt duae
partes eius constituentes illud sine medio, quamvis differat constitutio
30 uniuscuiusque illarum, cum haec sit causa quae non est illa.

Sed aliquando accidit ut forma et materia sint causa cum medio et
sine medio simul duobus modis.

Sed quando compositum non fuerit species sed pars, et fuerit forma
non quae proprie nominatur forma sed affectio accidentalis, tunc erit
35 materia constituens essentiam illius accidentis quod perfecit partem
illam secundum quod est pars. Ergo erit aliqua causa causae et, cum ita
sit, tunc, unde materia est pars compositi et causa materialis, inde non
est inter ea medium.

Sed forma, quando fuerit vera forma et de praedicamento substantiae
40 et fuerit perfectiva materiae in effectu et materia fuerit causa compositi,
tunc haec forma erit causa causae compositi et, cum haec ita sint, tunc,
ex hoc quod forma est pars compositi et causa formalis, inde non est
inter ea medium.

---

21 quia] et V   22 esse] est V   24 efficientis] efficiens P   25 causa] causae P
29 constitutio] eius add. V   31-32 et sine medio] om. hom. P   33 quando] materia
add. D   36 et] quia P   40 fuerit¹] fuit P   40 materiae] materia P   42 quod]
unde est add. D ex add. P

---

28 compositum] الشيئ (rem) A   28 quae sunt] على أنها (inquantum sunt) A

29 eius] om. A   30 quae ... illa] غير العلة التي هي ذاك (alia a causa quae

est illa) A   31 forma et] om. A   31 sint] sit   32 modis] والصورة علة

بواسطة وغير واسطة معا من وجهين (et forma sit causa cum medio et sine medio

simul duobus modis) add. A non add. Abdsā   33 pars] صنفا (modus) A   35 per-

fecit] يقوم (constituit) A   35 partem] الصنف (modum) A   36 illam] illum

36 pars] صنف (modus) A   36 et] لكن (sed) A   39 forma quando] forma

quando forma   40 perfectiva] تقوم (constitutiva) A

Ergo materia, quando fuerit causa causae compositi, non est hoc
45 unde ipsa est causa materialis compositi. Sed forma, quando fuerit
causa causae compositi, non est hoc unde ipsa est causa formalis
compositi.

Et aliquando contingit ut essentia efficientis et formae et finis sit una.
Et erit ipsa essentia cui accidit ut sit ipsa efficiens et forma et finis, quia
50 in patre principium est generationis formae humanae ex spermate et
non est hoc totum quod est patris, sed tantum sua forma humana, et
quod est in spermate non est nisi forma humana, et non est finis ad
quem movetur sperma nisi forma humana; sed unde constituit cum
materia speciem hominis, est forma, et unde finitur in ea motus
55 spermatis, est finis, et unde incipit ab ca compositio eius, est efficiens.
Sed, quando comparatur materiae et compositioni est forma et, quando
comparatur motui, aliquando est finis, aliquando efficiens, sed finis,
respectu terminationis motus, et haec est forma quae est in filio,
efficiens autem, respectu inchoationis motus, et haec est forma quae est
60 in patre.

---

45 quando] quae P   46 ipsa est] *inv.* P   53 sperma] ut est *add.* P   55 ab] *om.* P
57 motui] motu P   58 est¹] *om.* D

---

48 sit] ماهية (essentia) *add.* A   49 essentia] *om.* A   49 accidit] إما (sive) *add.* A
49 ipsa] *om.* A   55 ab ea = Atm] منه (ab hoc) A   56 compositioni] المركب
(composito) A

Unaquaeque causarum aliquando est essentialiter, aliquando accidentaliter; aliquando est propinqua, aliquando remota, aliquando propria, aliquando communis; aliquando particularis, aliquando universa-
5 lis, aliquando est simplex, aliquando composita, aliquando in potentia,
aliquando in effectu, aliquando commiscentur inter se aliae cum aliis.
Sed has diversitates prius assignemus in causa efficiente.

Dicemus igitur quod causa efficiens essentialiter est sicut medicus
cum curat aut sicut ignis cum calefacit, hoc est ut causa sit principium
10 essentiae illius operis et accipiatur secundum quod est principium illius.

Et causa efficiens accidentaliter est id quod differt ab hoc et est
multorum modorum, ex quibus est unus quando efficiens est qui
operatur opus quod, cum removet contrarium prohibens suum contrarium, confortatur aliud contrarium et tunc ascribitur ei effectus alterius

---

5 aliquando¹ ... simplex] *om.* D   6 commiscentur] miscentur D   9 calefacit] calefa-
ciet D   11 est²] *om.* P   14 alterius] alicuius P

---

2 essentialiter] ‎و (et) *add.* A   2 aliquando²] يكون (est) *add.* A   2 accidentaliter] ‎و
(et) *add.* A   3 propinqua] ‎و (et) *add.* A   3 aliquando²] يكون (est) *add.* A
3 remota] ‎و (et) *add.* A   3 aliquando³] يكون (est) *add.* A   3 propria] ‎و (et) *add.* A
4 aliquando¹] يكون (est) *add.* A   4 communis] ‎و (et) *add.* A   4 aliquando²]
يكون (est) *add.* A   4 particularis] ‎و (et) *add.* A   4 aliquando³] يكون (est) *add.* A
4 universalis] ‎و (et) *add.* A   5 simplex] ‎و (et) *add.* A   5 aliquando²] يكون (est)
add. A   5 composita] ‎و (et) *add.* A   5 aliquando³] يكون (est) *add.* A
5 potentia] ‎و (et) *add.* A   6 aliquando¹] يكون (est) *add.* A   6 effectu] ‎و (et) *add.* A
6 aliae] هذه (earum) *add.* A   7 diversitates] الأحوال (dispositiones) A   9 aut
sicut] ‎و (et) A   9 hoc est] et est   12 unus] *om.* A   12 quando] أن (quod) A
12 est qui] *om.* A   13 quod] et illud opus

---

1   de differentiis: *ar.* littéralement, «des divisions (*fī aqsām*) des états (*aḥwāl*)».

15 contrarii, sicut scammonea dicitur infrigidare quando expellit choleram
rubeam.

Item alio modo, efficiens est < removens> quod prohibet aliud a suo
actu naturali, quamvis prohibitio non fit ex contrarietate, sicut cum
quis removet aliquid cui aliud innitebatur cumque hoc ceciderit, dicitur
20 ille hoc dejecisse.

Item alio modo, cum una res accipitur multis respectibus quae habet
multas proprietates, et ex una illarum aliquid erit principium essentialiter alicui actui, et tamen non referetur ad illam sed ad aliqua aliorum
quae cohaerent ei, sicut cum dicitur quod medicus fabricat, scilicet,
25 quod est subiectum medici est fabricans: fabricat ergo unde est fabrica-
tor, non unde est medicus, aut accipietur subiectum solum non coniunctum illi praedicato, et dicetur «homo fabricat».

Item alius modus est ut cum efficiens sit aut natura aut voluntate iens
ad aliquem finem ad quem, aut perveniet, aut non, sed cum eo accidet   A 56
30 alius finis, sicut lapis cum vulnerat, hoc non accidit nisi quia ipse per
seipsum cecidit, et accidit ut aliquod caput esset illi obvium super quod
cecidit suo pondere et vulneravit.

---

22 et] *om.* P   22 illarum] illorum P   23 actui] actu P   23 sed ... aliqua] *i. m. al.*
man. V sed aliquam P   28 sit] fit D   31 et accidit] *om.* V   31 aliquod] aliquis
(vel aliquis D) vertex sub eius casu *add. i. m.* V²D *add.* P

---

15 dicitur infrigidare] cum infrigidat   17 alio modo] *om.* A   17 aliud] rem   18-19 cum

quis removet] removens   19 cumque hoc ceciderit] *om.* A   21 alio modo] *om.* A

21 quae] لأنّه (quia) A   22 ex una] من حيث له واحدة (secundum quod habet

unam) A   28 alius modus] *om.* A   28 cum] *om.* A   28 aut¹] *om.* A   29 aut¹]

om. A   29 non] non perveniet   30 accidit] ei *add.* A   32 vulneravit] illud *add.* A

15-16   choleram rubeam: *ar. al-ṣafrāʾ*, «la bile jaune».
18   prohibitio ... contrarietate: *ar.*, «même si, malgré l'obstruction (*maʿa ʾl-manʿ*) elle —
sc. la chose à laquelle est fait obstacle — n'a pas produit nécessairement (*lam yūjib*) un
contraire (*ḍiddan*)».
18-20   sicut ... dejecisse: *ar.*, «comme, si quelqu'un qui écarte (*muzīl*) d'une cible (*ʿan
hadaf*) son support (*al-diʿāma*), on dit que c'est lui qui a fait tomber la cible (*innahu huwa
hādim al-hadaf*)».
24-25   scilicet ... fabricans: *ar.*, «on veut dire (*ay*) que le sujet qui est celui du médecin
(*al-mawḍūʿ alladhī li-l-ṭabīb*) est constructeur (*huwa bannāʾ*)».
30   vulnerat: le verbe arabe correspondant, *shajja*, se dit principalement des blessures et
fractures atteignant le crâne, voir *vertex*, apparat latin, note 31.

Et aliquando dicitur res efficiens accidentaliter, quamvis ipsa nihil
fecerit, ideo quod accidit saepius ut sequatur aliquid laudabile aut ut
35 fugiat terribile et, cum hoc scierit, volet illud applicari sibi si fuerit res
laudabilis, aut elongari a se si fuerit terribilis, et putabitur quod ipsius
praesentia fuerit causa illius boni aut mali.

Sed efficiens propinquum est illud inter quod et factum non est
medium, sicut lacertus ad movendum membra, et remotum est illud
40 inter quod et factum est medium sicut anima ad movendum membra.

Sed efficiens proprium est illud a quo non patitur nisi unum solum
singulare, sicut species quam sumit Hippocrates operatur in solo corpore eius. Et efficiens commune est illud quo participant multa ad
patiendum ab eo, sicut aer qui convertit multa, quamvis sit sine medio.
45 Sed particulare est illud quod est causa singularis causati singularis,
sicut hic medicus huius curationis, aut ut sit causa specialis causati
specialis aequalis illi in ordine communitatis aut proprietatis, sicut
medicus curationis. Sed universale est ut ipsum sit natura non attributa
illi tantum causato quod refertur ad ipsum, sed communior, sicut
50 medicus huic curationi aut efficiens huic artificio.

---

37 illius] ipsius P   43 participant] participatur V   45 causati singularis] *om. hom.* P
46 hic] *om.* V   47 aequalis] *om.* P   47 illi] curat illi P   50 aut] ut P

---

33 res] إنه للشئ (de re quod est) A   33 ipsa] ipsa res   34 ideo] إلّا (nisi) A

34 sequatur] حضوره (praesentiam eius) *add.* A   34-35 ut fugiat] *om.* A   35 ter-

ribile = Asāṭm] مذموم (vituperabile) A *in margine* Aṭ   35 fuerit] يتبعه (sequitur

illam) A   36 fuerit] يتبعه أمر (sequitur illam res) A   37 aut] لذلك (illius) *add.* A

42 operatur] *om.* A   42 solo] *om.* A   43-44 ad patiendum] in patiendo   45 est[1]]

إما (aut) *add.* A   45 illud quod est] *om.* A   46 ut sit] *om.* A   47 aut] و (et) A

48 ipsum] *om.* A   48 sit] تلك (illa) *add.* A   49 tantum] *om.* A   49 ipsum]

ipsam   50 huic[2]] *om.* A   50 artificio] للعلاج (curationi) A

---

35 volet ... sibi: *ar.*, «sa proximité est désirée, *yustaḥabb qurbuhu*».
36 laudabilis: l'arabe ajoute «et qu'on y voit un heureux présage, *wa-yatayāman bihi*».
36 elongari: *ar.*, «son éloignement est désiré, *yustaḥabb buʿduhu*».
36 terribilis: l'arabe ajoute «et qu'on y voit un mauvais présage, *wa-yataṭayyar minhu*».
42 species: ici au sens de «médicament», «drogue», correspondant à l'arabe *al-dawāʾ*.
42 Hippocrates: ce nom est bien connu de la médecine arabe, mais le texte arabe porte,
sans variante attestée, le nom «Zaïd» couramment utilisé dans les exemples.
48-49 natura non ... ipsum: *ar.* littéralement, «cette nature (*tilka ʾl-ṭabīʿa*) n'est pas
parallèle (*ghayr muwāziya*) à ce qui, du causé, lui correspond (*li-mā bi-izāʾihā min al-
maʿlūl*)».

Sed simplex est cum opus provenit ex una tantum virtute, ut attrahere et expellere a virtutibus corporalibus. Sed compositum est cum opus provenit ex multis virtutibus, quae sunt una in specie, ut multi homines cum movent navem, aut diversa in specie, sicut fames quae fit
55 ex virtute attractiva et sentiente.

Sed quod est in actu est sicut ignis respectu rei accensae. Sed in potentia, est sicut ignis respectu rei in qua nondum est accensus, sed potest accendi in ea. Et potentia aliquando est propinqua, aliquando remota. Remota autem est sicut potentia pueri ad scribendum, propin
60 qua autem est sicut potentia scriptoris qui adeptus est habitum scri   A 57
bendi ad scribendum. Iam ergo possibile est ut tu commisceas eas, sed relinquimus ea tuo ingenio et assignabimus hos respectus etiam in principio materiali.

Sed materia essentialiter est illa quae propter seipsam recipit rem,
65 sicut unctum inflammationem. Sed quae est accidentaliter est multorum modorum. In hoc, uno, cum materia est cum forma contraria alii formae, qua remota adventu contrariae, accipitur pro materia formae acquisitae, sicut dicitur quod aqua est materia aeris et sperma materia hominis, sed sperma non est materia eius inquantum est sperma, quia
70 spermalitas amittitur in generatione hominis; aut, cum accipitur substantia cum forma quae non efficit subiectum esse subiectum sed,

---

56 est sicut] si tamen P   57 respectu] *om.* P   58 accendi] accipiendi P   61 eas] *i. m.* V   71 quae] cum P   71 esse subiectum] *i. m.* V²

---

51 tantum] *om.* A   51 virtute] فاعلية (efficienti) *add.* A   53 sunt] إما (aut) *add.* A   54 cum] qui   56 sed²] الذي (quod est) *add.* A   58 propinqua] و (et) *add.* A   58 aliquando²] تكون (est) *add.* A   61 possibile est] tibi *add.* A   61 eas] بعض هذه مع بعض (alias earum aliis) A   62 relinquimus] reliquimus   62 ea] illud   64 materia] التي (quae) *add.* A *non add.* Asām   66 uno] *om.* A   66 est = Am] تؤخذ (accipitur) A   66 alii] *om.* A   67 qua remota] et remota est   67 contrariae] eius et   67 accipitur] مع الصورة الزائلة (cum forma remota) *add.* A   70 spermalitas = Asātm] النطفة (sperma) A   70 substantia] الموضوع (subiectum) A   71 sed] *om.* A

---

68   materia¹: ici et dans les lignes suivantes, *materia* rend l'arabe *mawḍūᶜ*, «sujet», «substrat», et non *mādda*, «matière», «constituant fondamental», «base», «substance».
68   materia²: *ar. mawḍūᶜa*, «un substrat».
69   materia: voir note précédente.
71   quae non efficit ... subiectum²: *ar.*, «qui n'entre pas (*laysat dākhilatan*) dans le fait que le sujet soit sujet (*fī kawn al-mawḍūᶜi mawḍūᶜan*)».

quamvis non est contraria alii formae habitae, tamen fit subiectum,
sicut dicitur quod medicus medetur sibi, quia non sibi medetur unde est
medicus, sed unde est infirmus. Ergo subiectum curationis infirmus est,
75 non medicus.

Sed materia propinqua est sicut membra corpori, remota, sicut
humores et adhuc etiam elementa; materia autem propria, sicut corpus
hominis cum complexione sua formae eius, communis, sicut ligna lecto
et cathedrae et ceteris. Sed differentia est inter propinquam et propriam,   151 ra
80 quia causa materialis aliquando est propinqua et communis sicut ligna
lecto.

Materia vero particularis est sicut haec ligna huic cathedrae, aut haec
substantia huic cathedrae; universalis autem, sicut ligna huic cathedrae
aut substantia huic cathedrae.

85 Materia vero simplex, sicut hyle omnibus rebus aut ligna quantum ad
sensum omnibus lignealibus; composita, sicut humores corpori et sicut
species theriacae.

Materia in actu, sicut corpus hominis suae formae, et in potentia,
sicut sperma illi aut sicut ligna informia adhuc sine magisterio cathe-
90 drae, et hic etiam potentia alia est propinqua, alia est remota.

---

72 fit] sit P   75 non] ut D   76 materia propinqua] subiectum propinquum *scrib. sed
vel* materia *add. i. m.* D   77 et] *om.* P   77 materia] subiectum *scrib. et* materia *add.
supra lin.* D   82 vero] *om.* D   82 particularis] ut particularis D   83 universalis
... cathedrae] *om. hom.* P   90 est²] *om.* P

---

72 habitae] المقصودة (quae intenditur) A   72 fit] ponatur   73 non] إنّما (tantum)
add. A   76 materia] الموضوع (subiectum) A   76 corpori] و (et) *add.* A   77 mate-
ria] الموضوع (subiectum) A   78 eius] و (et) *add.* A   82 materia] الموضوع
(subiectum) A   82 particularis] particulare   83 cathedrae²] *om.* A *non om.* At
84 aut] و (et) A   84 huic] *om.* A   85 materia] الموضوع (subiectum) A
85 aut] و (et) A   86 lignealibus] و (et) *add.* A   87 theriacae] et *add.* A   88 mate-
ria] الموضوع (subiectum) A   89 sicut²] *om.* A   89 adhuc sine] *om.* A
89 magisterio] لهذا (huic) *add.* A   90 alia¹] قد (aliquando) A   90 propinqua]
و (et) *add.* A   90 alia²] قد (aliquando) A

---

87 species: *ar. al-ᶜaqāqīr*, «médicament», «drogue», «remède».

Sed isti modi etiam conveniunt formae. Est enim essentialiter ut
figura cathedrae, cathedrae, sed forma accidentaliter est sicut albedo et
nigredo cathedrae; et aliquando haec prodest ei quae est essentialiter,
sicut durities lignorum ad recipiendam figuram cathedrae. Aliquando   A 58
95 forma erit accidentaliter <et> causa cohaerentiae, sicut motus quiescentis <in navi>, cum dicitur quiescens in navi moveri et mutari
accidentaliter.

Et forma propinqua est sicut quadratura huic quadrato. Et forma
remota est sicut habens angulum illi.

00 Et forma propria non differt a particulari, sicut definitio rei aut
differentia aut proprietas rei, et communis non differt ab universali,
sicut genus ab habentibus propria.

Forma vero simplex est sicut forma aquae aut ignis quae est forma
non constituta ex formis multis numero, composita autem, sicut forma
5 hominis quae est constituta ex multis viribus et ex multis formis quae
conveniunt.

Forma vero in actu cognita est, sed forma in potentia est aliquo
modo potentia cum privatione.

Sed omnes isti respectus considerantur etiam circa finem. Finis enim
10 essentialiter est ad quem tendit motus naturalis aut voluntarius propter
se, non propter aliud, sicut sanitas medicinae. Finis vero accidentaliter
multis modis est. Uno, cum aliquid fit non propter se, sicut contritio
medicinae ut bibatur, sed propter salutem, et hic est utilis vel qui

---

92 cathedrae²] *om.* P   95 forma erit] *inv.* P   95 causa] causae V   96 in¹ navi ...
quiescens] *om. hom.* P   9 enim] etiam P   13 medicinae] medicinalis P

---

91 etiam] *om.* A   91 conveniunt formae] من جهة الصورة (sunt quantum ad

formam) A   91 enim] الصورة (forma) *add.* A   92 forma] الذي (quod est) A

التي (quae est) A*sām*   92 et] أو (aut) A   93 cathedrae] eius   93 haec] *om.* A

94 cathedrae] و (et) *add.* A   98 forma²] *om.* A   00 particulari] وهو (et hoc est)

add. A   1 differentia] الشيٴ (rei) *add.* A   1 universali] وهو (et hoc est) *add.* A

2 ab habentibus propria] للخاصة (propriae *sc. formae*) A   3 aut] و (et) A

4 numero] مجتمعة (convenientibus) A   5 multis²] *om.* A   5 formis = A*tm*]

الصورة (forma) A   9 etiam] *om.* A   11 propter] *om.* A   12 uno] ex eis   12 fit]

يقصد ولكن (intenditur sed) A   13 bibatur] الدواء (medicina) *add.* A   13 sed]

om. A

---

95 causa cohaerentiae: *ar.* littéralement, «à cause de la proximité, *bi-sabab al-mujā-
wara*».

putatur utilis, sed primus est bonum vel qui putatur bonum. Alio modo
15 est finis quod comitatur finem aut quod accidit fini. Sed quod comitatur
finem est sicut comestio, cuius finis est egestio; et haec comitatur finem,
sed non est finis, quia finis est depulsio famis. Sed quod accidit fini est
sicut decor ex exercitio, quia ex exercitio non intenditur decor, sed
sanitas, et ex sanitate sequitur decor. Item aliter finis est sicut illud ad
20 quod motus non est veniens, sed ipse opponitur ei, sicut vulneratio
lapidi descendenti et sicut qui sagittam mittit ad avem et sagittat
hominem. Aliquando finis essentialis simul est cum accidentali, aliquando non.

Sed finis propinquus, ut sanitas medicinae; remotus, sicut est fortuna
25 medicinae.

Finis proprius, sicut inventio desiderati amici cum quaeritur;
communis, sicut expulsio cholerae ex potu mannae quae est finis illi et
potui violarum.

A 59   Sed finis particularis, sicut cum quis capit suum debitorem propter
30 quem capiendum diu peregrinatus est; universalis, sicut alicuius vin-
dicta de malefactore.

---

16 finis est] *inv.* P   16 haec] hoc P   18 ex[1]] *supra lin.* V *om.* DP   18 ex[2]] *om.* P
19 aliter] et *add.* D   21 sicut] si est P   21 sagittam mittit] *inv.* D   21 mittit ad
avem] ad avem mittit P   24 est] *om.* VD   27 finis illi] *inv.* P

---

14 alio modo] et ex eis   15 finis] *om.* A   15 fini] ei   17 sed[1]] *om.* A   18-19 sed

sanitas] *om.* A   19 et] فإن (quia) A   19 ex sanitate … decor] قد الصحة

يعرض لها (sanitati aliquando accidit decor) A   19 aliter … sicut] *om.* A   22 acci-

dentali] eo   23 non] non est   24 medicinae] و (et) *add.* A   25 medicinae] وأما

(sed) *add.* A   27 quae est] فإنه (quia est) A   28 violarum] أيضا (etiam) *add.* A

29 suum] *om.* A   30 diu] *om.* A   30 est] وأما (sed) *add.* A   30 universalis]

مطلقا (simpliciter) *add.* A

---

26 inventio … quaeritur: *ar.*, «lorsque Zaïd rencontre son ami un tel, *liqāʾ Zaydin
ṣadīqahu fulānan*».
27 mannae: le terme arabe correspondant, *al-tranjabīn* est décrit par Ibn Buṭlān comme
«une rosée qui tombe au Khorasan sur l'astragale … et possède une humidité qui lui
confère une action relâchante»; voir H. ELKHADEM, *Le Taqwīm al-Siḥḥa d'Ibn Buṭlān*,
Louvain, 1990 (Académie Royale de Belgique, Fonds Draguet, Tome 7), p. 263.
28 violarum: *ar. al-banafsaj*; Avicenne note le recours à «la violette» parmi les remèdes
évacuant la bile jaune, dans le *Poème de la médecine*, éd. H. JAHIER et A. NOUREDDINE,
Paris, 1956, nᵒˢ 1003-1009. Sur l'utilisation du sirop de violette, voir H. ELKHADEM, *Le
Taqwīm*, p. 278.
29 quis: *ar.*, «Zaïd», voir note 42.
29 suum debitorem: *ar.*, «un tel, le débiteur, *fulān al-gharīm*».

Simplex autem finis, ut saturatio comestionis; compositus, ut decor et calefactio ex veste serica. Et isti duo fines certe sunt communes.

Sed finis in actu et potentia est sicut forma quae est in effectu et
35 potentia. Scias autem quod causa in potentia est contra causatum in potentia quia, quamdiu causa fuerit in potentia causa, tamdiu causatum erit in potentia causatum. Et potest esse ut unumquodque eorum sit in effectu diversarum specierum, sicut si homo sit causa, et causatum lignum; ergo homo erit dolator in potentia et lignum dolatum in
40 potentia et non potest esse ut essentia causati habeat esse cum privatione causae ullo modo.

Et fortasse dubitationem generat hoc scilicet quod fabrica restat etiam post fabricantem. Sed debes scire quia fabrica non restat post fabricatorem, secundum quod fabrica est causatum fabricatoris, quia
45 causatum fabricatoris non est nisi movere partes fabricae ad coniunctionem et hoc non remanet post eum. Sed stabilitas coniunctionis et positio figurae stabiliuntur causatis permanentibus quae, quando corrumpuntur, corrumpitur fabrica.

Sed certitudinem huius sententiae et aliarum consimilium quas prae-
50 misimus, committimus philosophiae primae. Ergo supersedeamus ab eis usque illuc.

---

34 et¹] *om.* P   38 effectu] actu *add.* V *add. supra lin.* D actu P   39-40 in² potentia]
i. m. V²   40 privatione] essentiae *add.* DP   42 restat] ergo *add.* P   44 causatum]
sui *add.* P   51 illuc] illic

---

32 compositus] والمركبة (et compositus) A   33 communes] *om.* A   34 et¹] الغاية

(finis) *add.* A   34 potentia] in potentia   34 quae est²] *om.* A   34 et²] الصورة

(forma) *add.* A   35 potentia] in potentia   38 diversarum specierum] ذاتا أخرى

(alia essentia) A   42 fortasse] *om.* A   42-43 fabrica restat etiam] de fabrica et quod

restat   43 sed] *om.* A   45 non] *om.* A   45 nisi] *om.* A   47 positio] حصول

(adventus) A   47 causatis] علل (causis) A

---

33 calefactio: *ar. qatl al-qaml*, «le fait de soulager (à savoir, les démangeaisons provo-
quées par) les poux»; voir l'article *harīr*, «soie», signé par divers auteurs dans *Encyclopédie de l'Islam*, Tome III, 1966, p. 215: le Prophète permet à certains qui se plaignaient
d'être dévorés par les poux de porter des vêtements de soie; «diverses traditions ... des
premiers temps de l'Islam interdisent aux hommes l'usage de la soie, mais l'autorisent
pour les femmes».
42 dubitationem generat hoc: *ar.* littéralement, «quant à la difficulté qui concerne cela,
wa-ʾlladhī yashkul fī hādhā ...».

CAPITULUM DE FATO ET CASU
ET DE DIVERSITATE SENTIENDI DE EIS
ET DE DECLARANDA VERITATE IN EIS

Postquam iam locuti fuimus de causis, sed et fatum et casus et
5 quicquid accidit ex se a quibusdam computantur inter causas, non est
praetermittendum considerare de his utrum sint inter causas aut non
sint et, si sunt, quomodo sunt inter causas.

Sed antiquissimi antiquorum olim dissenserunt in intellectu de fato et
casu.

10 Nam quaedam secta fuit quae negavit fatum et casum esse de numero
causarum, et negavit ea intelligi esse ullo modo, dicens quod, postquam
invenimus universis rebus causas ex quibus eveniunt et videmus eas,
inconveniens est ut praetermittamus et postponamus eas quasi non sint   151 rb
causae, et incipiamus quaerere causas ignotas, fatum scilicet et casum.
15 Fossor etenim cum thesaurum subito invenit, dicunt imperiti quia
omnino fatum felix sibi accidit. Sed quando offendit in aliquod et

---

2 et] *om.* P   2 sentiendi] sciendi P   2 de²] *om.* V   3 et de declaranda ... eis] *om.* P
6 pratermittendum] et *add.* P   7 et si sunt] *om.* P   12 eveniunt] veniunt P
12 videmus] vidimus P   15 cum thesaurum] *inv.* D

---

4 postquam] وإذ (postquam autem) A   4 et¹] *om.* A   5 a quibusdam] *om.* A

5 est] nobis *add.* A   6 his] المعاني (intentionibus) *add.* A   7 sint] sint inter causas

10 fuit quae] *om.* A   11 et] بل (immo) A   13 praetermittamus] eas *add.* A

14 incipiamus quaerere] نرتاد لها (quaeramus eis) A   14 scilicet] *om.* A

---

1   fato: *ar. al-bakht*; ce terme correspond, dans certaines traductions gréco-arabes, au
grec εἱμαρμένη (par exemple, dans les *Placita philosophorum* traduits en arabe par Qostā
ben Lūqā), dans d'autres, au grec τύχη (par exemple, dans la version arabe de la *Physique*
d'Aristote due à Ishāq ben Hunain), d'où les deux traductions latines attestées pour ce
terme selon les deux recensions de la *Physique* d'Avicenne, *fatum* et *fortuna*, voir *Intr.*,
p. 58*; sauf indication contraire, c'est de τύχη qu'il s'agit dans les chapitres 13 et 14.
3   in eis: *ar. hālihimā*, «(la vérité) du statut des deux».
12   ex quibus eveniunt: *ar. mūjiba*, «(des causes) nécessitantes».
13   postponamus eas: *ar. naʿziluhā*, «nous les déchargeons (de leur rôle de causes)».
15   fossor: *ar. al-hāfir biʾran*, «celui qui creuse un puits».
16-17   quando ... laeditur: *ar.*, «s'il glisse dessus (*in zaliqa fīhi*) et se casse le pied (*fa-inkasara rijluhu*)».

laeditur, dicunt absolute quia fatum infelix illi accidit, cum fatum nullo
modo consecutum est, quia omnis qui fodit suffossum invenit et omnis
qui incedit per praeceps ruit. Et dicunt quod aliquis, quia ivit ad forum
20 ad sedendum in meritorio suo, vidit suum debitorem et consecutus est
ab illo ius suum, et hoc fuit opus fati. Sed non est ita, immo potius,
quia ivit ad locum ubi erat debitor suus et quia habebat sensum
videndi, vidit eum. Et <dixerunt>: quamvis finis sui exitus ad forum
non fuerit hic finis, tamen non debet dici exitum ad forum non fuisse
25 veram causam consequendi ius suum a debitore suo, quia possibile est
ut unum opus habeat multos fines et plura talia sunt, sed, quandoque
accidit ut actor illius operis proponat sibi unum ex illis finibus finem, et
praetermittat alium quantum in se est, non quantum in re est, quia in   A 61
ipsa re alius finis est quem similiter utile esset proponere et alium
30 praetermittere. Nonne enim vides quod, si hic homo praescivisset
debitorem suum esse in foro et ideo exisset ut inveniret et apprehende-
ret, tunc non diceretur fato hoc accidisse, sed propter aliud a fato et
casu. Ergo iam videtur eis quod, quia proposuit ille sibi finem unam ex
rebus quam possibile erat consequi ex suo exitu ad forum, idcirco
35 negetur exitus [non] esse in seipso causa rei cuius est causa, quando

---

17 nullo] ullo D   22 ivit] ruit P   29 ipsa] ipsamet D   29 quem] qui P

---

17 fatum²] هناك (ibi) add. A   18 quia] بل (sed) A   19 incedit] يميل على زلق
(se inclinat incedendo) A   19 quia] لما (quando) A   21 potius] ذلك (hoc est) add. A
23 finis ... exitus] eius finis in suo exitu   24 dici] om. A   25 suo] om. A   26 et]
بل (immo) A   26 plura] plura opera   26 quandoque] om. A   27 sibi]] om. A
28 alium] alios   28 in²] نفس (ipsa) add. A   29 similiter] om. A   30 praeter-
mittere] يرفض (respuere) A   30 enim ... quod]] om. A   31 in foro] ibi
31 inveniret] eum add. A   31 Apprehenderet] eum add. A   32 tunc] om. A
32 accidisse] ei add. A   33 iam] om. A   33 eis] om. A   33 sibi] om. A   34 quam
... exitu] ad quas exitus suus duceret   34 ad forum] om. A   34 idcirco] om. A
35 quando] فكيف (quomodo ergo) A

18-19   omnis² qui incedit: ar., «quiconque se penche sur un endroit glissant (man yamīl
ʿalā zalaq)».
32   aliud: ar. li-mā ʿadāhu, «quelque chose dont il est exclu (que ce soit)».
35   negetur ... esse: ar. yuṣarrif al-khurūj ʿan an yakūn, «a détourné sa sortie d'être ... ».

opinati sunt quod hoc movebatur suo proposito huius propositoris. Et
haec fuit una secta.

Item fuit aliorum secta huic contraria quae nimis extulit fatum, qui
divisi sunt in plures sectas. Quidam enim eorum dixerunt quod fatum
40 est causa divina occulta, quam non apprehendit intellectus, adeo quod
quidam eorum posuerunt fatum esse cui omnes deberent adhaerere ut
deo, sed per cultum fati, et instituerunt ei templum et ad honorem eius
idolum cui deservirent ad modum idolatriae.

Item fuit quorundam secta quae secundum aliquid praeposuit et
45 praefecit fatum rebus naturalibus, dicens quod mundus fato conditus
fuit. Et hic fuit Democritus et haec eius secta. Dicebat enim quod
principium omnium sunt minima corpora indivisibilia prae duritie sua
et privatione inanitatis, quae sunt infinita numero et dispersa per inane
infinitum spatio, et quod substantia eorum in natura sua figurabilis est
50 sed figuratio eorum diversa, et sunt semper mobilia per inane et, cum
contigerit ut obvient sibi multa simul et coniungantur inter se secundum

---

37 una] *om.* P   39 eorum] *om.* P   41 ut] *corr. et* VDP   44 praeposuit] proposuit D
49 spatio] divisione *scrib. sed* spatio *add. i. m.* D   49 figurabilis] vel coniungibilis *add.*
i. m. VD coniungibilis P   51 secundum] per P

---

36 movebatur] يتغير (mutabatur) A   36 huius] *om.* A   37 haec] هؤلاء (isti) A

37 una] *om.* A   38 aliorum] أخرى (alia) A   41 deberent adhaerere] adhaererent

41 ut] أو (aut) A   42 deo] تعالى (altissimo) *add.* A *non add.* Adsāṭm   42 sed]

om. A   42 instituerunt] فبنى (ut erigeretur) *add.* A   42 et²] اتّخذ (fieret)

add. A   43 idolatriae] quo deserviunt idolis   44 fuit quorundam] *om.* A   44 quae]

om. A   44-45 et praefecit]] *om.* A   45 rebus] الأسباب (causis) A   45 dicens]

et posuit   46 haec] *om.* A   46 dicebat] dicebant   47 principium] مبادئ

(principia) A   47 omnium] الكل (universi) A   48 quae sunt] et quod sunt   49 in

... sua] in naturis suis   50 sed] et   50 figuratio eorum] بأشكالها (figuris eorum) A

50 et sunt] وأنّها (et quod sunt) A

---

40   quam non apprehendit: *ar.*, «trop élevée pour être perçue (par l'intellect)».
41   eorum: *ar.*, «ceux qui partagent l'opinion de celui qui dit cela».
41-42   esse ... fati: *ar.*, «(ont assigné à la fortune) le rang de ce dont on recherche la
faveur ou de Dieu Très-Haut, en l'adorant».
42   instituerunt ei templum: voir THEMISTIUS, *in Physica*, éd. H. SCHENKL (C. A. G., V, 2),
Berlin, 1900, p. 49, 30 à p. 50, 5.
44   secundum aliquid: *ar. min wajh*, «en quelque sorte».

affectionem aliquam, tunc provenit ex eis mundus, <et> quia in esse
multi mundi sunt sicut iste infiniti numero et, praeter hoc, dixerunt
quod res particulares, sicut sensibilia et vegetabilia, sunt generata non
55 casu.
Item aliorum secta fuit qui non fuerunt ausi dicere mundum cum
universitate sua generatum casu, sed generata ex principiis elementari-
bus posuerunt generata casu, sed quod contingit, ex affectione suae
coniunctionis esse aptum ad permanendum et ad propagandum, reman-
60 sit et generavit, et quod non fuit sic, non generavit. <Et> quia in
prima creatione generabantur animalia diversorum membrorum et
diversarum specierum et generabatur animal quod dimidius erat vitulus
et dimidius caper. Et quod membra animalium ita ut sunt in suis   A 62
dimensionibus et affectionibus et qualitatibus non sunt ex intentione
65 alicuius utilitatis, sed casualiter, verbi gratia, secundarii dentes non sunt
acuti ad incidendum nec molares sunt plani ad molendum, nisi quia
casualiter materia coniuncta est in hanc formam et casualiter accidit ut
haec forma esset utilis ad aptitudinem permanendi ut per hoc scilicet

---

58 posuerunt] *ante* generata *lin. 57* DP   58 generata] *om.* DP   58 casu] *om.* P
66 quia] quod P   68 scilicet] secundum D

---

54 generata = Asām] كافية (sufficientia) A   56 aliorum] alia   56 dicere] ponere
59 esse] على نمط (eo modo ut sit) *add.* A   60 et²] et contingit   60 quod] اتفق
(contingit) A   60 fuit] esse   60 quia] قد (iam) *add.* A   61 creatione] ربما
(aliquando) *add.* A   62 generabatur] حينئذ (tunc) *add.* A *non add.* Asātm   64-65 ex
intentione... utilitatis] لأغراض (ex intentionibus) A   65 casualiter] اتفقت
كذلك (casualiter accidit sic) A   65 gratia] قالوا (dixerunt) A   66 nisi quia] بل
(sed) A   67 casualiter] اتفق أن (casualiter accidit quod) A   68 aptitudinem]
aptitudines   68-69 ut per hoc ... permaneret] *om.* A

---

52 affectionem: *ar. hay'a*, «figure», «aspect».
53 numero: l'arabe ajoute «juxtaposés (*mutarattaba*) dans un vide infini (*fī khalā' ghayr
mutanāhin*)».
54 generata: le participe est pris substantivement, d'où le neutre pluriel.
54 non: *ar. lā bi-ḥasab*, «sans dépendre (du hasard)».
58 affectione: *ar. hay'a*, «figure», «aspect».
61 creatione: *ar. nushū'*, «genèse», «formation».
64 affectionibus: *ar. khulq*, «disposition naturelle».
65 secundarii dentes: *ar. al-thanāyā*, «les incisives»; le latin traduit littéralement le sens
de la racine *th n y*, «doubler».

ipsa res permaneret et per hoc singulare haberet vitam. Et quod habuit
70 genitalia procreavit filios, non ut species eius remaneret sed casu.

Dicemus igitur quod rerum quaedam sunt semper, quaedam vero
saepe vel frequenter. Et quae sunt saepe sunt ut ignis qui saepius
comburit ligna cum coniungitur illis, et sicut qui egressus ut eat ad
hortum saepius perveniat ad illum. Quaedam vero non sunt semper nec
75 saepe. Sed quae sunt saepe illa sunt quae non sunt raro. Ergo esse
eorum, postquam non potest esse quin sit, aut erit ex consuetudine
solius suae naturae rei, aut non erit sic. Et cum non fuerit sic, aut causa
egebit alia pari causa aut participe aut removente prohibens, aut non
indigebit; sed cum < non fuerit sic et > causa non indiguerit pari, non
80 magis debet esse ex causa quam non esse, quia non est in ipsa re, nec in
illa sola, nec in illa compari, ut debeat magis esse quam non esse, ideo
ut haec res ex illa causa potius habeat esse quam non esse: ergo ex illa
saepius non est. Sed, cum non eguerit pari aut participe quod diximus,
oportet ut saepius sit per se, nisi prohibeat aliquid aut adversetur sibi

---

69 permaneret] permanet D   72 vel frequenter] *i. m.* VD   73 cum] quod P
74 perveniat] pervenit DP   77 aut non erit sic] *om. hom.* D   77 et cum] *om.* P
79 cum] *om.* D   79 pari] ex illa pari causa non debet magis esse quam non esse *add.*
i. m. V²D   80 ex] quod P   80 ipsa] ipsamet D   80 re] *om.* V   82 ut] esse *add.* D
82 ex² illa] *om.* D   83 aut] *om.* P   84 adversetur] diversetur D

---

69 vitam] بقاء (permanentiam) A   69 quod = Adsātm] ربما (aliquando) A
69 habuit] اتفق له (casualiter habuit) A   70 ut] به (per hoc) *add.* A   70 eius]
om. A   72 vel frequenter] *om.* A   72 et ... saepe sunt] *om.* A   73 coniun-
gitur] obviat   73 sicut] *om.* A   73 egressus] من بيته (domo sua) *add.* A   73 ut
eat] *om.* A   76 erit] *om.* A   77 rei] السبب (causae) A   81 compari] وفي مقارن
له (et in compari eius) A   81 ut debeat] aliquid quod faciat debere   81-82 ideo
ut] et ita   82 illa causa] الشئ (re) A   82 potius ... esse[1]] ليس أولى (non potius
sit) A   83 non est] non accidit   83 sed] فإذن (igitur) A   83 pari aut] *om.* A

76-77 consuetudine ... rei: *ar.* littéralement, «une continuité s'étendant jusqu'à elles, à
savoir, les choses se produisant souvent (*iṭṭirād ilayhā*) dans la nature (*fī ṭabīʿat*) de la
cause (*al-sabab*) seule (*waḥdahu*)».
81 ut debeat magis ... non esse[2]: *ar.* littéralement, «(il n'y a pas en elle ...) de quoi faire
prédominer le fait qu'elle se produise sur le fait qu'elle ne se produise pas, *mā yurajjiḥ al-
kawn ʿalā al-lā-kawn*».
84 saepius: *ar. muṭṭaradan ilayhi*, «(il faut qu'elle soit par elle-même) en continuité ...
avec la cause».

85 aliquid, quia propter hoc fallit in raro. Quapropter oportet ut, cum
nihil prohibuerit nec repugnaverit aliquid et servaverit naturam suam,
151 va tunc proveniat solito cursu. Et haec est differentia inter semper et saepe,
eo quod ei quod est semper non adversatur aliquod contrarium <et ei
quod est saepe adversatur aliquod contrarium>.

90 Unde sequitur ut quod est saepe, condicione removendi contraria et
prohibentia, fiat necessarium. Et hoc in <rebus> naturalibus manifestum est. Et in rebus voluntariis, quia voluntas, cum firma fuerit et
perfecta et membra fuerint apta motui et oboedientia, et non fuerit ibi
causa quae prohibeat nec causa quae minuat velle, et fuerit illud quod
95 appetitur possibile ut ad illud perveniatur, tunc clarum est impossibile
esse non pervenire ad illud.

Et, quandoquidem id quod est semper, unde est semper, non dicitur
quia fato est, tunc hoc etiam quod est saepe <non dicitur quia fato est,
nam> eiusdem generis est et eidem iudicio subiacet. Concedo autem   A 63
00 quod, si opponitur aliquid aut removetur, fortassis ex remotione eius
quod adesse solebat dicetur fieri fato vel casu. Et tu scis quod homines
non dicunt <ei> quod est saepe ex una causa propria aut quod est
semper ut fiat casu vel fato.

Restat ergo quod est utrumlibet et quod est raro. Dubitari autem
5 potest de eo quod est utrumlibet an debeat dici casu et fato, an non

---

85 raro] uno P   95 clarum] clare P   96 pervenire] invenire V   99 eidem] idcm P
00 si] *om.* P   00 opponitur] *corr.* apponitur VDP   1 fato] raro D   3 ut] *ante*
quod est semper VDP   3 fiat] ex *add.* D

---

85 quia] و (et) A   85 propter hoc] لمعارضته (propter eius adversationem) A

87 tunc] *om.* A   87 et] فحينئذ (et tunc) A   87 haec] *om.* A   88 eo] *om.* A

89 contrarium] ألبته (ullo modo) *add.* A   90 et] إماطة (repellendi) *add.* A

92 voluntariis] أيضا (etiam) *add.* A   93 oboedientia] oboedientiae   93 ibi] *om.* A

99 autem] *om.* A   00 aut] و (et) Asāṭm ف (et ita) A   00 ex remotione] remotio

2 quod est] *om.* A   3 ut fiat] إنه كائن (quod accidit) A   4 ergo] وقد لنا (nobis

iam) *add.* A   5 dici] اتفق (accidisse) *add.* A   5 et] كان (fieri) *add.* A

---

85 fallit: *ar. mā takhallafa*, «elle n'apparaît pas (comme rare)».
87 proveniat ... cursu: *ar.* littéralement, «(il faut qu'elle) persévère dans la direction qui
l'oriente, *yastamirr ilā mā yanḥūhu*».
93 fuerint apta: *ar. wātat*, «(et si la volonté) oblige (les membres au mouvement et à
l'obéissance)».
93 oboedientia: semble avoir été lu comme participe neutre pluriel.
2 ei: *ar. li-mā*, «au sujet de».

dcbeat. Iam aliqui constituerunt posteriores Peripatetici ut quod est casu vel fato non sit nisi hoc quod raro accidit ex suis causis. Sed qui praesignavit hanc viam non sic instituit, sed ut non sit semper nec saepe quod est casu vel fato. Et quod induxit posteriores ut ponerent casum
10 pendentem ex rebus raris et non ex utrumlibet sunt formae dispositionis, et hoc claret in rebus voluntariis, quia isti posteriores dixerunt quod comedere et non comedere, et ambulare et non ambulare, sunt ex rebus quae ad utrumlibet veniunt ex suis principiis. Sed, postquam ambulaverit ambulator aut comederit comestor voluntate sua, non dicemus hoc
15 casuale esse.

Sed nobis non videtur recta additio huius condicionis super hoc quod constituit magister. Et declarabimus iudicium huius sententiae paucis verbis, hoc est, quia una et eadem res aliquando ex uno respectu est saepe, sed necessaria, et alio respectu est utrumlibet, sed raro; quando
20 perfecte considerata fuerit et assignatae fuerint omnes eius dispositiones, fiet necessaria, sicut cum consideratur quod materia ex qua generatur manus concepti abundavit supra id quod expensum est de ea in

---

6 iam] autem *add.* D enim *add.* P   6 aliqui] *om.* DP   7 sit] est P   8 sed] *om.* P
8 nec] *om.* P   15 esse] esset P   16 condicionis] *corr. cfr p. 115, lin. 68* constitutionis
VP comestionis D   18 quia] *om.* P   19 necessaria] necessario DP   19 quando]
sed quando VD   22 expensum] expressum D

---

6 debeat] dicatur   6 aliqui] *om.* A   6 est] fit   7 hoc] في الأمور (una ex rebus) A

7 quod ... accidit] quae raro accidunt   8 praesignavit] لهم (eis) *add.* A   8 sed]
sed instituit   9 quod est...fato] *om.* A   10 sunt formae = Asā] صورة (est forma) A

11 et hoc claret] *om.* A   11 dixerunt] dicunt   12 ambulare²] وما أشبه ذلك (et
similia) *add.* A   13 quae...principiis] quarum emanatio a suis principiis est ad utrumlibet

13 sed] ثم (unde) A   14 dicemus] dicetur   16 huius] *om.* A   17 magister]
eorum *add.* A   17 iudicium] بطلان (falsitatem) A   17 huius] eorum   19 sed]
immo   21 generatur = At] كون (fit) A

---

6   constituerunt: *ar.* ishtaraṭa, «imposèrent comme condition».
8   instituit: *ar.* yashtariṭ, «(n'a pas) imposé cette condition».
8   sed: l'arabe ajoute ishtaraṭa, «(mais) a imposé comme condition».
18 respectu: *ar.* bi-qiyās wa-i'tibār, «sous un certain rapport et une certaine considération».
19 respectu: voir note précédente.
19-20 quando ... dispositiones: *ar.* littéralement, «quand auront été stipulées à son sujet des conditions (idhā ishtaraṭat fīhi sharā'iṭ) et considérées des dispositions (wa-i'tabarat aḥwāl)».
21 consideratur: *ar.* yashtariṭ, «(c'est ainsi) qu'on stipule comme condition».

quinque digitis et, quia virtus divina quae fluit in corpora invenit
aptitudinem vel habilitatem sufficientem in materia naturali ad formam
25 debitam, ipsa etenim quando tale quid invenit non permittit esse
otiosum, erit tunc necessarium ut creetur digitus superfluus. Ergo erit
hoc, quamvis eius possibilitas sit rara et inusitata comparatione naturae
communis, non tantum rarum vel insolitum comparatione causarum
quas nominavimus, sed etiam necessarium. Et fortassis inquisitio tracta-
30 tus declarabit nobis quod res, cum non debuerit existere ex suis causis
nec excedere naturam possibilitatis, non existet per illas. Sed declaratio
huius et consimilium retardata est ad philosophiam primam.

Ergo, postquam sic est res, non est longe ut sit una natura, in A 64
comparatione unius rei, saepissima, et in comparatione alterius rei,
35 utrumlibet, quia distantia quae est inter esse saepe et esse utrumlibet
magis propinqua est quam distantia quae est inter necessarium et
rarum. Unde comedere et ambulare, quando comparantur voluntati et
ponitur voluntas ibi esse, transeunt de definitione possibilitatis quae est
utrumlibet ad saepe et, cum de hoc exierint, non erit conveniens ullo
40 modo ut dicantur casu fieri vel fato. Sed, cum non comparantur vel
referuntur ad voluntatem sed considerantur in seipsis, quando scilicet
aeque est possibile ut sit comedere vel non comedere, verisimile est tunc
ut dicatur: «intravi ad illum et casu accidit ut comederet», sed hoc in
comparatione dicitur introitus, non voluntatis. Similiter cum dixerit
45 aliquis: «obviavi illi et casu accidit ut ambularet» vel «obviavi illi et

---

23 invenit] vel *add.* V   24 vel] *om.* V   24 sufficientem] praeparationem plenam *add.* D
25 ipsa etenim] quia ipsa V quia ipsa etenim D   26 superfluus ergo] *om.* P   27 eius]
om. P   29 etiam] *om.* D   33 est²] *om.* P   33 una] *om.* P   35 quae est] *inv.* V
42 vel non comedere] *om. hom.* V   43 hoc in] *inv.* P

---

24 vel habilitatem] *om.* A   24 sufficientem] تاما (perfectam) A   25 ipsa etenim]
وهي (cum ipsa) A   26 tunc] هناك (ibi) A   27 possibilitas = Asâṭm] الوجود
(esse) A   27 rara et inusitata] rarum et inusitatum   28 communis] الكلية (universalis) A   28 tantum] *om.* A   28 vel] و (et) A   29 sed etiam] بل هو (immo erit) A
34 unius] *om.* A   35 esse¹ saepe] الأكثري (quod est saepe) A   35 esse²
utrumlibet] المتساوي (quod est utrumlibet) A   38 ibi] *om.* A   38 quae est] eius
quod est   39 ad saepe] ad possibilitatem eius quod est saepe   40 dicantur] إنها
(ambo) *add.* A   40 vel¹] كانا (ambo fieri) *add.* A   40 comparantur vel] *om.* A
41 in seipsis = Asâṭm] إليهما (ambo) A   41 scilicet] *om.* A   44 dicitur] est
45 vel] و (et) A

casu accidit ut sederet», quia hoc totum usitatum est et familiare, ideo est firmum.

Ad summam autem, cum res fuerit in se nec sperata nec formidata, quia non est semper nec saepe, tunc est conveniens dicere quod causa
50 quae ducit ad esse sit casus vel fatum. Et hoc fit cum possibile est ex ea evenire quod non solet ex ea evenire nec semper nec saepe; sed, cum non potuerit ex ea evenire nec debuerit esse ex illa, sicut ex praesentia alicuius eclipsis lunae, tunc non debet dici quod praesentia illius casu accidit ut esset causa eclipsis lunae, sed potest dici quod casu accidit ut
55 essent simul. Ergo praesentia illius non erit causa eclipsis lunae, sed causa accidentaliter essendi praesentem eclipsi, quia esse simul cum eclipsi non est eclipsis.

Sed ad summam, cum fuerit res talis ex qua omnino non possit provenire alia res, ipsa tunc non erit causa illius casualis, quia non erit
60 illius causa casualis nisi cum potuerit provenire ex ea quod nec fuerit semper nec saepe. Et, si praesciret agens quomodo discurrunt motus omnium et firmissime vellet et eligeret, casus certissimus sibi fieret finis,

---

48 sperata] separata DP   49 conveniens dicere] aptum ut dicatur *scrib. et* conveniens dicere *add. i. m.* D   50 est] esse V   50 ea] eo P   51 ea] causa D   51 evenire] venire D   52 ea] causa D   52 debuerit] debuit D   54 ut[1]] *om.* D   56 praesentem] praesente P   58 res] *om.* P   59 tunc] ratio D   59 causa ... casualis] eclipsi casualis P   61 et] quia DP

---

46 familiare] receptibile   46 ideo] ذلك ومع (sed tamen) A   48 res] الكائن (quae fit) *add.* A   48 formidata] exspectata   50 ducit] إليه (eam) *add.* A   51 quod ...evenire[2]] sed non evenit ex ea   52 evenire] البتة (ullo modo) *add.* A   55 illius] *om.* A   55 lunae] *om.* A   56 praesentem] مع (simul cum) A   57 non est] سبب (causa) *add.* A țّ *non add.* A   59 alia] *om.* A   61 et] حتى (ita ut) A   62 omnium] الكل (universi) A   62 casus certissimus ... finis] certum est illum proponere hoc ut finem

---

46 usitatum ... familiare: *ar. mutaᶜāraf maqbūl*, «banal et acceptable».
48 nec formidata: *ar. wa-lā mutawaqqaᶜ*, «ni présumée».
50-51 ex ea evenire ... evenire[2]: ceci correspond au sens de la tournure arabe, mais transposée de l'actif au passif; l'arabe dit littéralement: «(lorsqu'il est de l'habitude de la cause) de produire cet effet, mais qu'elle ne le produit (ni toujours ni souvent)».
52 ex ea evenire: voir note précédente.
52 nec debuerit ... ex illa: *ar.* littéralement, «et si la cause ne rend pas l'effet nécessaire».
58-59 ex qua ... res: l'arabe dit, en tournure active, (une chose telle qu'elle n'est pas apte à) produire autre chose«.
60 provenire ex ea: *ar.*, «produire l'effet».

sicut, si exiens ad forum praesciret quod eius debitor est in via, hoc sibi
certum proponeret finem, et exiret tunc a definitione utriuslibet et rari.
65 Sed exitus illius qui praescit debitorem suum esse in partem sui exitus,
ducit eum saepius ad obviandum illi, sed exitus non praescientis,
secundum quod est inscius, fortassis ducit eum, fortassis non, et tunc
est casus comparatione exitus, sine condicione addita, et est non casus
comparatione exitus, habita condicione. Unde manifestum est ex hoc
70 quod causae casuales sunt cum sunt propter aliquid, sed sunt causae
efficientes eorum per accidens.

A 65

151 vb Ergo casus est causa rerum naturalium et voluntariarum per accidens, nec semper eveniens nec saepe, et est in quocumque est per
aliquid, et non est causa essentialis quae illud induxerit.
75 Aliquando autem accidunt res non voluntariae nec fiunt casu, ut
impressio vestigii in terra cum egreditur ad capiendum debitorem suum,
quia hoc, quamvis non fiat ex voluntate, tamen necessarium est volito.
Sed poterit aliquis dicere quod aliquando dicimus «sic et sic accidit
casu», quamvis res sit frequentissima, sicut cum dicitur quod «ivi ad
80 illum pro negotio aliquo, et casu accidit quod inveni illum in palatio» et

---

64 rari] rarissimi P   66 eum] enim P   67 fortassis...eum] *i. m.* V[2]   73-74 est per
aliquid] per aliquid est P   75 fiunt] sunt D   78 accidit] fieri *add.* D

---

63 eius] *om.* A   65 sed] لأَنْ (quia) A   66 eum] *om.* A   67 eum] *om.* A
67 fortassis[2]] et fortassis   67 non] non ducit   67 tunc] إِنَّمَا (tantum) A   68 est
casus = Asātm] يكون إتفاقيا (est casu) A   68 est non casus = Amd] يكون غير
اتفاقي (est non casu) A   69 comparatione] relatione   69 habita] زائد (addita) A
69 unde] و (et) A   73 semper eveniens] دائم الإيجاب (semper necessario inducens) A   73 saepe] أكثر الإيجاب (saepe necessario inducens) A   73 per] من
أجل (propter) A   74 non est causa] ليس له سبب (non habet causam) A
75 nec] nec quae   76 suum] *om.* A   80 illum[1]] فلانا (aliquem) A   80 palatio]
domo

---

70 cum ... aliquid: *ar.*, «en tant qu'il s'agit du motif d'une chose».
71 eorum: d'après le pronom arabe correspondant, *eorum* se rapporte aux deux termes
exitus, ligne 65.
71 accidens: l'arabe ajoute «et les fins sont des fins par accident, car elles sont contenues
dans l'ensemble des causes qui sont par accident».

non frustratur in hoc verbo eo quod ille soleat esse in palatio saepissime. Sed responsio ad hoc est quod hic non dixit hoc secundum quod res est in se, sed secundum quod opinatus est. Si enim magis putaverit quod ille debeat esse in domo, non dicet tunc hoc casu accidisse, sed, si
85 non invenerit, dicet quod casu accidit sic. Immo dicet hoc cum aeque fuerit in putatione eius, in ipsa hora et in ipsa dispositione, quod sit in domo vel non sit in domo, et erit tunc sua putatio, in ipsa hora, in iudicio utriuslibet, non in iudicio essendi saepius aut necessario, quamvis in comparatione horae solitae est saepius.
90 Aliquando autem putatur de multis rerum naturalium quae rarissime solent esse, sicut aurum quod nascitur magni ponderis aut hyacintus quae excedit mensuram solitam, quod inveniantur casu eo quod hoc fiat rarissime, sed non est ita, quia esse rarissime non ponit rem sub casu cum confertur esse absoluto, sed cum confertur causae efficienti se et
95 contingit eam esse ex illa rarissime. Hoc enim aurum vel haec hyacintus non proveniunt ex causa efficiente ea immo ex virtute sua et propter abundantiam multae materiae. Et quandoquidem hoc sic est, tunc huiusmodi opus non evenit nisi ex seipso semper aut saepe eventu naturali.

---

81 frustratur] frustrabitur P   82 est] haec est D est hic P   82 hoc²] *om.* DP
84 debeat] debeant V   90 autem] *om.* P   92 inveniantur] inveniuntur V   92 eo]
est *add.* D   92 quod hoc fiat] *i. m.* D   93 sed non est ... rarissime] *i. m.* V²
93 est] *om.* P   94 cum²] *om.* D   94 causae] causa P   95 contingit eam] *i. m.* V²
95 esse] eius *add.* D   95 vel haec] et hoc P

---

81 soleat esse] sit   81 palatio] domo   82 ad hoc¹] *om.* A   82 hic] إنّما (tantum)
add. A   82 non dixit hoc] dixit hoc non   83 est²] فيه (de ea) *add.* A   85 invenerit] illum *add.* A   85 immo] إنّما (tantum) A   85-87 dicet hoc...in domo²]
iteravit A *non iteravit* Aṭ   86 fuerit] عنده (apud eum) A   87 in domo²] *om.* A
87-88 in iudicio] *om.* A   88 aut] و (et) A   94 sed] إنّما (tantum) *add.* A   95 vel] و
(et) A   95 haec] *om.* A   96 non proveniunt ... immo] إنّما صدر عنه ذلك (illud
non provenit ex ea *sc. causa efficiente* nisi) A   96 propter = Asāṭm] *om.* A
97 abundantiam] abundantia   98 non] *om.* A   98 nisi] *om.* A

---

81   non ... saepissime: *ar.*, «le fait que Zaïd se trouve le plus souvent à la maison n'empêche pas (celui qui parle) de s'exprimer ainsi».
84   ille: *ar.*, «Zaïd».
89   solitae: *ar. al-muṭlaq*, «(l'heure) inconditionnelle».
91   aurum ... ponderis: *ar.*, «l'or qui est stable (*al-dhahab al-thābit*) quant à un certain poids (*ʿalā wazn min al-awzān*)».

00 Et dicemus quod causa casualis possibile est ut perveniat ad suum
finem essentialem, et possibile est ut non perveniat, sicut qui vadit ad
mercimonia sua et invenit debitorem suum casu, fortassis retrahitur
propter hoc a suo fine essentiali, fortassis non retrahitur sed vadit ad
illum et pervenit ad illum, aut sicut lapis descendens, quando vulnerat
5 caput aliquod, fortassis stabit, fortassis descendet suo descensu. Et, si
pervenerit ad suum finem naturalem, in comparatione eius erit causa
essentialis, et in comparatione finis accidentalis, causa casualis. Sed cum   A 66
non pervenerit ad illum comparatione finis accidentalis erit causa
casualis, et in comparatione finis essentialis, frustra, sicut dicitur quod
10 bibit potionem assellandi et non assellavit et fuit eius bibere frustra, et
in comparatione finis accidentalis erit causa casualis.

Item putaverunt fieri et accidere res non propter finem, sed levitate,
nec tamen fieri casu, sicut qui ignoranter apprehendit barbam suam et
cetera huiusmodi. Sed non est ita, sicut postea declarabimus in philoso-
15 phia prima certitudinem rei in illis.

Deinceps autem dicemus quod casus communior est quam fatum in
hac nostra lingua, quia omne fatum est casus, sed non omnis casus est
fatum. Isti enim forsitan non dicunt fatum nisi quod ducit ad rem
alicuius pretii, et eius initium est voluntas domini arbitrii qui fit de

---

2 casu] *om.* P   4 pervenit] perveniet V   4 sicut] cum D   12 levitate] levitatem VP
17 sed] et P   19 pretii] *om.* P   19 est] *om.* D   19 domini ... qui] demum arbitria
quod P   19 fit] sit DP

---

00 dicemus] يقول (dicit) A   1 vadit] خرج متوجها (egreditur et vadit) A   3 for-
tassis] et fortassis   4 aut] و (et) A   4 sicut] *om.* A   5 fortassis[2]] et fortassis
9 dicitur] dicunt   11 causa] *om.* A   12 item putaverunt] وقد يظن أنه قد (aliquando autem putatur posse) A   12 finem] بل (sed) *add.* A   13 sicut = A]
لو (si) Ad   13 ignoranter] *om.* A   16 autem dicemus quod] *om.* A   19 qui
fit] *om.* A

---

5 suo descensu: *ar. ilā maḥbiṭihi*, «vers son lieu de chute».
9-10 sicut ... frustra: voir ARISTOTE, *Physique*, II, 6, 197 b 23-25.
10 bibit: *ar. shurb*, «le fait de boire».
10 eius bibere: *ar. shurbuhu*, «l'absorption de (ce médicament)».
12 levitate: *ar.*, «à la manière du jeu (*ʿalā sabīl al-ʿabath*)».
17-18 omne fatum ... est fatum[1]: voir ARISTOTE, *Physique*, II, 6, 197 b 1-2.
18 isti ... forsitan: *ar. ka-annahum*, «c'est comme s'ils (n'appelaient fortune que ...)».
19 domini: *ar. dhī*, «(la volonté) de quelqu'un qui est doté de (choix)».
19-23 eius initium ... dicitur[1]: voir ARISTOTE, *Physique*, II, 6, 197b 5-11.

20 rationabilibus adultis, quamvis dicatur fatum aliud etiam praeter hoc,
    sicut lignum quod dividitur et eius pars una dicatur honestis usibus et
    alia pars cloacae, et illa dicitur fortunata, haec autem infortunata, sed
    hoc transumptive eo dicitur. Sed cuius initium est naturale non dicitur
    fuisse ex fato, sed fortassis attribuunt ei nomen eius «quod est ex
25 seipso», nisi cum comparatur alii principio voluntario.

    Res autem casuales adveniunt ex concursu duarum rerum aut plu-
    rium. Sed in omni concursu duo concurrentia aut erunt ambo mobilia
    ut sibi concurrant, aut erit unum quietum et alterum mobile ad illud,
    quia, si ambo quieverint, ambo restabunt in dispositione non concur-
30 rendi in qua erant prius et non interveniet aliquis concursus inter illa.

    Et quandoquidem hoc sic est, tunc possibile est ut contingant duo
    motus ex duobus principiis, uno naturali et alio voluntario, et concur-
    rant ad unum finem qui, in comparatione voluntarii, aut erit bonum
    pretiosum aut malum pretiosum et erit tunc fatum illius, sed, in
35 comparatione motus principii naturalis, non erit fatum, quia differentia
    inter infortunium et malum consilium haec est quod malum consilium
    est eligere causam quae saepius ducit ad malum finem, et infortunium

---

21 dicatur] ducatur P   22 haec ... infortunata] *i. m.* V[2]   23 hoc transumptive] haec
transsumptiva D   23 eo] *om.* DP   24 eius] eo *add.* DP   25 comparatur] comparantur DP   28 ut] ambo *add.* D   31 ut] quod *add.* V quidam *add.* D   32 alio]
altero P   36 infortunium] infortunatum D   36-37 et malum ... infortunium] *om.*
hom. P   37 infortunium] infortunatum D

---

20 quamvis] فَإِنْ (et si) A   20 fatum] *om.* A   20 etiam] *om.* A   21 sicut
lignum...dicatur] sicut dicitur de ligno cuius pars est   22 et illa dicitur] إِنْ نِصْفًا مِنْه
(quod pars eius est) A   22 haec autem] وَنِصْفًا مِنْه (et pars eius) A   22 sed] tunc
23 eo] *om.* A   26 autem] فَإِنْ (enim) A   28 unum] unum duorum   29 ambo[2]
restabunt] *om.* A   30 prius] *om.* A   30 et] *om.* A   32 et[2]] quae   33 aut] *om.* A
34 tunc] لَا مَحَالَة (sine dubio) *add.* A *non add.* Asām   34 illius] illi   35 principii]
om. A   35 quia] et

---

21   honestis usibus: *ar. li-masjid*, «pour une mosquée».
24-25   ex[2] seipso: *ar. min tilqā' nafsihi*, «ce qui se produit de soi-même», «ce qui est
spontané»; cette expression correspond au grec τὸ αὐτόματον, voir ARISTOTE, *Physique*,
II, 197 a 36.
26   ex concursu: *ar.* littéralement, «selon des rencontres qui se produisent (entre), *'alā
muṣādamāt taḥṣul (bayna)*».
34   pretiosum[1-2]: *ar. yu'tadd bihi*, «dont il faut tenir compte», «important».

hoc est quod causa non ducit saepius ad finem malum, sed illum
infortunatum qui facit illud ducit ad illum. Et fortuna est ex qua multa
40 bona proveniunt saepe fato quando ipsa habetur, infortunium autem ex
quo saepe accidunt multa mala fato quando ipsum habetur. Ergo, ex
habito primo, suspicantur quod eveniet cum eo bonum quod solet
evenire, et suspicantur, ex habito secundo, quod eveniet cum eo malum
quod solet evenire. Et aliquando una causa casualis habebit fines
45 casuales indefinitos. Unde non possunt custodiri a casu sicut custodiunt
se homines a causis essentialibus, sed orant Deum ut liberet eos ab his
malis.

---

40 infortunium] infortunatum D   40 autem] est *add.* DP   42 eo] ea DP   43 sus-
picantur] suspicabitur P   46 eos] eum P

39-40 multa bona] أسباب مسعدة (multae bonae causae) A   40 autem] autem est

41 multa mala] أسباب مشقية (multae malae causae) A   42 cum eo] *om.* A

43 suspicantur] *om.* A   43 cum eo] *om.* A   45 possunt custodiri] custodiuntur

46 homines] *om.* A   46 orant ... ut liberet] oramus ut liberemur   46 his]

om. A

38-39 sed illum ... illum: *ar.* littéralement, «mais dans le cas de celui qui assume *sc.*une
mauvaise fin (ʿinda mutawallīhā) et subit la mauvaise fortune (al-sayyiʾ al-bakht), elle, *sc.*
une telle cause, l'y conduit».
39 fortuna: *ar.* al-shayʾ al-maymūm, «la chose heureuse».
40 infortunium: *ar.* al-shayʾ al-mashʾūm, «la chose malheureuse».

CAPITULUM DE CONVINCENDO
EOS QUI ERRAVERUNT IN FATO ET CASU
ET DESTRUENDO SENTENTIAS EORUM

Postquam iam declaravimus quid sit casus et an sit, debemus innuere   152 ra
5 destructiones rationum falsarum sententiarum de casu, quamvis melius
esset differre hunc tractatum <in> «post naturam» in philosophia
prima, quia propositiones quas sumimus ad hunc tractatum plures ex
eis sunt quasi positiones.

Sed quia volumus placere in hoc et in aliis sicut fuit usus, dicemus
10 contra intentionem eius qui omnino negavit casum, argumentans quod,
quicquid est habet causam cognitam et ideo non est opus inquirere
eius causam quae est casus, ratio eius non concludit quod quaeritur.
Non est enim verum quod, quia inveniunt singulis rebus causam, ideo

---

1-3 capitulum...eorum] *om. sed iter. hic titulum capituli XIII* D   4 innuere] invenire D
5 sententiarum] *om.* V   8 positiones] prologi *scrib. et* positiones *add. i. m.* D
11 est] *corr.* esse VDP

1-2 convincendo eos] في نقض حجج من (destruendo rationes eorum) A   4 post-
quam] وإذ (postquam autem) A   5 destructiones] destructionem   6 in¹] إلى ما
(in id quod est) A   6 in²] وإلى (et in) A   6-7 philosophia prima] philosophiam
primam   7 quia = A!] وإن (et quamvis) A   7 ad ... tractatum] in hoc tractatu
8 sunt] sint   8 quasi] *om.* A   9 quia] *om.* A   9 hoc] الواحد (uno) *add.* A
9 dicemus] فنقول (dicemus ergo) A   10 contra] أما (quantum ad) A   11 ideo]
om. A   11 est opus] nobis *add.* A   11 inquirere = A!] إختلاف (variari) A
12 eius] *om.* A   12 casus] فإن (*sc. dicemus* quod) *add.* A   13 inveniunt...causam]
invenitur singulis rebus causa   13 ideo] *om.* A

---

6   post naturam: voir *Liber de philosophia prima*, éd. S. VAN RIET, I, 3, p. 24, 45-46:
«Nomen ... huius scientiae est quod ipsa est de eo quod est post naturam».
8   positiones: ar. *muṣādarāt*, «des postulats», voir *Najāt*, 112, cité dans A.-M. GOICHON,
Lexique, p. 177, n° 357.
9   volumus ... usus: ar. *sāʿadnā majrā ʾl-ʿāda*, «nous nous sommes ralliés à l'usage
courant».

casus non habeat esse, sed fortassis ipsa quae est causa rei ex qua res
15 non provenit semper nec saepe est causa casualis unde sic est.

Sed qui dixit quod una res habet multos fines simul, falsitas subintravit in eum propter communionem nominis finis, quia finis dicitur id ad
quod res pervenit quocumque modo. Et dicitur finis id quod quaeritur
ex opere; quod autem quaeritur ex motu naturali est definitum, et   A 68
20 quaesitum ex voluntate est etiam definitum, quia nos non intendimus
hic nisi de fine essentiali.

Sed contra eum qui dixit quod finis non debet converti in non-finem
propter positionem, videlicet quod, cum posuerit finem capere debitorem, erit res non fatalis et, cum posuerit finem exitum de meritorio, erit
25 res fatalis: responsio erit haec quia qui dixit quod positio non convertit
dispositionem huiusmodi non est credendus. Nonne enim vides quod
positio in uno facit rem saepius, in alio, raro, quia qui suspicatur quod
suus debitor in via est, et exit ad illum capiendum, unde hoc sic est,
saepe capit. Et qui non suspicatur, exit de meritorio suo, sed non capit
30 eum saepe. Ergo, si propter positionem diversam variatur iudicium rei
in saepe et non saepe, similiter variatur iudicium rei in hoc quod est
casuale vel non casuale.

Sed Democritus qui posuit creationem mundi casu et videt quod

---

14 habeat] habebat D   15 saepe] haec est ipsamet *add.* D   17 quia finis] *supra lin.* V
18 et] quod V   20 quia] et D   22 sed] debet P   23 videlicet] scilicet *scrib. et*
videlicet *add. supra lin.* D   23 quod] qui P   23 posuerit] posuit P   23 debitorem]
tunc *add.* D   25 erit] *supra lin.* V   27 saepius] saepe DP   28 exit] erit D
28 unde] et non P   29 non] *om.* V   30 diversam] diversi *add.* D   31 et non
saepe] *om. hom.* V   31 variatur] diversificatur *scrib. et* variatur *add. supra lin.* D

---

14 fortassis] *om.* A   14 quae est causa rei = Asām] السبب الموجب للشيئ (causa
quae facit debere esse rem) A   15 est¹] نفسه (ipsa) *add.* A   16 quod] قد (fortassis)
add. A   16-17 subintravit in eum] in eo est   18 modo] كان (sit) *add.* A   18 finis]
om. A   20 quia] et   20 nos] هذا (hoc) *add.* A   20 non] *om.* A   21 nisi] *om.* A
23 videlicet] *om.* A   24 exitum de meritorio] وصول إلى الدكان (adventum ad
meritorium) A   26 enim] *om.* A   27 in²] وفي (et in) A   27-28 quod...in via est]
مقام الغريم (locum ubi est suus debitor) A   29 de...suo] إلى الدكان (ad meritorium) A   29 sed] من حيث هو كذلك (unde hoc sic est) A   29 non = At]
om. A   30 eum] debitorem suum   30 variatur] له (ei) *add.* A   31 variatur] له
(ei) *add.* A   33 creationem] تكون (generatonem) A

generata sunt natura, quod manifestat falsitatem suae sententiae hoc est
35 ut ostendamus ei quid sit casus et quod ipse est finis accidentalis, non
solum rei naturalis aut voluntariae, sed etiam violentae, quia violentia
terminatur natura aut voluntate, quod postea declarabitur unde violentia vel coactio post coactionem non potest procedere in infinitum; ergo
natura aut voluntas in se prior est casu. Ergo prima causa mundi est
40 natura aut voluntas.

Quamvis corpora de quibus dicit et videt quod sunt dura et convenientia in substantia, sed diversa in figuris, et videt quod sunt mobilia
ex seipsa per inane quae, cum coniunguntur sibi et contingunt se, sed,
secundum ipsum, non est aliquid, vis neque forma, nisi figura tantum,
45 coniunctio eorum et figurae eorum non consolidant ea inter se quin
possibile sit illa dispergi, ita ut semper sint in suo motu quem habent ex
seipsis: debent ergo ex sua essentia semper illa moveri et dividi, ita ut
non maneat in eis continuatio. Quod si ita esset, non esset caelum cuius
esse procedit uno modo in tractatibus subsequentibus inter duo extrema
50 temporis.

Sed, si diceret quod in substantiis horum corporum sunt diversae
vires et quod accidit eis ut concurrant et constringatur < quod est >
inter se, sed quod debile ex eis sit inter duo constringentia et constrictio

---

34 manifestat] manifeste D   36 sed ... violentae] *om. hom.* D   36 violentia] violen-
tam P   43 cum] se *add.* D   44 ipsum] *om.* P   45 quin] sed *scrib. et* quin *add.*
supra lin. D   46 illa] *supra lin.* D   46 ita ut] et quod *add.* D   52 vires] vis VDP
52 et²] aut et P   52 constringatur] constringantur DP   53 eis] est *add. supra lin.* D
add. P

---

34 sunt] habent esse   35-36 non solum] *om.* A   37 quod ... unde] postea declarabitur enim quod   37-38 violentia vel] *om.* A   38 potest procedere] procedit   39 aut]
و (et) A   39 prior est] priores sunt   41 et] et videt quod sunt   42 sed] *om.* A
44 aliquid] *om.* A   45 et] مقتضى (quod convenit) *add.* A   45 figurae] figuris
45-46 quin possibile sit] بل يجوز (sed possibile est) A   46 ita ut] و (et) A
46 sint] esse   47 semper] *om.* A   47 dividi ita ut] ita ut dividantur et   50 temporis]
طويل (longi) *add.* A   51-52 in substantiis ... vires] in his corporibus sunt vires diversae in substantiis suis   53 constrictio] ميل (inclinatio) A

---

45 et figurae: *ar. muqtaḍā ashkālihā*, «ce qu'exigent leurs figures».
49 tractatibus: *ar. arṣād*, «des observations (des astres)».
52 vires: dans plusieurs manuscrits latins figure, au lieu de *vires*, l'ancien pluriel *vis*.

utriusque constringentium adaequetur secundum aequalitatem duarum
55 virium, et hoc esset sic, fortassis aestimaretur dicere aliquid, donec
declaremus quia nec hoc quid est nec continget, sicut innuemus postea.
Mirum est autem quod rem quae est semper, cui non accidit excedere
ordinem nec est res cui accidit generari fato aut casu ullo modo, ponit
casualem et ponit rebus particularibus finem et in illis esse videtur
60 casus.

Sed Abendecliz et consimiles posuerunt particularia casu et etiam   A 69
miscuerunt casum cum necessario et posuerunt casu habitum materiae
et formationem eius ex sua forma necessario, non propter finem. Verbi
gratia, dixerunt quod dentes non sunt acuti propter incidendum, sed
65 casualiter, quia sic habita fuit materia ut non reciperet nisi hanc
formam; ergo fuerunt acuti necessario.

Iam vero in hoc consenserunt rationibus dicentes: «Quomodo esset
natura quae fecit *propter aliquid* < ... > ? Nam si sic esset, non essent
deformitates et superfluitates et mors in natura ullo modo. Hae enim
70 dispositiones non intenduntur, sed casu fiunt quia materia eiusmodi est
ut sequantur eam huiusmodi dispositiones». Et similiter est iudicium de
aliis rebus naturalibus praeteritis quae fuerunt eiusmodi ut in eis esset

---

55 hoc] si D   56 declaremus] declararemus D   56 quid] quidem P   62 casu]
post materiae D casum P   64 dixerunt] dicentes P   65 fuit] erat *scrib. et* fuit *add.*
supra lin. D   68 fecit] facit DP   70 fiunt] *i. m.* D   71 et] quia V   72 fuerunt]
fuerint D

---

54 aequalitatem] *om.* A   54-55 duarum virium] duas vires   55 aestimaretur] faceret
eos aestimare   56 nec...est] هذا لا يكون (hoc non est) A   56 sicut] و (et) A
58 ordinem] واحد (unum) *add.* A   58 cui accidit generari] حادث كائن (accidens
quae fit in ea) A   59 rebus particularibus finem] res particulares esse propter finem
59 videtur] مايرى (quod videtur esse) A   60 casus = Asām] بالاتفاق (casu) A
61 particularia] تكون (fieri) *add.* A   65 casualiter quia] اتفق أن (casu accidit
quod) A   65 fuit] هناك (hic) *add.* A   67-68 esset ... fecit] faceret natura   68 ali-
quid] وليس لها روية (cum non esset ei cogitatio) A   68 si sic esset] si natura fecisset
propter aliquid   70 casu fiunt quia] يتفق أن (casu fit quod) A   72 praeteritis]
om. A   72 quae] اتفقت أن (casu) *add.* A

---

64   dentes: *ar. al-thanāyā*, «les incisives».
67   rationibus; *ar. ḥujaj wāhiya*, «des arguments fragiles».
68   aliquid: l'arabe ajoute «(comment la nature peut-elle agir selon un but) si elle n'a pas
de réflexion?».

utilitas, et non comparaverunt ea casui nec necessitati materiae, sed putaverunt quod ipsa non eveniunt nisi ex efficiente quod facit *propter*
75 *aliquid*. Et, si sic esset, non esset nisi semper et aeternum et non diversificarentur, et hoc est sicut pluvia quam sciunt certe generatam esse ex necessitate materiae quia sol, cum evaporat, et ascendit vapor ad spatium frigidum, infrigidatur et convertitur in aquam ponderosam et descendit necessario, et casu accidit ut prosit. Ideo putaverunt quod
80 illae pluviae intenduntur a natura propter illas commoditates, dicentes quod non attenduntur corruptiones quas raro faciunt.

Et dixerunt quod accidit in hoc tractatu aliud, scilicet quod ordo inventus in generatione rerum naturalium et earum processus est ad id ad quod debet necessitas quae est in materiis. Sed non est id quod
85 debeamus appretiari quia, si adhuc concesserimus quod vegetabilitas et generatio habent ordinem, similiter deteriorari et ire ad corruptionem 152 rb suum habent ordinem non inferiorem illo, qui est sicut ordo eticae febris a suo principio usque ad finem eius, contrarius ordini vegetabili-

---

74 eveniunt] inveniunt V   74 ex] *om.* P   76 et] quod V   76 certe] certam V
85 debeamus] debemus D   86 habent] habeant D   86 similiter] et similiter P

75-76 et² non diversificarentur] sine diversitate   79 prosit] caderet ad commoditates

80 illae] *om.* A   81 corruptiones...faciunt] إفسادها للبيادر corruptiones segetum

in area quas faciunt) A   82 quod¹] قد (iam) *add.* A   82 quod²] *om.* A   83 est]

om. A   83-84 id ad quod debet] id quod exigit   85 si adhuc] etiamsi   86 simi-

liter] فإن (tunc) A   86 deteriorari] reverti   87 suum] *om.* A   87 illo] illo ordine

87 sicut] *om.* A   87-88 eticae febris] consumptionis

---

81   corruptiones ... faciunt: *ar.* littéralement, «il ne faut pas faire attention aux dégâts qu'elles causent aux aires de grain (*li-l-bayādir*)». Le latin *raro* pourrait dépendre d'une variante arabe se rattachant à la racine *n d r*, par exemple *fī ʾl-nādir* ou *fī ʾl-nawādir*, voir chapitre 13, p. 116, 90: «(rerum naturalium) quae rarissime solent esse», correspondant à l'arabe (*al-umūr al-ṭabīʿiyya*) *al-nādirat al-wujūd*. Les manuscrits latins de l'autre recension (voir *Intr.*, p. 58*) portent, en lieu et place de *raro*, les mots *segetum in area*, ce qui rend exactement la leçon de l'édition du Caire (*li-l-bayādir*, racine *b d r*): «(les dégâts faits) aux moissons sur l'aire». L'existence de deux traductions latines concurrentes, *raro* d'une part, *segetum in area* d'autre part, implique la connaissance en latin, au moins pour le cas particulier relevé ici, de deux leçons arabes concurrentes; elle ne s'explique pas comme accident de transmission du texte.
82   in hoc tractatu: *ar. fī hādhā ʾl-bāb*, «en ce domaine».
85   appretiari: le latin semble correspondre à une lecture de l'arabe *yuʿtadd bihi*; l'édition du Caire porte *yughtarr bihi*, «(ce n'est pas quelque chose) par quoi l'on doive être induit en erreur».

tatis. Ergo propter hoc deberent etiam putare quod etica *propter aliquid*
90 est quod est mors. Deinde si natura facit *propter aliquid*, adhuc quaestio
restat de illo *aliquid* quare illud natura fecit sic ut est, et sequentur
interrogationes in infinitum. Dixerunt ergo: «Quomodo natura erit
efficiens *propter aliquid* quia, cum natura sit una, diversificantur eius
opera propter diversitatem materiarum, sicut calor qui solvit aliquid ut
95 ceram et indurat aliquid ut sal et ova? Ergo mirum est quod calor est
efficiens combustionem *propter aliquid*, sed comitatur hoc necessario,
quod materia est eiusmodi ut, cum eam calor tetigerit, debeat ipsa
comburi». Similiter est iudicium de aliis viribus naturalibus.

Quod autem nos debemus dicere in hoc tractatu et sentire, hoc est   A 70
00 scilicet quod non est opus disserere an casus sit intra generationem
rerum naturalium, scilicet in comparatione suorum singularium, quia
habitus huius caespitis in hac parte huius terrae et habitus huius grani
triticei in hoc novali terrae et habitus huius spermatis in hac vulva, nec
est semper nec saepe, sed satis faciemus concedentes quod hoc et
5 quicquid est consimile sit casuale. Assignabimus autem hoc quod
dicimus in generatione spicae grani triticei per attractionem alimenti a
terra et concepti ex spermate per attractionem alimenti a matrice post
casum illum, et inveniemus quia non est casuale, sed est res quam
natura facit et vis adducit.
10   Similiter consentimus cum eis in hoc quod dicunt quod materia quae

---

90 quod est] *supra lin.* V   90 adhuc] huc P   91 ut] non P   96 sed] si P
96 comitatur] comitantur P   97 quod] quia P   98 viribus] *om.* P   5 sit] fit P
6 triticei] tritici P

---

89 propter hoc] *om.* A   89 etica] consumptio   90 adhuc] *om.* A   91 illo] نفسه
(ipso) *add.* A   91 aliquid] وأنه (et hoc est) *add.* A   96 sed] إنما (tantum) *add.* A
97 ipsa] *om.* A   00 scilicet] *om.* A   00 disserere] كثير مناقشة الآن (multum
disserere nunc) A   4 satis ... concedentes] concedamus   5 assignabimus] assignemus   8-9 quam natura facit] توجبه الطبيعة (quam natura facit necessariam) A
10 in hoc] أيضا (etiam) *add.* A

---

99 in hoc tractatu: voir note 82.
5-6 assignabimus ... generatione: ar. littéralement, *wa-l-nuʿayyin al-naẓar fī mithl takaw-
wun*, «appliquons notre examen à des choses telles que la génération».
7-8 post casum illum: ar. *hal hādhā bi-ʾl-ittifāq*, «cela est-il dû au hasard?». Le latin
semble reprendre les termes de la concession énoncée aux lignes 4-5.
10 consentimus cum eis: ar. *li-yusāʿadū ʿalā qawlihim*, «qu'ils soient appuyés dans leurs
dires».

est in dentibus non recipit nisi hanc formam, sed scimus quia haec
materia non habuit hanc formam eo quod non potuit accipere nisi hanc
formam, sed haec forma habuit hanc materiam ideo quod non potuit
materia recipere nisi hanc formam. In domo etenim non subsedit lapis
15 in imo et trabes in summo eo quod hic est gravior et illa levior, sed quia
hoc est opus artificis cui placuit magis ut coniunctio lignorum ex suo
opere esset tali modo et ideo coniunxit ea sic.

Sed certus tractatus declarabit certitudinem huius quod dicimus, quia
una pars terrae, cum ceciderit in ea granum tritici, faciet nasci spicam
20 tritici et, si fuerit granum ordei, faciet nasci spicam ordei. Et inconveniens est ut dicatur quod partes terrae et aquae moveantur per se et
diffundantur in substantia grani et augmentent, quia postea declarabitur quod motus earum ex locis suis non est ex seipsis, quia motus quos
habent ex seipsis iam cogniti sunt. Ergo motus earum non sunt nisi
25 attractiones virtutum latentium in granis, attrahentium ex licentia crea-
toris qui est excelsus. Deinde non potest esse quin sit, in uno novali
terrae, aut aliae partes quae sunt aptae generationi grani triticei et aliae
aptae generationi ordei, aut ut quod est aptum generationi tritici idem
sit etiam ipsum aptum generationi ordei.

---

16 ut] esse *add.* D   17 esset] *om.* D   21 ut dicatur] *om.* P   22 substantia]
substantiam P   23 locis suis] *inv.* V   24 earum] eorum P   25 attractiones virtu-
tum] *inv.* P   25 licentia] permissione *add. i. m.* D   26 sit] sint DP   27 grani] *om.* D
27 triticei] tritici P   29 ipsum] *om.* P

---

12 potuit accipere] accipit   13-14 potuit materia recipere] materia recipit   14 non]
لم يصلح لها إلا أن (tantum) *add.* A   16 hoc] هناك (hic) A   16 cui ... ut] أن
(cui *sc. operi* non convenit nisi ut) A   16 coniunctio] مواد نسب (coniunctiones)
Abdsāṭ مواد بسبب (propter causam) A   16 lignorum] مواد (materiarum) A
17 coniunxit ea] جاء بها (apposuit ea) A   18 quia] وهو أن (scilicet quia) A
20 et[1]] أو (vel) A   20 si fuerit] *om.* A   22 augmentent] eam *add.* A   23 quia]
و (et) A   24 sunt[2]] فيجب (debent esse) A   25 attractiones] الجذب (propter
attractionem) A   25 creatoris] الله (Deus) A   26 qui est excelsus] *om.* A   26 uno]
تلك (illo) A   28 idem] *om.* A   29 etiam ipsum] *om.* A

---

11 dentibus: *ar. al-thanāyā*, «les incisives».
18 tractatus: *ar. al-ta'ammul al-ṣādiq*, «la réflexion sincère».

30 Sed, si id quod est aptum utrique eorum est una pars, tunc iam
remota est necessitas comparata materiae, et conversa est res scilicet
quod necessitas noviter advenit materiae ex formatore qui attribuit ei
illam formam et movet eam ad illam formam: ille etenim semper aut
saepe hoc facit. Iam ergo declaratum est quod, quicquid sic est, opus
35 est quod venit ex ipsa re tendente ad illud, aut semper quando non
habuerit impedimentum, aut saepe quando habuerit impedimentum. Et
hoc est quod intelligimus cum dicimus finem in rebus naturalibus.

Si autem partes fuerint diversae, tunc, propter similitudinem quae est
inter virtutem quae est in grano et inter illam materiam, granum
40 attrahit materiam ipsam et attrahit eam ad partem propriam, semper   A 71
aut saepe, ubi attribuitur ei aliqua forma. Erit igitur etiam virtus quae
est in grano movens per se hanc materiam ad illam formam substantiae
et qualitatis et figurae et ubi, et non erit hoc necessitate materiae,
quamvis necessarium est materiam esse eiusmodi ut moveatur ad hanc
45 formam. Ponamus autem, gratia exempli, hoc quod natura materiae
exigit hanc formam et quod non est receptibilis nisi huius formae. Non
tamen est necesse ut sit eius motus illuc ubi acquirat ipsam formam
quam prius non habuit, <non> necessitate quae sit in ea, immo ex alia
causa quae movet illam et attribuit ei id quod ipsa tantum apta est
50 recipere et nihil aliud. Ex his ergo omnibus manifestum est quod

---

30 sed] et D   30 id] *om.* P   33 etenim] enim et V   35 ipsa] ipsamet D   35 ad]
aut P   35 non] *om.* D   38 fuerint] faciunt P   38 propter] *om.* V proportionem
add. D   41 igitur] *om.* P   44 est] *om.* P   47 illuc] illud P   50 nihil] *supra lin.* D
50 aliud] non aliud ab hoc D   50 manifestum est] declarabitur D

---

30 una pars] أجزاء واحدة (unae et eaedem partes) A   30 tunc iam = Asām] فقط
(tantum) A   32 necessitas = Asā] الصورة (forma) A   37 cum dicimus] per   40 attrahit[1] تلك (illam) *add.* A   40 attrahit[2] يحركها (movet) A   41 ubi] et ibi   44 est]
تلك (illam) *add.* A   46 exigit] صالحة (apta est ad) A   46 et] أو (aut) A   46 nisi
huius] لغير (alterius) A   46 non] هل (nonne) A   48 quam prius] بعد ما (postquam) A   49 illam] إليه (illuc) *add.* A   49 tantum] *om.* A   50 et] أو (aut) A
50 aliud] aliud aptum est recipere

---

39 inter[2]: répétition de la préposition latine imitant celle de l'arabe *bayna*.
46-47 non tamen est necesse: l'arabe comporte ici une tournure interrogative, *fa-hal*
budda min, «est-il nécessaire pour cela?».
47 eius motus: *ar. intiqāluhā*, «son transfert».

motiones materiarum a natura sunt ex lege sui naturalis appetitus usque
ad extremum definitum, et hoc est semper aut saepe, et hoc est quod
intelligimus cum dicimus nomen finis.

Post hoc etiam manifestum est quod fines qui ex natura proveniunt,
55 quando natura est eiusmodi ut non impeditur nec ei repugnatur, omnes
sunt bonitates. Sed, cum pervenerit ad finem qui malus est, illud
pervenire non est ex ea nec semper nec saepe, ita ut nostra anima
quandoque admirans incipiat perquirere eius causam accidentem et
dicamus: «Quid causae fuit quod haec planta sic aruit, aut quid causae
60 fuit quod haec mulier abortivum fecit?» Et quandoquidem sic est, tunc
natura movetur propter bonitatem et non est hoc in ipso animali
tantum aut vegetabili tantum, sed etiam in motibus corporum simplicium et suorum operum quae fluunt ab eis naturaliter, quia illa semper
tendunt ad fines interim dum non impeditur suus motus ab ordine
65 proprio nec transgrediuntur illum nisi causa repugnante. Similiter sagacitates et ingenia quae sunt in animabus animalium propria nidificandi   152 va
et texendi et similium imitantur res naturales et fiunt propter aliquem

---

51 sui] *om.* VP   54 natura] materia VDP   55 quando] quia P   55 eiusmodi]
huiusmodi P   55 impeditur] impediatur DP   56 est] fuerit *add.* D   57 pervenire]
praecedere *add.* D   57 ea] causa P   57 ut] quod D   58 perquirere] de eo *add.* D
63 fluunt] faciunt D   64 suus] sensus P   65 transgrediuntur illum] egreditur ab
eo D

---

52 est[1]] مستمر (permanet esse) A   52 et[2]] وأن (et quod) A   53 cum dicimus] per

54 etiam] *om.* A   56 bonitates] وكمالات (et perfectiones) *add.* A   56 sed] وأنه

(sed quod) A   57 nec[1]] *om.* A   57 saepe] بل (sed) *add.* A   57-58 ita ut ... quan-

doque] بل في حال ... النفس (sed quando anima) A   58 admirans] *om.* A

58 incipiat perquirere] perquirat   61 ipso] *om.* A   62 tantum[1]] *om.* A   63-64 sem-

per ... fines] tendunt ad fines ad quos semper moventur   64 suus motus = Asā]

توجهها (motu) A   64-65 ab ordine proprio] على نظام محدود (secundum ordinem

definitum) A   67 imitantur] فإنها تشبه (quia imitantur) A

---

52   hoc est[1]: *ar. dhālika mustamirr*, «(et que) cela se poursuit».
59   quid causae[1] fuit: *ar.* littéralement, *mā-dhā aṣāba*, «qu'est-ce qui a atteint (ce rameau
pour que ...)?».
59-60   quid causae[2] fuit: *ar.* littéralement, *mā-dhā aṣāba*, «qu'est-ce qui a atteint (cette
femme pour que ...)?».
61   in: *ar. fī nushū᾽*, «dans la croissance (des animaux et des plantes)».
67   et[2] similium: *ar. wa-᾽l-muddakhira*, «(les instincts des animaux ...) qui amassent des
réserves»: le latin semble avoir lu *wa-᾽l-ukhrā, et cetera*.

finem. Si autem res casu accidunt, cur de grano triticeo non nascitur
ordeum? Et cur non nascitur arbor composita de ficulnea et oliva, sicut
70 apud eos accidit casu hircocervus, et cur non redeunt illa extranea,
sed remanent species servatae saepius?

Sed quod significat nobis quod res naturales sunt propter finem, hoc
est quod, quando sentimus impediri aut debilitari naturam, adiuvamus
eam arte, sicut physicus facit qui scit quod, quando removetur contra-   A 72
75 rium aut adiuvatur virtus, natura proficit ad sanitatem et ad bonum
quia, quamvis natura careat discretione, non tamen idcirco debet
iudicari quod opus quod ex ea procedit non tendat ad finem, quia
discretio non est ut efficiat opus habere finem, sed ut assignet opus
quod potius debeat eligi inter cetera opera ex quibus possibile est illud
80 eligi, unumquodque quorum habet finem proprium sibi ipsi. Ergo
discretio est propter designandum opus, non propter faciendum illi
habere finem; et, si anima esset immunis ab omnibus affectionibus
diversis et a succedentibus desideriis, non procederet ex ea nisi una
actio uniformis quae semper secundum unum ordinem discurreret sine
85 deliberatione.

Si autem hoc per aliud comprobare volueris, attende dispositionem
horum artificiorum: non enim dubitamus quin artificium fiat propter
finem. Et artificium, cum conversum fuerit in habitum, non erit opus

---

68 triticeo] tritico P   70 extranea] vel non renovantur mira *add. i. m.* V²   76 quia]
et quia D et P   76 quamvis] *supra lin.* D   76 careat] privata est D   77 ex] *om.* P
78 ut] si P   79 debeat] debet D   79 inter] *om.* P   82 habere] *om.* VP   83 et a
... desideriis] *om.* D   83 a] *om.* P   88 et] quia DP

---

72 nobis] *om.* A   73 impediri] aliquid quod impedit   74 arte] على الأكثر (saepius)
add. A *non add.* Asām   74 qui scit] معتقدا (qui credit) A   74 contrarium] المعارض
(quod impedit) *add.* A   75 adiuvatur] اشتدت (augetur) A   75 proficit] tendit
76 quamvis] إذا (cum) A   76 tamen] *om.* A   79 debeat eligi] eligatur   80 unumquodque quorum] et quorum unumquodque   83 non] *om.* A   83 nisi] *om.* A
84 quae semper] *om.* A   84 discurreret] *om.* A   87 horum artificiorum] artis

---

74   contrarium: *ar. al-ʿāriḍ al-muʿāriḍ*, «ce qui survient de contraire».
82   affectionibus: *ar. al-muʿāraḍāt*, «les contradictions».
86   hoc ... comprobare: *ar.* littéralement, *an tastaẓhir fī hādhā ʾl-bāb*, «(si l'on veut)
chercher un appui en ce domaine».

deliberatione ad exercendum illud; immo e contrario continget quia, si
90 deliberationem ibi adhibuerit, turbabitur peritissimus et hebetabitur in
agendo quod solebat, sicut qui scribit aut qui tangit citharam, si incipit
discernere unamquamque litterarum aut unumquemque tonorum, et
voluerit scire numerum eorum, hebetabitur et impedietur, et non procedit suo ordine in singulis quae incipit agere nisi in eo quod facit sine
95 deliberatione, quamvis initium illius operis et appetitus eius non fuerit
nisi ex deliberatione, sed exercere illud primum in principio est sine
deliberatione.

Similiter est cum aliquis labens subito adhaeret ad aliquid ne cadat,
et velociter recurrens manus ad scalpendum membrum pruriens sine
00 cogitatu et deliberatione, ita quod formam eius quod agit non prius
habuerit in imaginatione. Et quod est clarius hoc, est scilicet quod
virtus animalis quae, quando movet membrum manifestum quod eligit
ad movendum et cognoscit quod movet, non movet illud per seipsam
nec sine medio quia, quod movet proprie caro est et lacerti, et motus

---

90 hebetabitur] hebetatur D   93 et non] tamen P   95 et] ut P   96 primum] *om*. D
99 manus] *supra lin*. P   99 membrum] membrorum D   00-1 non ... imaginatione]
non est imaginatione prius habuerit P   3 cognoscit] recognoscet P   4 quia] et P
4 caro est et] est caro est V est caro est et D

---

89 immo] و (et) A   89 e contrario] *om*. A   90 ibi] *om*. A   90 turbabitur] *om*. A

90 peritissimus] فيها (in eo *sc. artificio*) *add*. A   90 et] *om*. A   90 hebetabitur]

فيها (ab ea *sc*. deliberatione) A   91 solebat] intendebat   91 qui²] *om*. A

91 si] فإنه إذا (si enim) A   92 discernere] يروى في إختيار (deliberare ut eligat) A

94 suo] واحد (uno) A   94 quae incipit agere] in quibus procedit   95 fuerit] fuerint

96 nisi] وقع (fit) A   96 in principio] والإبتداء (et incipere) A   00 et] ولا

(nec) A   1 scilicet] *om*. A   3 ad movendum] motionem illius   3 movet¹] illud

add. A   4 quia] بل (sed) A   4 caro ... lacerti] الوتر والعضل ... إنّما (non

est nisi corda et musculus) A   4 motus] ذلك (illius) *add*. A

89-90 si ... adhibuerit: *ar*., «si la réflexion est introduite (*idhā uḥḍirat*), elle se multiplie,
(*taᶜaddadat*)».
95 appetitus eius: *ar. qaṣduhu*, «son but».
96-97 sed exercere ... deliberatione: *ar*. littéralement, «mais dans la première construction de cela (*al-mabnā ᶜalā dhālik al-awwal*) et dans la mise en branle (*al-ibtidāʾ*), il n'y a
pas de délibération».
00-1 ita quod ... imaginatione: *ar*. littéralement, «et sans qu'il y ait évocation dans
l'imagination (*wa-lā istiḥḍār fī ʾl-khayāl*) de la forme de ce qu'il fait».

5 membri sequitur hoc, et anima non percipit quod carnem moveat, quamvis haec actio est voluntaria et prima.

Sed ratio deformitatis rerum et consimilium, haec est quod quaedam sunt ex diminutione et brevitate cursus naturalis, quaedam vero sunt ex superfluitate. Quod autem est diminutio et turpitudo est ex privatione 10 operis propter inoboedientiam materiae. Nos autem non cogimur dicere quod naturae semper est possibile movere omnem materiam ad suum finem nec concedimus quod privationes suarum actionum habeant fines. Sed concedimus quod eius opera in materiis sibi oboedientibus sunt A 73 propter fines, et hoc non est contrarium illi. Sed mors et etica sunt 15 propter defectum naturae corporalis in comitando in materia formam eius et conservando eam in illa per restitutionem eius quod resolutum est ex ea. Ordo autem eticae non est ut omnino non tendat ad finem, quia ordo eticae habet causam praeter naturam corpori imperantem, et quae causa est calor, sed causa caloris est natura; ergo causa eticae est 20 natura sed accidentaliter. Unicuique autem harum finis est. Sed finis

---

6 est] *om.* P   8 vero] *om.* P   12 concedimus] permittimus *scrib. et* concedimus *add. i. m.* D   13 concedimus] permittimus *scrib. et* concedimus *add. i. m.* D   15-16 in materia...eius¹] formam eius in materia P   16 per] post P   16 restitutionem] recuperationis *add.* D   18-19 et quae] et ipsa D quae P   19-20 ergo ... natura] *i. m.* V²   20 sed¹] sed et est *i. m.* V²   20 finis est] *inv.* P   20 est] *om.* D   20-21 finis caloris] *inv.* D

---

5 carnem] للعضلة (musculum) A   7 deformitatis] deformitatum   8 ex diminutione] diminutio   8 et] و قبح (turpitudo et) *add.* A   8 brevitate] brevitas   8-9 ex superfluitate] superfluitas   9 ex privatione] privatio   11 semper] *om.* A   11 suum] *om.* A   12 concedimus] cogimur dicere   12 privationes] إعدام (privatio) A   12 habeant] habeat   13 concedimus] cogimur dicere   13 sibi oboedientibus = Atm] المطيعة التي لها (oboedientibus quas habet) A   14 etica] consumptio   17 ex ea] *om.* A   17 eticae] consumptionis   17 non est] أيضا (etiam) *add.* A   18 eticae] consumptionis   19 sed causa ... eticae] *om.* A   19-20 est natura] وسببا هو الطبيعة (et causam quae est natura) A

---

7   ratio: *ar.* ḥadīth, «(quant à) la discussion sur».
15 in comitando: *ar.* ʿan ilzām, «empêchant (la nature) de faire que (la matière) accompagne nécessairement (sa forme)».
16 per restitutionem: *ar.* littéralement, «en introduisant (bi-idkhāl) un substitut (badal)».
18 imperantem: *ar.* al-muwakkala, «qui est responsable (du corps)».

caloris est ut moveat humiditatem et convertat eam et afferat ei nutrimentum ordinate, et hic est eius finis. Naturae autem quae est in corpore finis est conservare corpus quamdiu possibile fuerit cum nutrimento post nutrimentum. Sed, cum secundum nutrimentum accesserit,

25 secundum nutrimentum minus erit quam primum propter causas quas postea dicemus in scientiis particularibus, illud alimentum erit causa accidentalis ordinis eticae. Ergo etica secundum quod ordinata est et tendit ad finem est opus naturae, quamvis non est opus naturae corporis.

30 Nos autem non concessimus quod, quaecumque dispositio fuerit in rebus naturalibus, debeat esse finis naturae quae est in ipsa, sed diximus quod omnis natura agit suum opus propter finem quem habet; sed opus alterius potest esse non propter finem quem habet. Mors autem et dissolutio et etica et omne huiusmodi, quamvis non sint finis utilis

35 quantum ad corpus illius qui haec patitur, sunt tamen finis qui debet esse quantum ad ordinem universitatis, et iam innuimus hoc in eo quod praecessit. Cum autem scieris dispositionem animae, evigilabis ad finem qui est morti necessarius et ad fines qui sunt debilitati necessarii. Sed

---

23 fuerit] fuit P   24 accesserit] accessit P   25 minus erit] *inv.* D   26 illud] ergo illud DP   26 erit] ex P   30 concessimus] permisimus *add. sed videtur exp.* D   30 quod quaecumque] quodcumque V   30 dispositio] *om.* V   32 habet] habeat P   32-33 sed opus ... habeat] *om. hom.* P   34 omne] esse P   34 huiusmodi] haec *add.* D   34 sint] sit P

---

21 moveat] تَحْلِيل (resolvat) A   22 nutrimentum] materiam   22 eius] *om.* A

24 cum] كل (quodcumque) A   24 secundum = Asāt] *om.* A   25 secundum] أخيرا

(postremo) A   25 primum] primum nutrimentum   26 illud ... erit] erit ergo illud

nutrimentum   26-27 causa accidentalis] accidentaliter causa   27 eticae] consump-

tionis   27 etica] consumptio   29 corporis = Asām] البدنى (eius quod est

corporale) A   34 etica] consumptio   34 quamvis] إن (si) A   37 cum ...

evigilabis] scientia tua de dispositione animae faciet te evigilare   38 morti] in morte

38 sunt] فى تناسب (quantum ad) *add.* A   38 debilitati] debilitatem

---

25   secundum ... primum: *ar.* littéralement, «sa quête de subsistance (*al-istimdād minhu*) en finale (*akhīran*) est moins fréquente (*yaqaʿ aqall*) que sa quête de subsistance (*al-istimdād minhu*) au début (*badīʾan*)».
35   illius ... patitur: *ar.* Zayd, «Zaïd»; le latin utilise une périphrase, «celui qui subit cela», et évite le nom propre arabe cité comme exemple.
37   cum ... evigilabis: *ar.* littéralement, «ta connaissance de l'état de l'âme te rendra attentif».

superfluitates sunt etiam generatae propter aliquem finem, quia materia,
40 quando fuerit superabundans, movebit eam natura et ducet eam ad
formam ad quam debet ex ea aptitudine quae est in illa, non enim
permittit eam otiari. Ergo erit in ea opus naturae propter finem,
quamvis id quod duxit ad hunc finem illud est quod casu accidit causa
scilicet non naturalis.

152 vb 45 Sed illud quod dicunt de pluvia non debemus concedere, sed dicimus
quod propinquitas solis et remotio eius et accessus caloris propter
propinquitatem eius et frigiditatis propter eius remotionem, sicut postea
scies, est causa et ordo multarum rerum quae sunt bonorum finium in
natura quia, ex descensu solis appropinquantis et eius motibus inclina-
50 tis, provenit evaporatio quae ascendit illuc ubi infrigidatur et descendit
necessario. Ergo non sufficit ad hoc necessitas materiae, sed est hoc
opus divinum quod facit materiam pervenire ad suam necessitatem ac
per hoc consequitur eam finis. Omnem etenim finem aut plures ex   A 74
finibus comitatur necessitas in materia, sed causa movens inquirit
55 materiam et facit eam eiusmodi ut coniungatur formae necessitate quae
est in ipsa, quae erat finis appetitus. Et hoc considera in artificiis.
   Et dicemus eis adhuc quod, quia motus habet finem et opus finem,

---

41 non] et non D   43 causa] causae P   45 illud] et illud P   47 propter eius]
inv. V   47 eius remotionem] *inv.* P   49 quia] et D   50 provenit] pervenit P
51-52 est hoc opus] opus est hoc D   55 coniungatur] coniungantur P   56 et] quia V
57 et¹] quia V   57 dicemus] dicamus D   57 et opus finem] *i. m.* V

---

40 eam¹] فضلها (superabundantiam eius) A   40 et ducet eam] *om.* A   41 ad quam
debet] quae debitur ei   41 ea] *om.* A   41 non enim] ولا (nec) A   43 illud] *om.* A
44 scilicet] *om.* A   45 quod...pluvia] quantum ad pluviam et illud quod dicitur de ea
45 concedere] ما قيل فيه (illud quod dicitur de ea) *add.* A   48 et ordo] ذو نظام
(habens ordinem) A   48 bonorum = Asā] الجزئية (particularium) A   49 ex] عن
ذاته (ex ipso) A   49 et] في (in) A   53-54 omnem ... necessitas] omnis etenim finis
aut plures ex finibus comitantur necessitatem   55 formae necessitate = At] بالضرورة
(necessitati) A بالصورة (formae) Ad   56 in²] كلها (omnibus) *add.* A

---

52 quod facit ... pervenire: *ar.* littéralement, «(l'œuvre divine) travaillant la matière
jusqu'à ce qu'elle (cette œuvre) parvienne, *al-mustaʿmil li-l-mādda ilā an yantahiya* ... ».
56 quae ... appetitus: *ar.* littéralement, «si elle est, comme telle, la fin recherchée, *in
kānat bi-mā huwa al-ghāya al-maqṣūda*».

non ideo oportet ut omnis finis habeat finem, ut non restet interrogatio de *quare*, quia finis verus est qui intenditur propter se propter quem et
60 ceterae res appetuntur. De eo autem quod appetitur propter aliud debet interrogari *quare* et requiri responsio de fine. Sed de eo quod appetitur propter se non convenit interrogari quare appetitur, quia non dicitur «cur quaeris sanitatem», aut «cur quaeris bonitatem», aut «quare fugis infirmitatem», aut «cur fugis malum». Si autem motui universali esset
65 finis quare est aut quare est finis, oporteret tunc ut omnis finis haberet finem, sed est ei finis secundum quod est ibi remotio et renovatio quae venit ex causa naturali aut voluntaria.

Et non oportet mirari quod calor operetur alicuius combustionem, quia verum est quod calor operatur ad comburendum et ad destruen-
70 dum combustum et convertendum in similitudinem sui, aut in similitu-dinem substantiae in qua est, quia non est casus et finis accidentalis nisi inquantum comburit pannos alicuius pauperis, et hoc non est ei finis omnino, quia non comburit illos quia sunt panni pauperis nec quia sit in igne haec virtus comburens scilicet propter hoc, sed ut convertat
75 quod tangit in suam substantiam et dissolvat quod est aptum dissolvi et induret quod est aptum indurari. Nunc autem casu accidit ut isti panni tetigerint illum. Ergo opus ignis in natura finem habet, quamvis non

---

58 restet] restat P   59 qui intenditur] est requisitus *scrib. sed* qui intenditur *add. i. m.* D
59 propter quem et] et propter quem P   60 appetuntur] propter eum *add.* D
62 propter se ... appetitur] *om. hom.* P   62 quia] cur *add.* D   65 aut quare est]
supra lin. V   65 oporteret] oportet V   65 tunc] *om.* P   66 et renovatio] *om.* D
67 naturali] materiali V   70 sui] *om.* P   71 quia] et P   71 accidentalis] accidentaliter *scrib. sed in* accidentalis *corr.* D

---

58 ideo] *om.* A   58 ut²] وأن (et ut) A   59 quia] nam   59 verus] في الحقيقة
(vere) A   59 propter quem et] et propter quem   61 quare] باللم (de quare) A
61 et requiri responsio] quod requirit responsionem   62 quia] وهذا (et propter
illud) A   63 aut¹] و (et) A   63 aut²] و (et) A   64 aut] و (et) A   64-65 si autem
finis¹] ولو كانت الحركة والإمالة تقتضي الغاية ... (si autem motus et inclinatio
requireret finem) A   65 quare est¹] لأنها (quia est) A   65 quare est²] لأنها (quia
est) A   66 sed est ei finis] لكنها تقتضي ذلك (sed *sc.* motus et inclinatio requirit
hoc) A   69 quia] بل (sed) A   71 in qua est] الذي فيها (quae est in eo *sc.*
calore) A   71 quia] *om.* A   72 finis] ذاتية (essentialis) *add.* A   73 omnino] *om.* A
74 scilicet] *om.* A   75 et¹] لكي (ut) *add.* A   75 dissolvi] *om.* A   76 indurari]
om. A

fuerit eius obviatio huic patienti nisi accidentaliter. Nec tamen ideo debet negari esse finis essentialis, quia finis essentialis dignior est fine
80 accidentali.

Igitur iam declaratum est ex his omnibus quod materia propter formam est, quia ipsa praeparatur ad recipiendum eam et advenit ei forma. < Sed non est forma propter materiam, quamvis necessaria est   A 75 materia ut inveniatur in ea forma >. Sed quicumque attendit utilitates
85 membrorum animalium et partium vegetabilium, non dubitat quin res naturales sint propter finem. Sed postea faciemus te olere de hoc aliquid in fine nostrorum verborum de naturalibus, scilicet quod praeter hoc non debet negari in rebus naturalibus esse res necessarias, scilicet quarum quibusdam egent propter finem et quaedam comitantur finem.

---

79 debet] et *add.* P   79 negari] prohiberi *add.* D   79 essentialis] est *add.* V
82 quia] et quia VP   85 partium] *corr.* partes VDP   87 scilicet] sed P   88 negari] quod sint *add.* D   88 scilicet] *om.* DP

---

78 patienti] combustibili   78-79 nec tamen ... essentialis[1]] et esse finis accidentalis non prohibet esse finis essentialis   79 quia] بل (sed) A   79 dignior] متقدمة (prior) A

81 iam] *om.* A   82 eam] *om.* A   87 scilicet quod] و (et) A   87 hoc] كله (totum) *add.* A   88 debet negari] negatur   88 scilicet] *om.* A

---

82   praeparatur ... eam: *ar. tatawakhkhā li-taḥṣīl*, «aspire à une certaine acquisition».
86   faciemus te olere: *ar. satashumm*, «tu pourras humer».
89   quarum ... egent: *ar.* littéralement, «dont certaines sont exigées, *baʿḍuhā yuḥtāj ilayhā*».

CAPITULUM QUOMODO PERTINEANT ISTAE CAUSAE
AD INTERROGATIONES FACTAS PER QUARE
ET AD RESPONSA

Postquam declaratus est numerus causarum et earum dispositio,
5 dicemus quod naturalis debet intendere ut universalitatem earum
comprehendat et maxime formarum, donec perficiatur in eo comprehensio etiam causati.

Sed ad res disciplinales non pertinet principium motus, quia non
habent motum, et similiter non pertinet ad eas finis motus nec materia
10 ullo modo, sed oportet considerare in illis causas formales tantum.

Et debes scire quia in interrogatione de rebus materialibus sicuti in
quare, fortassis intelligitur aliqua causarum. Sed, si intelligatur in ea
efficiens, sicut cum dicitur «quare litigavit ille cum illo», possibile est ut
responsio sit finis, sicut cum respondetur «ut vindicaret se ab illo», et
15 possibile est ut respondeatur consiliator aut efficiens prior efficiente, et
hic est qui duxit ad effectum, sicut cum dicitur quod ille consuluit aut
quia auferebat sibi ius suum, et hic est efficiens formam electionis ex
qua processit ultima actio.

---

1 pertineant] *om.* P   9 eas] eos P   11 et] quia   11 materialibus] naturalibus D
14 et] quia V   16 est qui] *om.* P   17 et] quia   17 formam] forma V

---

1 quomodo pertineant = At] دخول في (de pertinendis) A   1 istae] *om.* A

1 causae] causis   3 ad] *om.* A   4 postquam] وإذ (postquam autem) A

4 declaratus est] nobis *add.* A   4 dispositio] أحوال (dispositiones) A   6 for-

marum] بالصورة (formae) A   7 etiam] *om.* A   10 oportet considerare ... cau-

sas] considerantur in illis causae   11 sicuti] *om.* A   15 aut = At] و (et) A

16 consuluit] عليه (ei) *add.* A   17 sibi] ei

1-3   quomodo ... responsa: *ar.* littéralement, «implication (*fī dukhūl*) des causes dans les
discussions (*fī ʾl-mabāḥith*) et recherche du pourquoi (*wa-ṭalab al-lima*) et réponse au
pourquoi (*wa-ʾl-jawāb ʿanhu*)».
4   numerus: *ar. ʿidda*, «pluralité».

Sed, si responderi debeat formalis aut materialis, hoc adhuc discu-
20 tiendum est, quia forma est forma operis, idest litis, et non est interrogatio nisi de causa sui esse ex efficiente; unde non est aptum responderi
illam, quia ipsa non est causa sui esse ex efficiente, nisi fuerit illa forma
quae est finis finium. Ergo erit ex seipsa, non ex causa quae moveat
efficientem ut sit efficiens secundum modum quem innuimus in declara-
25 tione comparationis quae est inter efficientem et finem et, praeter hoc,
non erit causa propinqua essendi ipsam in ipsa materia ex efficiente, sed
est causa efficienti ipsum essendi efficientem quia, ex hoc quod habet
esse in materia, non est causa litis, sed unde est essentia et intellectus.
Sed, cum fuerit interrogatio de illa si habet esse, non debet esse
30 responsio de illa unde habet esse, sed unde est intellectus et essentia.

Et fortassis forma de qua interrogatur erit ipsemet intellectus conten-
153 ra tus in illa, vel accidens illi et incedens secundum eam. Et erit aptum ut
sit ipse intellectus responsio, sicut cum dicitur «quare ille facit iusti-
tiam», respondetur «quia iustitia pulchra est», et pulchritudo erit
35 qualitas iustitiae ad similitudinem formae, et ipsa forma non erit
responsio pro qua facta est interrogatio, sed alia forma ab ea, quae est
aut pars definitionis aut accidens ei, quia pulchritudo communioris
intellectus est quam iustitia et, aut est accidens comitans, aut est pars
definitionis substantialis. Sed, cum apta fuerit forma ad respondendum
40 eam hic, tunc, secundum quod sic est, iam continetur in collectione
ducentis et moventis ad electionem.

---

21 responderi] *corr.* respondere VDP   22 ipsa ... esse] ipse est causa sui non esse P
25 et²] quia V   26 ex] *om.* P   27 quia] et hoc D et P   29 sed] et D   31 for-
tassis] erit *add.* D   32 eam] causam D   33 facit] fecit DP   38 et] *om.* P
39 sed] quia D

---

19 formalis] forma   19 aut] aut si debeat responderi   19 materialis] materia
19 adhuc] *om.* A   20 quia forma est] quantum ad formam quia est   23 finium] كالخير
مثلاً (sicut bonum exempli gratia) *add.* A   26 ipsa] تلك (illa) A   28 litis] للفاعل
(efficientis) A   33 ipse] ذلك (ille) A   33 sicut] *om.* A   35 qualitas iustitiae] معنى في
العدل (intellectus de iustitia) A   35 ipsa] *om.* A   36 alia forma ab ea] صورة غيرها
(forma rei alterius ab ea) A   36-37 quae est aut] فإن الحسن هو (quia pulchritudo
est) A   39 definitionis] له (eius) *add.* A

---

28   litis: *ar.* li-l-fāʿil, «(la cause) de l'efficient», telle est, sans variante attestée, la leçon de
l'édition du Caire; le latin semble résulter ici d'une lecture al-qitāl: voir ligne 20, où ce
dernier terme est correctement traduit par *litis.*

Et de materia idem est iudicium quia, cum dicitur «quare dolavit ille haec ligna et fecit ex eis lectum» et respondetur «quia habebat ligna», non est sufficiens nisi addiderit ei dicens quia habebat ligna firma et
45 apta ad faciendum ex eis lectum et non erant ei opus ad aliud.

Sed in rebus voluntariis difficile est assignare causam sufficientem, quia voluntas etiam adhuc movetur postquam completae sunt res quas difficile est numerare, et fortassis multas ex eis non percipiet ut enumeret.

50 Sed in rebus naturalibus sufficit aptitudo materiae et concursus virtutis efficientis. Erit ergo de ea responsio sola habitudo comparationis materiae in illis, quando nominata fuerit in interrogatione praesentia efficientis.

Sed, quando interrogatio fuerit de fine, sicut cum dicitur «quare
55 curatus est ille», congrua erit responsio de principio efficiente, sicut cum respondetur «quia bibit medicinam», et est congruum ut respondeatur principium materiale adiunctum efficienti, scilicet dicatur «quia complexio sui corporis est fortis naturae» et < non > sufficit nominare solam materiam. Sed formae solius nominatio parum sufficit ad solven-
60 dum quaestionem ut dicatur «quia eius complexio temperata fuit», unde transibit ad aliam interrogationem quae ducet nos ad materiam aut ad efficientem.

---

42 et] quia V   46 causam] in eis *add.* D   48 et] quia P   50 et] causa *add.* D
52 in¹] *om.* D   57 scilicet] ut *add.* P   57 dicatur quia] *inv.* D   58 et] et non DP
61 aliam] illam D   61 ad¹] aut P   62 ad] *om.* V

---

46 sufficientem] بتمامها (perfecta) A   47 etiam] *om.* A   47 adhuc] *om.* A   48 multas
... enumeret] لم يشعر بكثير منها فيخبر عنها (multae ex eis non percipientur ita ut fiant
notae) A   55 sicut cum] et   57 scilicet] et   59 parum] قلما (rarum) A   60 ut] بأن
(eo quod) A   61 unde] بل (immo) A   62 ad] *om.* A

---

42 de materia ... iudicium: *ar.* littéralement, «le statut de la matière (*ḥukm al-mādda*) est ce statut même (*hādhā 'l-ḥukm bi-ʿaynihi*)».
48 percipiet ... enumeret: ces deux verbes au singulier semblent avoir pour sujet *dicens*, ligne 44.
51-52 erit ... in illis: *ar.*, «la réalisation (*ḥuṣūl*) en elles de la relation à la matière sera une réponse seulement (si dans la question est mentionnée la présence de l'efficient)».
61 transibit: *ar. yuḥwij*, «rendra nécessaire (une autre question)».

Sed cum fuerit interrogatio de aptitudine materiae, sicut fortassis cum dicitur «cur est corpus hominis receptibile mortis», possibile est ut
65 respondeatur causa finalis et dicatur «quia sic factum est ut, cum perfecta fuerit anima, evadat a corpore», et est possibile ut respondeatur causa materialis et dicatur «quia est compositum ex contrariis». Et non est possibile ut efficiens respondeatur ad interrogationem factam de aptitudine quae non est sicut forma, quia non est possibile ut efficiens
70 det materiae aptitudinem ut quia, si non dederit, non sit apta. Sed, si aptitudo intelligitur aptitudo perfecta, fortassis dabit eam efficiens, ut   A 77 cum dicitur de speculo «cur recipit formam», et respondetur «quia politor polivit». Sed aptitudo originalis comitatur materiam et est possibile ut respondeatur forma, cum ipsa fuerit perfectrix aptitudinis,
75 sicut cum dicitur de speculo quia est politum et tersum. Et omnino interrogationi non convenit materia, nisi quando comprehenditur cum forma et interrogatur de causa essendi formam in materia. Sed, cum interrogatio fuerit de forma, materia sola non sufficit ut respondeatur pro ea, sed oportet ut adiungatur ei aptitudo et comparetur efficienti et
80 fini ut respondeatur pro illa.

---

65 sic] sicut D   66 et] quia VP   69 sicut ... non est] *om. hom.* V   69 est] *om.* P
70 si] *om.* P   74 ipsa] ipse P   75 et²] quia V   79 et¹] ut D et ut P   79 comparetur] comparatur P

---

63 de aptitudine materiae] de materia et aptitudine eius   64 mortis] فقد (aliquando) *add.* A   66 et] قد (aliquando) *add.* A   68 ad...factam] *om.* A   70 ut quia] كأنه (quasi) A   70 sed si] اللهمّ إلا (nisi) A   71 aptitudo²] dispositio   71 fortassis] et fortassis   71 ut] ut dicitur   72 dicitur] سئل (interrogatur) A   78 fuerit de forma] comprehenderit formam   79-80 et fini ... pro illa] والغاية يجاب بها والفاعل يجاب به (et respondeatur finis et respondeatur efficiens) A

---

70   sed: *ar. allāhumma illā*, «à moins que, mon Dieu,».
72   formam: *ar. shabaḥ*, «figure», «silhouette».
76   non convenit: *ar. lā yatawajjah*, «(l'interrogation) ne s'oriente pas (vers la matière)».
79   ea: ce pronom renvoie à *interrogatio*, ligne 78.
80   illa: ce pronom renvoie à *interrogatio*, ligne 78.

Et, cum volueris postponere quicquid minus plene dicitur ut dicas rem certam, scias quod responsio certa non est, nisi nomines omnes causas quae non fuerint contentae in interrogatione quia, cum nominatae fuerint et consummatae certo fine, cessabit interrogatio.

---

84 interrogatio] completus tractatus de naturalibus auxilio Dei et gratia *add.* V completus est primus tractatus de naturalibus auxilio Dei et gratia (et gratia *om.* P) *add.* DP

---

81 ut dicas] وتذكر (et nominare) A   82 scias quod] فإن (tunc) A   82 non] *om.* A

82 nisi] *om.* A   82 nomines] ut nomines

---

81 postponere *ar. an tarfuḍ,* «rejeter».
84 interrogatio: ici s'achève le texte désigné en arabe comme étant, selon les manuscrits cités dans l'apparat de l'édition du Caire, soit la première section de la Physique (*tamma 'l-fann al-awwal min al-ṭabīʿiyyāt, liber primus naturalium*), soit le premier traité de cette section (*tammat al-maqāla al-ūlā min al-fann al-awwal, tractatus primus libri primi*).

TABLE DES AUTEURS CITÉS

TABLE DES MATIÈRES